ADOBE MASTER CLASS SECOND EDITION
ADVANCED COMPOSITING IN **ADOBE** PHOTOSHOP CC

Adobe Photoshop CC 大师班
高级合成的秘密（第2版）

[美] 布雷特·马乐瑞（Bret Malley） 著　徐娜 译

人民邮电出版社
北京

图书在版编目（ＣＩＰ）数据

Adobe Photoshop CC大师班：高级合成的秘密：第2版 / （美）布雷特·马乐瑞（Bret Malley）著；徐娜译. -- 北京：人民邮电出版社，2021.6
ISBN 978-7-115-55772-8

Ⅰ. ①A… Ⅱ. ①布… ②徐… Ⅲ. ①图像处理软件 Ⅳ. ①TP391.413

中国版本图书馆CIP数据核字(2020)第265021号

♦ 著　　　　　[美] 布雷特·马乐瑞（Bret Malley）

译　　　　　徐　娜

责任编辑　　王峰松

责任印制　　王　郁　焦志炜

♦ 人民邮电出版社出版发行　　北京市丰台区成寿寺路 11 号

邮编　100164　电子邮件　315@ptpress.com.cn

网址　https://www.ptpress.com.cn

临西县阅读时光印刷有限公司印刷

♦ 开本：880×1230　1/24

印张：18.5

字数：418 千字　　　　　　2021 年 6 月第 1 版

印数：1 – 2 500 册　　　　　2021 年 6 月河北第 1 次印刷

著作权合同登记号　图字：01-2019-3814 号

定价：179.90 元

读者服务热线：(010)81055410　印装质量热线：(010)81055316
反盗版热线：(010)81055315
广告经营许可证：京东市监广登字 20170147 号

内容提要

　　合成是每一位设计师的必修课，也是无数设计爱好者的必备技能。本书不仅对第 1 版的内容做了完善和扩充，还提供了更多的创意与操作技巧。

　　本书的作者具有丰富的合成经验，在他的艺术世界里，充满了各种奇思妙想和创意，这些都在本书中得以体现。除此之外，书中还对知名艺术家和新兴艺术家进行了访谈，对他们的创作进行了深入的剖析。

　　本书适合具有一定软件基础的设计师阅读，也可以作为高校设计专业的教学参考用书。通过对本书的学习，你可以随心所欲地实现任何幻想中的画面。

感谢 Kellen，你是我最好的伙伴——我非常期待下次的冒险！

虽然有些恐惧，但更多是兴奋！

感谢 Erin，你给予了我耐心、爱和支持。我希望我能够将这些全部回报于你。

你们是我的希望，我的生命，我的爱，感谢你们。

致谢

感谢编辑 Victor Gavenda，感谢你的才华、你的幽默和你的耐心。在编辑此书的过程中与你的合作非常愉快，即使你对写作的要求和本书的评论有些严厉。Victor 对写作的时间要求非常高，就像是在看史诗级的动作电影一样紧张——但他绝对是一个风趣又能鼓舞人心的好助手。我觉得我更像是个助手，而他更像是领导！在我第一次与 Peachpit 出版社合作出版本书的第 1 版时，我和 Victor 的合作就开始了，我非常感谢能够与他相识。

感谢 Scott Valentine 为我指出了明显的错误和对我的教导——让我能够不断地学习，特别感谢 Scott 能够参与其中！感谢 Linda Laflamme，感谢她敏锐的编辑头脑，实时反馈意见，在她的策略和预见下，我们共同完成了此书的第 1 版——她一如既往，才华横溢！感谢 Tracey Croom 和 Kim Scott 为此书设计制作了精美的版式！感谢 Kim Wimpsett 最后的校对，纠正了我们遗漏的错误！感谢 Nancy Davis 组建这个团队启动了第 2 版的出版计划！我知道这个过程有些艰难，但是就如 Photoshop 大师所做的那样——挑战一切不可能！感谢 Adobe 出版社的其他幕后工作人员，你们赋予了这本书魔力，希望你们越办越好！你们很棒，很感谢你们的付出与关怀。

感谢 Chemeketa 社区学院的同事和学生们对我的耐心与理解，在写作这本书的过程中我有好几个月都是在不眠不休中度过，是你们一直在鼓励我、支持我、激励我，谢谢你们！

特别感谢 Winder 一家在第十章中的分享。感谢灯光师 Jayesunn Krump 和模特 Miranda Jaynes 在第 1 版中做出的贡献和支持。感谢艺术家 Josh Rossi、Erik Johansson、Christian Hecker、Holly Andres、Mario Sánchez Nevado 和 Andrée Wallin 接受采访。他们都那么才华横溢并且激励人心，我希望读者能像我一样对他们和他们的作品予以关注！感谢我的家人这几个月来的支持和耐心（爱的力量），帮我渡过难关！感谢 Kellen 的奇思妙想，感谢 Erin 让这些都变成了现实。感谢妈妈再次陪我度过了最后的截稿时光，我的每次决定和行动都获得了你无限的支持和爱，这次也不例外！

Bret Malley 是一位教育家、专业摄影师、作家和 Photoshop 专家，特别擅长幻想、超现实、史诗般的图像创作。他是视觉传达方向的专职教授，讲授摄影、设计、动态图形和 Photoshop 等课程。他拥有美国雪城大学（Syracuse University）计算机艺术的硕士学位，是 Photobacks TV 常驻的客座专家，并且在全国性活动中进行演讲，同时还会教授一些在线课程。在课余时间，他会带领国际摄影团队进行拍摄，或者创作自己的个人作品，或者和他的妻子 Erin 和儿子 Kellen 一起去俄勒冈州周围冒险，他也接受商业摄影的工作任务。

Bret 还是一名鼓手、徒步者、魔术师、旅行者、滑雪者、迪吉里杜管的演奏者和养猫爱好者。另外，他还是一个极为守时的人。

前言

Adobe Photoshop 有着无限的创造力，可以对许多不同的图像进行合成。本书的目标：一是激发你的想象力和创造力，二是教授工具的使用、技术和操作方法。第 2 版不仅更新了第 1 版的内容，还编写了两章新的内容，值得一读。本书几乎包含了所有 Photoshop 合成的方法，因此你不仅能够创作出极富想象力的作品，还能够像一个专业的艺术家一样创造出新的方法。

本书能够拓展你对 Photoshop 合成的理解及使用。除了对基本工具、图层和调整的技巧与功能进行讲解外，本书还会介绍一些提高图像合成效率的方法。无论你是新手还是专业人员，Photoshop 这款强大的软件都有很多值得学习的地方，这本书能够帮助你学到更多！

关于这本书

本书包含以下 3 个部分。

第一部分为后续的教程提供了所需的工具和概念的生动介绍，并讲述了一些摄影的基本知识和合成技巧。这一部分对于 Photoshop 的新手来说非常实用。对于已经掌握了这些基础知识的读者来说，可能后面两部分的内容更有价值。

第二部分都是教程。这个部分会通过一步一步的操作和实践，对合成的原理进行讲解，当然，读者也可以用这些素材进行自己的创作。本部分的结尾涉及"智能对象"这一高级话题。

第三部分展示了大量的创意案例，并对其构思和制作进行了讲解——详细描述了每个案例的步骤和技巧，从而让你获得自己的创造力，并且通过这些案例给予你一些启示。这部分中的许多案例都沿用第二部分的内容，这样你就可以更加清楚之前的练习是如何在实际中应用的。

第三部分还增加了一些精彩内容——"大师访谈"。在"大师访谈"中所采访的这些数字艺术大师们个个才华横溢，希望你能够像我一样受到他们的启发，将他们的人生智慧铭记于心，然后创造出自己的优秀人生。

适用对象

本书适合以下人群:

- 渴望学习 Photoshop 编辑图像的方法，尤其是合成技法。
- 喜欢科幻的世界，想要打造出自己想象的空间。
- 想要了解混合模式，用它获得惊人的效果。
- 想要更充分地掌握基础工具的操作。
- 想要学习如何用自定义的纹理和图像进行绘画。
- 想要掌握蒙版、"智能对象"和其他无损编辑的技术和方法。
- 正在学习摄影并为其建立了资源库。
- 对合成技术、色彩渲染、光线调整和其他的调片方法充满了兴趣。
- 喜爱 Photoshop，但不喜欢当前无趣的 Photoshop 技术手册。

总之，这是一本非常实用的书，我真诚地希望你能够从中有所收获！

深入的学习方法

学习 Photoshop 就像掌握一门语言一样：重复是关键。如果能够每天练习的话，或者至少一周两次，效果会很明显。我的授课经验告诉我，一周仅仅一次的练习量是不够的。

练习时不要忘记使用快捷键。我的学生经常会问我快捷键是否有用，别忘了这是艺术，不是在编程。快捷键肯定是非常有用的，对于大多数人来说，他们希望能够更加专业地使用 Photoshop，快捷键能够大大提高工作效率。Photoshop 的确有很多快捷键，如果把它们分组的话，就好记得多。对于不理解的东西，我也很难记得住。

无论如何，尽量多练习，重复至关重要。重复练习能够增强你的记忆，让它成为你的潜意识行为。所以每周找一些有意思的主题去练习，不断地重复，最后你会发现，使用 Photoshop 已经成为你的本能，这样一定可以创作出优秀的作品。

28 年前，我是坐在爸爸的腿上开始我的计算机艺术生涯的，从那以后我就一直在用计算机创作艺术作品。我一直深爱着数码这个媒介，基于这个媒介的创意工具也会越来越多。现在我已经获得了两个数字艺术学位，但依然在尝试使用更多的工具进行创作。

工具和技巧都不重要，最重要的是要有创作的热情和远见。我希望这本书能够激发你的想象力，并通过 Photoshop 完美地实现它。在 Photoshop 的世界里，没有什么是不可能的，现在好好地享受和学习吧！

本书由"数艺设"出品，"数艺设"社区平台（www.shuyishe.com）为您提供后续服务。

配套资源：部分素材文件。

资源获取请扫码

"数艺设"社区平台，为艺术设计从业者提供专业的教育产品。

与我们联系

我们的联系邮箱是 szys@ptpress.com.cn。如果您对本书有任何疑问或建议，请您发邮件给我们，并请在邮件标题中注明本书书名及ISBN，以便我们更高效地做出反馈。

如果您有兴趣出版图书、录制教学课程，或者参与技术审校等工作，可以发邮件给我们；有意出版图书的作者也可以到"数艺设"社区平台在线投稿（直接访问www.shuyishe.com即可）。如果学校、培训机构或企业想批量购买本书或"数艺设"出版的其他图书，也可以发邮件联系我们。

如果您在网上发现针对"数艺设"出品图书的各种形式的盗版行为，包括对图书全部或部分内容的非授权传播，请您将怀疑有侵权行为的链接通过邮件发给我们。您的这一举动是对作者权益的保护，也是我们持续为您提供有价值的内容的动力之源。

关于"数艺设"

人民邮电出版社有限公司旗下品牌"数艺设"，专注于专业艺术设计类图书出版，为艺术设计从业者提供专业的图书、U书、课程等教育产品。出版领域涉及平面、三维、影视、摄影与后期等数字艺术门类，字体设计、品牌设计、色彩设计等设计理论与应用门类，UI设计、电商设计、新媒体设计、游戏设计、交互设计、原型设计等互联网设计门类，环艺设计手绘、插画设计手绘、工业设计手绘等设计手绘门类。更多服务请访问"数艺设"社区平台www.shuyishe.com。我们将提供及时、准确、专业的学习服务。

目录

第一部分

基础篇

第一章

入门

　　Adobe Photoshop 的功能十分强大，光是找到功能、面板等就有些难度，尤其对于新手和技能十分生涩的人而言更是如此。学习它最好的方法，就是像了解一个城市一样：先了解主要街道可以到达的各个地方，然后再带着指南去了解其他的街道——就像这本书一样，关键是要勇于尝试。Photoshop 的世界是广阔的，不要害怕，要勇于尝试新鲜事物，充满好奇心。在"历史记录"面板里可以不断地返回重做（这里记录的"历史"和真实的历史不一样，它可以不断地返回，事实上我也总会不断地返回重做），所以一定要有勇气，不断地尝试！

　　如果你已经对 Photoshop 的工具和其他功能有一定了解，并且熟识当前的程序界面，你可以直接进入后面的章节。然而，Photoshop 的世界像一个不断变化的城市，工程师们喜欢更改道路的名称！当然，这一切都是为了变得更好，但是使用旧地图和以往的记忆进行导航

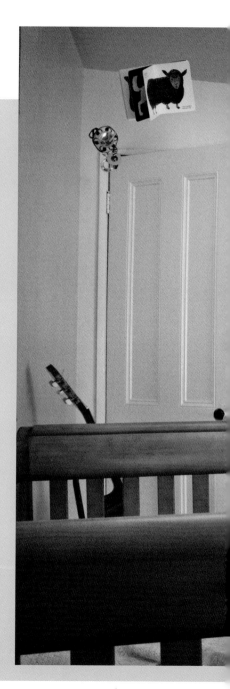

超能力（2013）

也是一项挑战。后面的章节会通过案例对大量的工具进行讲解，而本章主要讲解的是 Adobe Photoshop 基础知识和的页面布局。本章还会对一些深受欢迎的旧功能进行深入讲解。

区域分布

本书操作主要使用了 Adobe Photoshop CC 2018 版，有时会与 Creative Cloud 之前的付费版进行比较。不用担心，无论使用什么版本，很多操作都是一样的（虽然不是完全一样）。如果 Photoshop 是默认的设置，应该和图 1.1 类似。

左边是熟悉的工具箱，第二章将会对这些工具进行详细的介绍。操作时有一些工具经常会被使用，如果怕出错，可以转换成"抓手工具"，这样移动鼠标指针就不容易误操作。

右边是"图层"面板、颜色选择器、"调整"面板、"画笔"面板和其他的一些面板。不要忽略这些控件的面板菜单，它们一般位

图 1.1 这是我的工作区，在基本工作区的基础上又增加了两个面板。

于面板的右上角（图 1.2）。要尝试记住一些面板的位置和快捷键。如果不了解某控件，可以把鼠标指针放在上面，花一两秒看看弹出的提示窗中的名字。

如果工具和面板弄乱了，可以执行"窗口">"工作区">"复位基本功能"命令，重置工作区。（Photoshop 中的很多地方都可以重置。）或者，从右上角的工作区切换器中选择"复位我的工作区"（图 1.3）。如果不确定当前的工作区域，可以通过这个菜单进行确定。默认的工作区域（取决于 Photoshop 的版本）有"基本功能"工作区、

"图形和 Web"工作区、"摄影"工作区、"绘画"工作区、"动感"工作区（动画和视频）和"3D"工作区。你可能已经注意到了在图 1.3 中我创建了一个名为"我的工作区"的工作区。在本章的后面将会对自定义工作区和工作区的组织管理进行讨论，现在只需要记住这是选择和切换工作区以优化工作的地方。通常不同的工作区有不同的工具和面板以适应不同的需求。对于刚开始接触 Photoshop 的人来说，"基本功能"工作区比较好用，因为它包含的面板相对比较少，并且适用于各种制作场景（图 1.4）。

图 1.2　默认的堆叠面板布局，"导航器"面板菜单也显示在上面。这些面板虽然与之前的版本看起来有所不同，但依然默认位于 Photoshop 的右边。

图 1.3　在别人使用后，重置工作区是一种很好的习惯。

图 1.4　"基本功能"工作区中的面板包含的内容十分全面。

在所有的工作区中，菜单栏永远在屏幕的上方，选项栏在下方（图 1.5）。这些菜单包含所有操作中将要使用的命令。使用快捷键调用这些命令能够提高工作效率，专业人员都在使用快捷键进行操作。多看看菜单中的快捷键，在每次打开 Photoshop 时试着记住 1 ～ 3 个操作的快捷键，你会很快成为专业人士。

以下是对菜单及其用途的介绍。

● "打开"和"存储"命令在"文件"菜单的选项里，也可以通过 Adobe Bridge 打开和保存文件（图 1.6）。如果是 CS5 或者更早的版本，要时刻记得按 Ctrl+S/Cmd+S 快捷键进行保存。较新的版本默认具有经常自动保存的功能。后台存储功能支持多任务处理，在操作过程中，Photoshop 会对所有的图层和编辑进行保存。

图 1.5 Photoshop 的每一个版本都有这样的菜单栏和选项栏。

图 1.6 使用"文件"菜单下的"最近打开文件"命令，能够快速地找到最近编辑的文件。

- "编辑"菜单是用于操作和撤销操作的（图 1.7），包括"拷贝""粘贴""清除"等命令。"后退一步"命令非常好用，通过它能够返回到之前的操作，可以重新进行编辑。在使用的过程中，"后退一步"经常是不够用的，有些时候还需要打开"历史记录"面板返回到更早的操作。"操控变形"放在这个菜单里好像有点不太合适，但它真的很棒。它就像其他的变形工具一样，通过在图像上点选关键点对整体进行操控（也因此而得名），有点像提线木偶。这一部分会在后面的章节中进行深入的讲解。

- "图像"菜单用以调整单独图层的色彩平衡、曲线、方向，替换颜色并进行一系列其他的有损编辑——这种有损的结果会一直存在（图 1.8）。在后续的章节中我们会讲解怎样进行无损编辑，这些尝试也非常有意思。在操作中我经常会使用"图像大小"和"画布大小"命令，因此记住它们的快捷键十分有用。

- "图层"菜单用以改变和调整图层，包含"图层编组""图层蒙版""合并图层""重命名图层"等命令。目前只对图层及其用途进行简单的介绍。在

第三章中会对它进行深入的讲解，包括快捷键和一些提高效率的操作方法。

- "文字"菜单是在编辑文本的时候才会使用的菜单，在本书中不会讲解太多，有机会的话读者可以尝试一下。

- "选择"是另一个需要快速掌握快捷键的菜单（见第 9 页的"键盘快捷键一览表"）。除了"色彩范围"和"焦点区域"这两个经常使用的命令外，使用菜单中的其他命令都可以对选区进行手动修改或删除。

图 1.7　"编辑"菜单的快捷键是使用最为频繁的，其中还包含一些非常好用的变换功能，如"操控变形"。

图 1.8　"图像"菜单中有很多对图像进行调整的命令，它们都是有损编辑，在操作时最好进行无损编辑。

- "滤镜"菜单中的滤镜能够让图层产生超级棒的效果（图1.9）。从"模糊"到"杂色"，这些滤镜在高级编辑和高级合成中起着至关重要的作用。在后面的教程中，这个菜单里的内容会被大量使用。现在，读者可以自己尝试一些有趣的滤镜效果。

注意 Photoshop每个版本的滤镜都不相同，读者应确定好自己学习的版本。

- "3D"是在2D图像编辑上新增加的菜单。我在操作中很少使用它，但是如果你是个3D建模师的话，这个选项对你就很有用。（在Photoshop的一些旧版本中是没有"3D"这个菜单的。）
- "视图"是用以控制Photoshop辅助操作视觉元素的菜单，包括"标尺""锁定参考线""对齐"，以及其他布局工具。
- "窗口"菜单也是非常有用的，它包含了Photoshop中的所有面板（图1.10）。无论是用到还是没有用到的面板（或者是不小心关闭的面板），都可以从这里找到。使用"历史记录"面板可以追踪之前的操作记录（也可用于返回以前的某一步操作）。"画笔"

面板也是经常会被用到的，我喜欢把它们折叠成按钮存放在工作区右边。
- "帮助"菜单能够快速地打开Adobe的帮助文档。如果你想要对一个工具了解得更深，可以使用"帮助"菜单和Adobe的在线帮助。

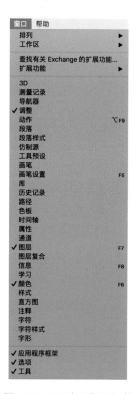

图1.9 "滤镜"菜单中一般都会有"模糊"滤镜和"镜头校正"滤镜。

图1.10 通过"窗口"菜单可以切换面板的可见性（如"调整""颜色""图层"面板是可见的），当这些面板不小心被关闭时，可以到这里来寻找。

键盘快捷键一览表

使用快捷键能够节省大量的时间，并且能够提高工作效率。下面是本书中常用的一些快捷键，掌握它们，你的操作将变得更加轻松自如。

文件

存储：Ctrl+S/Cmd+S。

存储为：Ctrl+Shift+S/Cmd+Shift+S。

新建：Ctrl+N/Cmd+N。

打开：Ctrl+O/Cmd+O。

关闭：Ctrl+W/Cmd+W。

退出：Ctrl+Q/Cmd+Q。

编辑

拷贝：Ctrl+C/Cmd+C。

合并拷贝：Ctrl+Shift+C/Cmd+Shift+C。

盖印图层（隐藏的功能和快捷键）：

Ctrl+Alt+Shift+E/Cmd+Opt+Shift+E。

粘贴：Ctrl+V/Cmd+V。

原位粘贴：Ctrl+Shift+V/Cmd+Shift+V。

还原：Ctrl+Z/Cmd+Z。

后退一步：Ctrl+Alt+Z/Cmd+Opt+Z。

前进一步：Ctrl+Shift+Z/Cmd+Shift+Z。

填充：Shift+F5。

图像

反相：Ctrl+I/Cmd+I。

曲线：Ctrl+M/Cmd+M。

图像大小：Ctrl+Alt+I/Cmd+Opt+I。

画布大小：Ctrl+Alt+C/Cmd+Opt+C。

图层

图层编组：Ctrl+G/Cmd+G。

通过拷贝的图层：Ctrl+J/Cmd+J。

新建图层：Ctrl+Shift+N/Cmd+Shift+N。

创建剪贴蒙版：Ctrl+Alt+G/Cmd+Opt+G。

合并图层：Ctrl+E/Cmd+E。

选择

取消选择：Ctrl+D/Cmd+D。

重新选择：Ctrl+Shift+D/Cmd+Shift+D。

反选：Ctrl+Shift+I/Cmd+Shift+I。

滤镜

上次滤镜操作：Ctrl+Alt+F/Cmd+Opt+F。

视图

放大：Ctrl++/Cmd++ [plus key]。

缩小：Ctrl+-/Cmd+- [minus key]。

按屏幕大小缩放：Ctrl+0/Cmd+0 [zero]。

显示模式切换：F。

标尺：Ctrl+R/Cmd+R。

对齐：Ctrl+Shift+; /Cmd+Shift+; 。

窗口

画笔设置：F5。

颜色：F6。

图层：F7。

隐藏 / 显示面板：Shift+Tab。

隐藏 / 显示工具、选项栏和面板：Tab。

帮助

Photoshop 帮助：F1。

文件格式

现在讲一下文件格式。就像走路要选择合脚的鞋一样，文件格式也要选择适合的。JPEG、RAW、PSD、PSB、TIFF 的使用目的各不相同（图 1.11）。下面对常用于合成的文件格式做一个简短的总结（表 1.1）。

- JPEG。JPEG（.jpg、.jpeg、.jpe）是数码相机、手机和平板电脑最常用的文件格式之一。这类压缩文件为了节省空间损失了图像质量。在 Photoshop 中将图像存储为 JPEG 格式时，最好不要进行压缩，以最佳品质（12）进行存储。但实际上无论如何它都会对图像进行压缩，即使是一点点也会造成损坏，而且存储次数越多越严重。即使以最佳品质（12）保存，文件也会变小。另外，JPEG 文件是合成文件，也就意味着它不能对图层单独进行保存，在后面的编辑中不能对每个图层进行修改。一般我只有在项目开始和结束的时候才会使用 JPEG 格式。如果想要对文件进行无损编辑的话，就要将它转换为不同的格式，即使它原本就是 JPEG 格式，也要对其进行转换。

图 1.11 Photoshop 可以使用很多种图像文件格式，但是大多数的合成创作只会使用到其中的一部分。

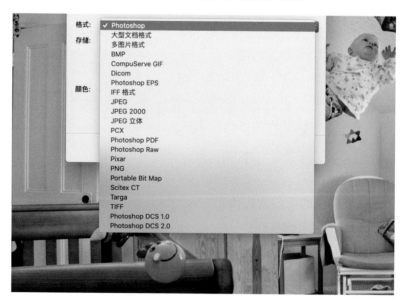

表 1.1　格式比较

	JPEG	RAW	PSD	PSB	TIFF
优点	文件小； 在任何设备上都可以发送和查看； 常用格式； 快速保存； 能够随意上传。	原片，包含比 JPEG 更多的数据（无白平衡，锐化或压缩）； 无压缩、无损数据； 无损编辑； 适用于存储专业人员的图像文件。	Photoshop 专有格式； 能够存储图层、调整图层、样式等； 可以把许多图像作为图层存储成一个文件； 也可以置入其他的 Adobe 软件中。	PSB 和 PSD 一样，但是能够存储更大的文件； 能够保存大于 2GB 的文件。	很多软件通用的文件格式； 能够保存大于 4GB 无压缩的文件； 能够存储图层、调整图层、蒙版等； 能够保存成高质量的合成文件。
缺点	压缩文件，丢失数据； 不能保存多个图层； 若品质低于 12 保存，图片质量会降低； 有损编辑。	文件大小比 JPEG 大（大约是 5 倍以上）； 需要不断更新软件才能查看最新的 RAW 文件； 没有相应的 RAW 软件则无法查看； 不是所有的相机都能拍摄 RAW 格式的图片。	文件大，不利于发送； 保存花费的时间长； 需要使用 Photoshop 或者类似的软件才能查看； 不兼容。	具有 PSD 所有的缺点； 文件大，需要更多的存储空间； 保存的过程慢。	不能像 PSD 和 PSB 文件一样保存所有的东西； 如果使用 Photoshop 以外的软件打开，所有的图层会合成为一个图层。

● RAW。每一个格式都有自己的独特性。RAW 是一个含有大量数据的文件格式。你经常会遇见全是由大写字母拼写的术语（例如 RAW），这是具有误导性的，因为它不是特定文件格式的首字母缩写，也不是文件格式的正确名称。如尼康相机拍摄的图片使用的扩展名是 .nef，而佳能使用的扩展名是 .cr2，索尼使用的扩展名是 .arw。每一个高端相机的制造商都有一个专门的存储大数据信息的文件格式。DNG 也是一种常见的 RAW 格式，主要用于微单相机和手机。

在创作的过程中，存储的数据越多也

就意味着可操作的范围越大。对于熟悉计算机语言和二进制的人来说，原始图像可以每通道保存 12 或 14 位数据（在 Photoshop 中可以保存为 16 位），比 8 位的 JPEG 格式有更多种 1 和 0 的组合（这就意味着每个通道有更多个级别）。

只要相机的存储卡容量足够大，就尽可能地使用 RAW 格式或者 RAW+JPEG 格式进行拍摄（将处理后的文件和原始数据一起保存）。在使用 RAW 和 JPEG 格式同时进行拍摄时，可以将 JPEG 格式的文件作为备份以进行灵活的编辑。此外，如果 RAW 文件的大小不适合硬盘内存的话，还可以随时将其保存为较小的 JPEG 文件。

虽然 RAW 文件的使用范围非常广，但是大小是它的主要缺陷。图 1.12 所示是用索尼 A7RII 拍摄的 4240 万像素的图像，采用 AWR（RAW）格式存储文件时，文件大小是 82.34MB，而采用 JPEG 格式存储文件时，文件大小只有 14.19MB。幸运的是，存储卡越来越便宜，为了获得高质量的 RAW 文件，在更大的硬盘和存储卡上进行投资是值得的。

图 1.12 这张照片同时以 JPEG 格式（14.19MB）和 AWR（RAW）格式（82.34MB）进行拍摄。

- PSD。PSD 是 Photoshop 格式的缩写，是 Photoshop 的专有格式，用于保存大的分层文件。因为是 Adobe 设计的 Photoshop 专有的文件类型，所以 PSD 格式能够存储图层、调整图层、蒙版以便于后期进行编辑。其缺点就是与其他程序不兼容，尤其是当存储的文件中含有一些新的效果时，不兼容性更是个难题。

- PSB。当文件过大时（大于 2GB），用 PSD 格式就无法进行存储。Adobe 大型的文件格式是 PSB 格式。这个格式也有和 PSD 同样的缺点，且当文件大于 2GB 时存储所花的时间会更长。

- TIFF。这种格式使用范围比较广。从技术的角度讲，TIFF（.tif、.tiff）和 PSD 一样，能够存储图层、蒙版和调整图层信息，不同的是它与其他的应用程序可兼容。在存储 TIFF 格式时要注意弹出来的选项窗口，每一个选项都决定着不同的结果。如果不需要再对图层进行编辑的话，可以对图层进行合并，将其存储为高质量的 TIFF 文件。在打印时，TIFF 格式比 JPEG 格式更好一些。在以与 JPEG 同样的方式进行压缩时，TIFF 格式不会丢失数据，这被称为"无损压缩"，而 JPEG 是有损压缩。但是在保存为 TIFF 格式时，一定要检查保存的图层是否完整（默认状态下文件是带有图层和蒙版的），是否合并成了一个 TIFF 文件。合并会使可以编辑的图层丢失，但是在传送单图层格式文件时，这种方法很有用。这种能够保护图层和蒙版的能力使得 TIFF 成为非常具有吸引力的编辑操作格式，并且保存的文件的大小还比 PSD 格式小。TIFF 是平面设计领域最常用的打印格式之一。虽然我在使用 Photoshop 和 Adobe Bridge 时硬盘空间足够大，存储为 PSD 或 PSB 格式绰绰有余，但在合成文件时，TIFF 格式仍然是一个常用的选择。

提示　更改文件名和扩展名，文件的格式并不会改变，还可能会造成系统混乱而无法打开文件。只有从菜单栏执行"文件" > "存储为"命令，选择不同的格式进行存储，才可以改变文件的格式。

有效的工作方法

时刻记得整理！这真的很重要。想象一下，当合成的图像越来越复杂时，快速地找到对应的图层、蒙版或面板变得越来越重要。你不想因为这些不便而让灵感丧失吧？

常用的办法就是建立一个有效的工作区。有时的确需要很多面板，但有时真的没必要，所以要对工作区进行整理以保证它们能够有效地工作。正如之前所讲的，可以使用工作区切换器重置或者选择其他的工作区，或者通过"窗口"菜单对面板进行启用或禁用。若面板和工具的配置合适，则在进行特定操作（如修图和合成等）时就会变得特别实用，从而提高工作效率。可以通过工作区切换器选择"新建工作区"，将合适的配置保存（图 1.13）。记得给工作区命名，就像我现在的工作区叫作"我的工作区"。

图 1.13 当找到适用的面板配置时，一定要使用工作区切换器把它保存成自己的工作区。

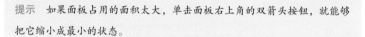

> 提示 如果面板占用的面积太大，单击面板右上角的双箭头按钮，就能够把它缩小成最小的状态。

下面是能够节省时间的一些使用技巧。

● 给图层命名！在第三章和后面的章节中，会对命名的重要性进行讲解。从现在就开始命名吧，双击图层的名称就可以了。

● 对图层进行编组。如果有很多图层都需要调亮，就可以把它们编进一个变亮的组里，按 Ctrl+G/Cmd+G 快捷键即可进行图层编组。

● 用颜色标注图层。这一技巧好像有点鸡肋，但是它真的很有用。详情请见第三章。

● 尽可能将所有素材和文件保存在一个文件夹中，并对它们进行命名，例如命名为"大师课程＿爆炸效果＿最终版 .psd"——即使它可能不是真的最终版。使用不同的电脑或不同的版本时，也要如此。

- 及时删除不需要的图层。这一点我也很难完全做到。我承认我虽然能够很好地管理我的工作区，但是对于存储这件事做得还不是很好。一个 Photoshop 文件能够存储无数个图层（我经常会使用超过 200 个图层），但这并非一个优点。及时删除那些未使用的图层，Photoshop 才能够运行得更流畅，所以每过一段时间我就要强迫自己删除一些东西！我知道，这很痛苦！但是，如果你觉得这些东西还有用，那就不要删除它——或者可以考虑将它放置在一个新的文件中！

工作流程

你是否能够完全遵守工作流程？使用 Photoshop 进行工作需要如此，其他事情也是如此，遵守工作流程会让你的工作事半功倍。工作流程是完成创意的最好保证。然而从另一个角度说，工作流程是一个术语，是指操作的顺序，遵守工作流程通常能够产生更加准确有效的结果。

良好的工作流程能够优化你的工作，每一个 Photoshop 的大师都有他们自己的工作方法。也就是说，我所教授给你的方法和秘诀都是我工作的总结，这也许就是本书值得你购买的原因。

工作流程往往也会跟着程序新版本的升级有所更改，这在后面的章节中会涉及。我现在的工作流程与起初时已经完全不同（还会不断改进）。在大多数的案例中，我都会结合自己之前做过的案例指出工作流程中不好的地方并加以点评和改进。

所以跟我来，找到属于你自己的路！在 Photoshop 里，有多种方法能实现同一个效果，但我们的目的是要找到最容易和最适合你的那种方法！

第二章

初级基础

　　要想做出优秀的图像合成作品就必须先掌握工具，并了解它们的基本原理。一旦你能够完全掌握这些工具，就能够随心所欲地创造属于自己的作品。

　　这一章主要对工具的使用和我个人总结的一些小技巧进行讲解，主要是为了后面的学习做准备，这些教程都是经过我精心挑选的。

　　要是你对工具的掌握有绝对的信心，可以直接跳转到后面的章节。想想，马盖先（MacGyver）可以用不起眼的工具对付敌人，这些基础的工具也是如此。（译者注：马盖先是美国枪战片《百战天龙》中的人物，他擅长用普通生活用品作为工具，来帮助自己和搭档摆脱困境。）另外，对这些基础的工具进行回顾，你可能会有新的发现。

充满危险气息的宁静（2014）

工具箱

所有艺术家都有各自使用工具的习惯。例如，下面是我常用的一些工具和快捷键。

- 移动工具（V）。
- 选择工具：矩形选框工具（M），套索工具（L），磁性套索工具（L），魔棒工具（W），快速选择工具（W）。
- 画笔工具（B）。
- 油漆桶工具（G）。
- 吸管工具（I）。
- 修复工具：修复画笔工具（J），污点修复画笔工具（J），内容感知移动工具（J）。
- 仿制图章工具（S）。

这些工具看起来很简单，但是有着巨大的作用，它们之间相互配合能够创造出复杂的作品。仔细研究下它们之间是如何进行配合使用的，学习这种方法可以快速提高你的工作效率。

移动工具

"移动工具"的使用范围很广，它并不是简单的移位工具——它可以缩放、倾斜、旋转、翻转、扭曲、选择图层，甚至复制图层都可以。和其他工具一样，"移动工具"配合各种快捷键可以完成其他的功能。

在见证这些功能之前，要确认选项栏中的"显示变换控件"复选框是否被勾选——勾选和不勾选显示的效果完全不同！在它被勾选后，图片的四周就会出现可操控的点（图 2.1）。

图 2.1 图片的边缘出现了"移动工具"变换控件的小方形控制点。

> 注意 "移动工具"不能移动锁定的图层，如"背景"图层。要是想移动锁定的图层，可以复制一个新的图层（Ctrl+J/Cmd+J），或者双击"图层"面板上的图层缩略图，当"新建图层"对话框打开时按 Enter 键。确认后会立刻关闭窗口，解锁图层。第三种方法就是单击图层的锁图标解锁图层。（更多内容详见第三章。）此外，那些关闭了可见性的图层可以被移动——因此要注意那些看不到的内容！

在"显示变换控件"的旁边就是"自动选择"复选框，它貌似很好用，但是在使用时要思虑再三。勾选"自动选择"复选框能够让"移动工具"在单击图像时自动切换到相应的图层（详情请见第三章关于图层的讲解），当然在某些时候，这样能够节省时间。当图层布局十分具有逻辑性，能够清楚地看到想要的图层时，勾选"自动选择"复选框可以使操作更加有效。但有时候这也是个麻烦，因为它只会选择你单击的区域中最上面的图层——那不一定是你所想要的图层，尤其是对于低透明度的图层和带有全部蒙版（无损性擦除）的图层更为明显。我更喜欢在右侧的"图层"面板中单击，手动选择每一个图层。

> 提示　要选择移动其他图层时，可以选择"移动工具"后在工作区右击，在弹出菜单中选择相应的图层或组的名称。在移动当前图层下面的图层时，这种方法绝对好用，并且不会造成意外的混乱。

"移动工具"的变换功能

当勾选"显示变换控件"复选框时，在图像四周会出现变换的控制点和定界框。变换图像前，要反复地检查确定当前选择的图层是否是当前的图像。记住，一定要选对图层。选择工具同样也可以移动选区（移动的是虚线框），对选区进行变换操作。

在使用变换控制点的时候一定要小心，

用于变换的中心点也可以移动。总之，变换符号都可以被拖动。当鼠标指针放在控制点附近时，可以看到可进行变换的图标，图2.2显示出了所有可能出现的图标（仅供参考）。图标会根据鼠标指针放置在点上的位置发生改变。有下面这4种情况出现。

- 移动 ✥。"移动"在创作的过程中是不可或缺的，这是"移动工具"最基本的功能。单击定界框的内部区域，然后进行拖动。（这是使用最为频繁的操作。）

- 缩放 ⤢。当边上出现这个符号时就意味着可以对选区进行放大或缩小。它可以对图像进行拉伸或压扁（这个常常是不小心造成的）操作，所以除非你就想要图像变形，否则应按住 Shift 键进行拖动，这样能够约束水平和垂直方向的比例。按住 Shift 键拖动控制点缩放图像，能够保证图像比例不变。拖动完后一定要先松开鼠标再释放 Shift 键，否则图像可能会变形。最好的办法就是记住在做等比例缩放的

图 2.2 将鼠标指针悬停在变换控制点的周围，会显示出一系列不同的选项（图中是为了便于讲解，实际上这些选项只会单独出现）。

时候按住 Shift 键，并且在结束的时候要放开 Shift 键，这样永远也不会出错。

● 旋转 。这个符号的意思是可以对选区进行旋转。只需要单击拖动一个控制点，就可以控制全部。在旋转时，按住 Shift 键会以每次 15° 的数量进行增加。按住 Shift 键有助于快速地旋转到垂直或水平的方向，而自由旋转也可以获得适宜的角度。

注意　变换的控制点比较敏感，所以在操作的时候一定要小心。

● 伸缩 。对控制点进行拖动会造成选区被拉伸或压扁，而拉伸和压扁的方向取决于鼠标指针箭头的方向（只限于单击的那边）。在拉伸时一定要很小心，因为它会让选区变形，通常是不应该发生变形的，除非你是在设计一张水平极低的海报。

在完成缩放、旋转或者伸缩后，要对其进行确定（接受）或者取消。按 Enter 键或者单击菜单栏下选项栏中的"提交变换"按钮 ，即可确定修改结果。按 Esc 键或者单击"取消变换"按钮 ，可以取消变换。

其他变换功能

除了基本的变换功能外，"移动工具"还具有其他一些很神奇的功能。（假设现在

已经勾选"显示变换控件"复选框）在控制点上单击，系统会认为你要进行变换，再在图像上右击，就可以直接对图层使用可以进行变换的选项（图 2.3）。

图 2.3　在变换控制点上单击，然后在图片的任意位置上右击以显示隐藏的变换选项。

提示　若想对选中的图层进行变换，则可以按 Ctrl+T/Cmd+T 快捷键，即使当前是其他工具也可以。但是，我觉得使用"移动工具"进行变换更加有效。我习惯如此，但对于其他人来说，也许使用变换的快捷键会更加有效！读者可以多加尝试，找到适合自己的方法。

● 翻转。有很多时候需要对图层的选区进行翻转。使用"移动工具"不仅能够翻转图层，还可以对图层进行其他的变换。从快捷菜单中可以直接选择"水平翻转"或"垂直翻转"，还可以具体到各个角度(左或右,上或下)。（通过"图层"菜单也可以翻转图层，只是速度会有点慢。）

- 变形。"变形"是这个菜单中另一个非常有用的功能。选择"变形"可以使图像在九等分的网格上进行变形，可以向各个方向拖动网格（图2.4）。当你在拼合图层时，如果拼合的效果不是很完美，那就可以使用变形功能。想一下怎么样能让拼图更加适合拼接的空间呢？那就变形吧！（要想得到更好的变形和拼接效果，可以试试"编辑"菜单中的"操控变形"命令）。

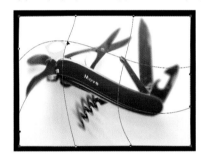

图 2.4 对图像进行多次变形，直到得到适合的效果为止。

提示 （单击控制点）开启变换功能，然后单击选项栏中"在自由变换和变形模式之间切换"按钮转变成变形模式，会出现更多的变形选项。选项栏左侧的变形菜单中会显示出各种变形的功能和选项，非常便捷。列表上的每一个选项都可以创造出不同的变形网格和互动效果，读者可以尝试使用它们并且了解它们之间的不同。

- 透视。它的功能是调整图层以契合作品的透视角度，一个图像一般只有一个消失点。例如，对于侧角度的建筑物，透视功能有助于纹理的贴合。单击拖动 4 角的控制点能够改变消失点和实现缩放（两边的点会同时动），单击中间的控制点会沿着边缘的方向滑动。

提示 在使用修饰键进行变形或者创建自定义透视图时，要沿着透视线进行变形，否则透视变形的效果就不好。通过对一个控制点的控制，可以自定义透视角度：按住 Ctrl/Cmd 键，可以控制一个控制点进行变形，就如同进入了透视编辑的模式（图2.5）。这个功能有助于图像的拼合，尤其是要将平面图像贴附在建筑物上时非常有用。通过对每一个控制点进行控制能够让变形透视更加准确。

图 2.5 按住 Ctrl/Cmd 键可以单独对一个控制点进行控制。

快速复制

使用"移动工具"，按住 Alt/Opt 键，将选区拖动到新区域，就能够快速地将选区内容复制到新图层，就像是选区在移动一样（图2.6），简单而便捷。思考一下在第三章图层的复制中是否可以使用这种方法。

图 2.6　使用"移动工具"可以多次进行复制。（当然，有时也要缩放复制后的图层和更改其混合模式，在后面的章节中会详细地进行讲解。）

选择工具和技巧

　　选择工具不仅能够很好地完成选择任务，而且它们还能实现很多其他效果。选择工具主要有 3 种用途：抓取（复制和粘贴）或删除像素，对特定区域进行绘制或应用效果（无论哪种选择工具），创建蒙版对图层或文件夹中的元素进行无损隐藏。其中最重要的是合成中选择工具的使用，这通常意味着要创建出无缝衔接的蒙版。一般来讲，蒙版是隐藏图层中可见像素的一种无损方式（通过选定的选区进行创建），这对于将多个图像无缝合成是非常重要的（真正能够去除图像间明显的衔接缝隙）。以下是我

常用的选择工具以及对选择工具几种用途的介绍。

　　当对图层的选区进行复制（Ctrl+C/Cmd+C）、粘贴（Ctrl+V/Cmd+V）、移动（按住 Ctrl/Cmd 键时选区的内容会跟着移动）或者局限在某一区域做效果时（从选区中创建蒙版），我通常会使用选框工具（图 2.7）。选框工具不仅可以合并复制选区内的所有图层，还可以复制调整图层、蒙版等。选择最上面的图层，按 Ctrl+Shift+C/Cmd+Shift+C 快捷键进行合并复制，即可

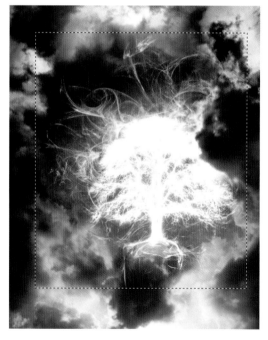

图 2.7　预设中有两种选框形状，这是矩形选框。

将复制的内容粘贴到合成文件或者新文件的最上层，形成一个合并的图像，并且之前的分层图像依然存在，因此这是一种无损编辑。这样，就可以使用"移动工具"对合并的图层进行翻转，并给予它新的透视角度。"移动工具"和选择工具看起来简单，但其中包含了很多功能。新合成的图层很多时候是用以做临时参考的——从真正的意义上讲，对这个图层进行编辑也是有损的——但是它不会损害其他图层！

注意　无论是选择、复制或者是其他的什么操作，都一定要选择相应的图层。

提示　如果你的意图是将图层进行合并复制的话，有一个隐藏的快捷键——但是使用它可能会让你的手抽筋，即按 Ctrl+Alt+Shift+E/Cmd+Opt+Shift+E 快捷键，然后所有的可见图层便合并成了一个新图层！

　　新版本的 Photoshop 的选框工具中又添加了一个新的选区功能，即"内容识别"（不要和"内容感知移动工具"弄混了）。这个功能很神奇，甚至能创出"魔幻"的世界（例如悬空的建筑或者是长在空中的树）！当你想去除照片中的一些东西时，如岩石或不认识的游客，用"内容识别"功能填充背景就可以实现。下面用一个案例来讲解"内容识别"功能的工作原理：图 2.8 所示的场景很美，但是在进行合成前，还是要修改和清除一些内容。特别是那些岩石，因为我要在这个区域中拼合其他图像。

图 2.8　为合成做好准备，将岩石从水中移除。

提示　在基础图像中的背景不够的情况下，使用"裁剪工具"选项栏中的"内容识别"功能，对单独图层中的背景图像进行扩展。将裁剪区域扩展到原图像尺寸之外，系统会根据所见内容尽力地进行扩展。

注意　如果你想亲自尝试下这种用"内容识别"功能进行填充的技术，可以下载图 2.8 "lake.jpg"的副本和这本书中的其他资源。更加详细的说明请参阅简介。

　　由于用"内容识别"功能进行填充是有损编辑（也就意味着此功能不能返回），所以我会先复制图层，做个备份。然后用"套索工具"（任何选择工具都可以）粗略地选择下岩石，在选区内右击，从快捷菜单中执行"填充"命令（也可以按 Shift+Backspace/Shift+Delete 快捷键）（图 2.9）。

弹出"填充"对话框，从"内容"下拉列表框中选择"内容识别"选项，然后单击"确定"按钮（图2.10）。最后，系统会从图像的其他部分得到计算数据以生成新的背景。

图2.9 用"内容识别"功能进行填充对像岩石这样的选区最为有效。如果要从大的区域中取样的话，用"内容识别"功能进行填充的效果可能就会变得很糟糕。在"内容"下拉列表框中进行选择，然后单击"确定"按钮（图2.10），就可以看到系统从图像的其他部分得到计算数据后生成的新背景。

使用这种方法在一分钟内就可以将所有的岩石全部移除掉（图2.11）。通常，我会再使用"仿制图章工具"和"修补工具"对图像进行更精细的调整。

> **提示** 在使用"内容识别"功能进行填充时，选区不宜过大。区域过大时，取样也会变大，这样往往达不到想要的效果。

图2.10 在"填充"对话框的"内容"下拉列表框中选择"内容识别"选项。

图2.11 用"内容识别"功能移除岩石非常容易。

套索工具

"套索工具"与选框工具相类似，可以画出选区（用鼠标指针画选区有点像是手里握着一个土豆在画画，我更喜欢使用Wacom手绘板来画选区）。和使用选框工具一样，"套索工具"不只局限于单一的形状，也可以进行复制粘贴。在使用"套索工具"时，也可以切换成"移动工具"，对选区进行位移或者变形。

提示 "内容感知移动工具"需要与"套索工具"自定义选区形状的功能配合使用。详情请见本章后面的"修复工具和图章工具"。

"套索工具"的同类工具"磁性套索工具"就像一块磁铁一样，会自动对比像素以寻找内容的边缘，并沿着边缘建立选区，对于边缘清晰的图像进行细微控制，效果会更好（图 2.12）。每单击一次，就会启动一次选择过程，无论鼠标指针移动到哪里，这个工具都会试着寻找那里的边缘。

当把鼠标指针移动到所需要建立选区的边缘的附近时，通过单击就可以增加选区的自定义点，这样"磁性套索工具"就会将自己的定义点忽略掉。双击，或者按 Enter 键，抑或回到一开始的位置上单击，即可封闭选区。在选项栏中提高"频率"选项的值能够使选区增加更多的点以增加选区的精准度。在选项栏中增加"对比度"能够使"磁性套索工具"对反差大的边缘更容易识别。要记住的是，默认勾选的"消除锯齿"复选框能够使选区更加光滑。

图 2.12　"磁性套索工具"会自动吸附在岩石反差大的边缘上，单击能够使选区区域增加更多的点，但这需要花费更多的精力。

提示 当"磁性套索工具"建立的选区与你想建立的选区边缘有偏移时，可以反复按 Backspace/Delete 键重新选择点。

快速选择工具

当你很着急或者需要给人或物体添加蒙版时，"快速选择工具"尤其好用。和"磁性套索工具"一样，它会在所要建立的选区中寻求最近的边缘对比。然而，这个工具能够通过调整画笔大小更加灵敏地绘制出选区。要想使这个选区的边缘更加精确，可以使用 [键缩小画笔的大小。在绘画选区时按住 Alt/Opt 键，可以减去选区区域。当画笔出现减号的时候表明现在正在减去选区，而不是增加选区，在绘制时需要根据实际情况在增加选区和减少选区间不断地进行切换。

提示　如果“快速选择工具”的画笔过小，无法看清里面是加号还是减号，那就看上方的选项栏。在快速选择图标旁边带有加号的图标表示添加到选区，而带有减号的图标表示从选区减去。

魔棒工具

“魔棒工具”可以对相似的像素进行选择，例如蓝色的天空、一致的背景和简单的渐变。要选择复杂的物体，则需要多添加一些步骤：首先，使用“魔棒工具”选择均匀的背景，然后右击，执行“选择反向”命令（Ctrl+Shift+I/Cmd+Shift+I），就能得到与背景相对的复杂物体的选区（或者相反，也可以保留复杂背景将单一区域摒弃）。当使用其他选择工具很难进行选择时，使用“魔棒工具”却易如反掌。在本书后面的内容中，你会看到使用这个工具创造出的一些神奇场景。

“魔棒工具”选项栏中有一些可以微调的选项，我经常使用的就是“容差”和“连续”（图 2.13）这两个选项，它们能够完全改变选区。

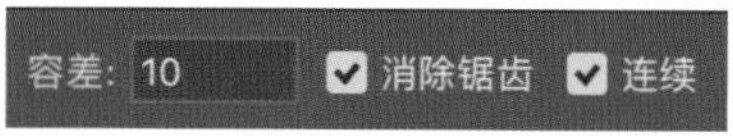

图 2.13　改变“容差”和“连续”选项能够让“魔棒工具”产生不同的效果。

“容差”指的是在选取点时所设置的选取范围（其数值为 0 ~ 255）；改变“容差”也会相应地改变选取范围。“容差”数值越低（如 10），意味着与单击点颜色的像素越一致；而“容差”数值越高（例如最大值 255），意味着选取像素的颜色范围越大。

图 2.14 所示中有蓝色的天空和包含在蓝色中的阴影。当“容差”设置为 10 时单击，会得到由许多点构成的选区，“魔棒工具”选择的是几乎一样的蓝色。而当“容差”设置为 100 时，选择的是所有的蓝色（图 2.15）。应该根据需求决定是大的范围还是小的范围，如果在最后的时刻需要全部添加或者知道哪部分可以直接涵盖进去，可以在每次添加或删减选区之后改变“容差”值，这种方法很有效。

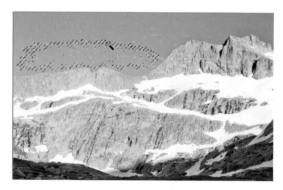

图 2.14　很多时候由于各种原因，蓝色天空需要被遮盖住，“魔棒工具”能够很好地为此服务。

“连续”指的是选区中相同颜色的像素是连续的还是不连续的（图 2.16）。当勾选“连续"复选框时，只有相近的连续的像素能够被选中。当不勾选时，所有临近所选颜色的像素都可以被选中。在图 2.16 中，因为没有勾选"连续"复选框，所以整潭的水都被选中了。切换勾选"连续"复选框，只有前面水潭中的水可以被选中。无论哪种方式，"魔棒工具"都很实用！

图 2.15 通过增加"容差"值扩大颜色的选择范围。

图 2.16 取消勾选"连续"复选框，所有反射着金光的水潭都可以被选中，即使它们之间是不相连的。

提示　"选择"菜单还提供了其他的选择方式，对于处理不同的图像非常有用。如果对象非常清晰，在模糊的背景下非常明显，则可以在需要制作选区的图层上执行"选择" > "焦点区域"命令。还可以在"选择"菜单中使用其他命令进行选择。

选择并遮住

当你不愿意花费太多精力对选区进行绘制时，调整选区能够节省大量的时间（例如抠头发）。这就是"选择并遮住"功能的用武之地，它以前叫作"调整边缘"，这个升级的功能基本与原来的工作方式一样（只会更好），并且随着每次新版本的发布和界面升级在不断提升。在选项栏中单击"选择并遮住"按钮，或者在"选择"菜单中执行"选择并遮住"命令（Ctrl+Alt+R/Cmd+Opt+R）进入此工作区。

以下是操作方式：在制作完选区后，单击"选择并遮住"按钮，打开一个充满了调整滑块和工具的工作区，这个功能可以改变选区和边缘，并且可以将其柔化到非常完美的状态（图 2.17）。

工作区界面主要由 3 部分组成：左侧是工具箱（与 Photoshop 的工具箱不一样）；上方是选项栏，内容会根据选择的工具不同发生改变；右侧是"属性"面板，好用的操作工具都在这里，包括对选区进行调整和增加的控件。

图2.17 "选择并遮住"工作区中的工具和控件仅仅是为优化选区而服务的。

区的外观（滑块上100%的透明度等于100%的蒙版密度），并且还可以使用右侧工具箱中的工具对当前的选区进行调整。

● "黑底"适用于去除紧贴着的剩余虚边。

● "白底"适用于去除剩余的像素点——特别是暗色调的像素。

> 提示　在选择头发或者那些很难找到并且不在原选区的像素时，四周要留有一些可见图像。这样有助于更好地寻找选择剩余像素。当选中"洋葱皮"模式时，我会将"视图模式"下方的"透明度"滑块设置为80%。而选中其他模式，例如"黑底"或者"白底"模式时，滑块会变换成"不透明度"，同样设置为80%。

"属性"面板主要有4个部分："视图模式""边缘检测""全局调整""输出设置"。在"视图模式"中的"视图"下拉列表框可以通过改变可见的背景选择漏选的区域（图2.18）。在图像合成的操作中，去除选区的虚边和多余像素十分有必要，各种视图模式下都能够有效地完成此操作。可以在这些背景中不断地进行切换以选择出最适合的背景。

图2.18 在"视图模式"的下拉列表框中能够看到选区在不同模式选项下的效果。

● "洋葱皮"效果会给图像中未选中的部分蒙上一层半透明的"面纱"，使用滑块可以调整其不透明度。通过转换成蒙版的方式，能够更好地确定选

如果选区非常明确，"边缘检测"选项会很有效。这个功能是用来检查选区边缘的像素半径区域，尽量将近似的部分包含进已选中的区域中，对于纯背景图像尤其适用。要注意的是：半径设置得越大，检测区域就越大，将其他错误的内容包含进去的可能性就越大。如果将半径设置在 10 像素以下，大多数的时候都是安全的。

"全局调整"部分包含以下 4 个滑块。

● 平滑。能够使选区粗糙的边缘变得圆润平滑。这个滑块可以使选区边缘的褶皱变得平滑。

● 羽化。"羽化"能够柔化和模糊选区，但不能柔化突兀的边缘。"羽化"滑块能够告知系统有多少像素需要从不透明过渡到透明，也就是说有多少像素需要模糊。像素数值越大，羽化效果越柔和（图 2.19）。

图 2.19 "羽化"能够使选区的模糊度和原始图像一致。羽化得不够，会显得假；羽化得太过，也会显得假。所以要反复试验，找到适合的数值。

● 对比度。增加对比度能够使选区的边缘更加清晰。这恰恰与"羽化"的作用相反。

● 移动边缘。"移动边缘"能够通过具体的量收缩或扩展选区的边缘。羽化

选区后，我经常会使用这个滑块去除选区周围的虚边（图 2.20）。

图 2.20 用"羽化"柔化选区后，还需要对选区的边缘进行收紧以免图像产生细微的虚边。

注意　当编辑或使用完选区后，不要忘记取消选择选区（Ctrl+D/Cmd+D）！这可能会是一件烦人的事情，但是又不得不这样做，尤其是当选区很小，小到不可见时。

"属性"面板的最后部分是"输出设置"，在使用时，这些选项可以告诉系统如何处理你的选区。对当前的选区进行输出时，"输出到"下拉列表框上的选项有很多，但是大多数情况下都会选择在当前选中的图层中，根据选区创建新的蒙版（"图层蒙版"选项）或者将其保留为选区（"选区"选项）。除非另有要求，一般情况下我都是将"输出到"设置为"选区"，我还可以选择"图层蒙版"——这种制作蒙版的方式就和在"图层"面板上单击"添加图层蒙版"按钮一样简单。

调整边缘画笔

有没有想过，怎样能够将烦人的头发选中而不是把它全部去掉？无论是对毛茸茸的猫还是对需要调整的模特，"调整边缘画笔工具"都可以解决这种毛发问题。它是

"选择并遮住"工作区左侧工具箱从上往下数第二个工具——看起来像在画彗星或者像在画毛球。其他工具的使用方法与Photoshop的工具箱中相同工具的使用方法类似：在最上面的是"快速选择工具"，然后是"画笔工具""套索工具""抓手工具""缩放工具"，使用它们可以对选区进行优化。

无论何时，如图2.21所示，在末端使用"调整边缘画笔工具"可以获得较好的头发选区。"选择并遮住"工作区中的"快速选择工具"是一个很有用的工具，它能够快速选中头发的主体。这个工具不适用于那些小绺毛发，这类毛发需要使用多个工具进行处理。当你做好了基础选区后，就可以切换成"调整边缘画笔工具"进行调整。

图2.21 在使用"调整边缘画笔工具"之前应快速地给头发做一个大致的选区（合适的选区）。给头发的主体部分做好选区后，"调整边缘画笔工具"便能够很快地捕获到飘散的零碎头发。

提示 有时需要选择的选区超过头发的主体，"调整边缘画笔工具"才能很好地进行细化，而有时只选择头发的主体就能得到很好的效果。这取决于周围的环境和头发的状况。

注意 在使用"调整边缘画笔工具"进行绘制时，务必将"属性"面板中"视图模式"的"高品质预览"复选框选中，这样在绘制头发选区时可以显示得更加准确。同样，勾选"显示边缘"复选框可以显示出在绘制时遗漏的部分。

下面是处理头发的方法的精华部分：选中"调整边缘画笔工具"，对剩余的头发部分进行涂画，即使是琐碎的碎发，使用这个工具也可以将其选入选区。使用这个工具主要处理的是头发与背景间的边界，包括头部的边缘。在这些区域上涂画，会使系统对连串的对比（像头发）进行系统查找，并将它们并入选区，只留下背景。使用"调整边缘画笔工具"涂画完所有的头发之后，就会看见系统魔法般地创造出了头发的完美选区（图2.22）。它并非总是这么完美——再看看原来的头发是什么样子——效果还不错，尤其与使用其他工具绘制的头发选区进行比较时。使用完"调整边缘画笔工具"后，单击"确定"按钮以应用选区，然后单击"添加图层蒙版"按钮将选区转换为蒙版。当这个图层具有蒙版（规整的形）后，就可以很容易地把任何新的背景放置在头发的后面（图 2.23），为第四章蒙版的讲解做好准备。在此可以看到我快速地将人物移入了之前去除岩石的那个场景中。

图 2.22 "调整边缘画笔工具"的主要作用是调整选区。在"白底"模式下可以清晰地看到头发效果。

图 2.23 现在可以置入任何想要的背景了，注意不要把这些飘着的头发削减掉太多！若配合调整图层使用，则能够将选区调整得更加完美。

提示 在调整身体和头发边缘时，"选择并遮住"功能最好使用两次。在使用"属性"面板中的滑块获得好的外观和主体选区后，单击"确定"按钮以应用"选择并遮住"的调整效果。在处理头发之前，先退出"选择并遮住"工作区，如果后续版本中的"选择并遮住"工作区添加了应用按钮或者其他可替代的方式，就可以不用这么麻烦，直接单击"确定"就可以了。然后再回到"选择并遮住"工作区中，使用"调整边缘画笔工具"涂抹头发边缘——不要动滑块，因为它会影响头发的形状，切记不要乱动！

注意 对于杂乱背景中的头发（相对于单色或渐变色来说），这个工具可能无法很好地区分出头发和背景。为了避免问题的发生，在拍摄前应尽量让背景统一一些。如果无法避免此问题，就需要对头发进行手动绘制了！

然而，这个功能的优点还不止于此。每次推出 Photoshop 新的版本时都会增加新的优秀功能，要拥有勇气随时进行探索！以下是需要关注的内容。

- 使用"输出到"下拉列表框中的"图层蒙版"选项可以直接从当前的选区中创建新的蒙版。
- 当选择了背景作为起始选区时，可以使用"反相"按钮将当前的选区进行反向。

- 选项栏中"对所有图层取样"复选框是一个非常棒的新功能。例如你正在制作一个由很多张图片组成的天际线选区，勾选"对所有图层取样"复选框可以对组合的所有可见部分进行选择。在制作选区时选区范围需要稍微大一点。
- "记住设置"复选框是一个很好的补充，能够保留同样的设置参数供下次制作选区使用——很方便吧？
- 在这个工作区中进行操作时，工具箱中剩下的工具都是调整选区非常有用的工具。不必为了多选取一些手臂或头发甚至是手臂上的毛发而反复进出"选择并遮住"工作区。

常用工具的其他用途

即使是最常见的工具，也可以有意想不到的用途。以下是我喜欢的几种用途。

- 涂抹工具。这个工具除了能够使用各种画笔形状和大小对像素进行涂抹，还可以在蒙版上进行涂抹，甚至可以进行精细的调整。与使用黑白色在蒙版上绘制所不同，这个工具可以直接对蒙版进行涂抹。
- 吸管工具。使用"吸管工具"拾取颜色很简单，尤其是对无缝编辑非常有效。怎样才能得到一个精准的颜色呢？那就使用"吸管工具"。如果想获得某个区域的颜色平均值，可以从选项栏中选择"取样大小"。我经常使用"3×3平均"选项或更精确些的"取样点"选项（这个默认为 1 像素 × 1 像素大小）。
- 裁剪工具。这个工具对合成非常有用，但我最喜欢的是"裁剪工具"自带的水平拉直功能。单击选项栏中的"拉直"按钮，然后沿倾斜的水平线拖动，就能裁剪出水平的图像。（若想更改裁剪角度，则可以使用第九章中讲解的"自适应广角"滤镜。）

修复工具和图章工具

有时图像需要大量的修改和调整，使用修复工具和图章工具能够对任何东西进行修改。在工具箱中的"污点修复画笔工具"中集合了多种修复工具，"仿制图章工具"中也有多种图章工具，它们对背景的无缝拼合尤其有效。有时图层上一点点小的污点就会破坏整个画面，以至于要把整个图层扔掉。用修复工具和图章工具就可以对它们进行修复，常用的有"污点修复画笔工具""修复画笔工具""仿制图章工具"。

> 提示 当我们在谈及工作流程优化时，有一个很值得注意的问题：每一个修复工具和图章工具都能够对修复内容上的新图层进行无损操作，但要确保选项栏中的"样本"设置为"当前和下方图层"！用这些工具进行修复，它们会作用于新图层，但会从下面的图层进行取样。除非你非常肯定你的操作，否则的话在一个新的图层上进行修复真的很有必要。

污点修复画笔工具

"污点修复画笔工具"只需要单击一次就能够完美地去除图片上的瑕疵。这个高级又复杂的工具能够对单击区域的周围进行分析，并且将周围的像素融合，用周围的纹理、色调和颜色来替换高对比度的像素。修图师经常使用这个工具修复皮肤，或者通过它清除一定数量的污点，如墙上的污点、镜头上的污点、沙滩上的垃圾等，这样的例子不胜枚举。凡是被系统认为异于周围的区域，这个工具都能用光滑的连续性像素替换它。尽管这个工具很善于掩盖，但是它对于变化巨大的像素边缘的处理不尽如人意。例如对蓝色的天空使用"污点修复画笔工具"，若太靠近树的边缘，就会产生斑迹污点。

随着每次新版本的发布，这个工具也在不断地提升，现在也可以对对比强烈的边缘进行修复了（例如去除图 2.8 中紧靠湖边的岩石）。Photoshop 最新的算法会尽量用最贴近的内容进行替换，而不像之前那样按污点进行处理，例如，在填充湖边缘的同时还会将湖边的岩石去除。随着每一次新版本的发布，Photoshop 会变得更加智能化，更加令人惊奇。

修复画笔工具

"修复画笔工具"和"污点修复画笔工具"的使用目的一样，所不同的是需要更多的手动控制。"修复画笔工具"更多地依赖于取样点（俗称"采样点"）和它需要分析和替换的区域（指的是画笔的位置），而并不是自动进行修复。首先确定采样点。

按住 Alt/Opt 键，当鼠标指针变成十字采样点选择器时，单击用于混合的采样区域（图2.24）。（要选择一个没有污点的区域，因为目的是把这个区域提取出来！）而后释放 Alt/Opt 键，在需要修复的区域开始涂画，"修复画笔工具"将会对采样点的像素进行分析（图2.25）。

记住，采样点会随着修复的笔触移动而移动。在选项栏中勾选"对齐"复选框，这样系统就确定了采样点和修复区域的距离，在修复时其距离和方向不会发生变化，也就是说，当笔触连续移动时能够进行连续采样。如果不勾选"对齐"复选框，每画一笔，系统都会回到原来的采样点。无论怎样，修复画笔线性地向左移动，采样点也会线性地向左移动；画笔向下移动时，采样点也会向下移动，就像是用皮带牵引的机器人。所以

在对区域进行分析前要确定自动采样点的方向，以免造成混乱。

仿制图章工具

与"修复画笔工具"类似，"仿制图章工具"也需要从指定的区域中获取内容，但不是直接进行混合。就像它的名字一样，它

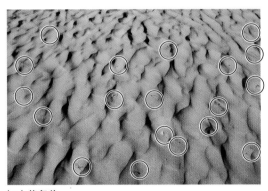

（a）修复前

（b）修复后

图 2.25 使用"修复画笔工具"清理的沙滩（b）和原图（a）进行对比。

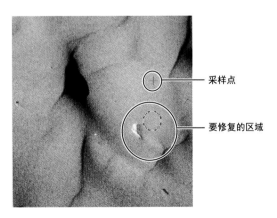

采样点

要修复的区域

图 2.24 在修复前要先选择采样点。

是可以仿制采样点的！当你想要替换一些内容而不是想平滑地进行混合时，"仿制图章工具"是最好的利器。同"修复画笔工具"的使用方法一样，需要按住 Alt/Opt 键，单击选择采样点，"仿制图章工具"会完全取代所画内容，所以采样的时候一定要小心。即使采样点和绘画区域的数值有一点不同，在新的位置上也会很明显地显现出来，所以常常需要更多的采样点。如果勾选了选项栏中的"对齐"复选框，则"仿制图章工具"会追踪图章与采样点之间的位置关系。

内容感知移动工具

Photoshop CS6 中第一次出现了"内容感知移动工具"，它能够将所选择区域移动到新区域进行混合，快速地进行修改。当使用"内容感知移动工具"时，只需要创建一个选区，然后将它移到想要修改的地方，系统便会自动用周围的内容进行填充。如果想要将物体从原来的场景中分离出来，"内容感知移动工具"是最佳选择。然而，这个工具并不是任何时候都适用，它会根据选区和图层内容选择如何进行填充和混合（图2.26）。下面是使用"内容感知移动工具"时，能够获得好的效果的一些技巧。

● 精细的调整是关键！这个工具适用于将元素融入新区域，调整原图中不适宜的部分，而不适用于剧烈位移的调整。

● 将所选择的区域移动到有类似的背景、水平线、背景色和其他对比元素的区域。如果将选区移动到一个完全不同的区域，产生混乱结果的可能性将非常大。

● 在不同的背景下（则如草的背景和天空背景），选区应尽可能地靠近对象的边缘，在"选择并遮住"工作区中将选区扩展 1 ~ 2 像素（将"移动边缘"滑块移动到右边），并且添加 0.5的"羽化"。选区不同，混合效果也会不同。选区越小，也就意味着系统可以进行混合的空间越小。在类似的背景下，选区越大效果会更加明显。

● 使用这个工具能够通过优化移动位置，而创造出干净的背景。就像为了在卧室里放置沙发，而需要重新安排家具的位置一样。

最后要提醒的是，为了防止造成有损编辑，最好的办法就是复制（Ctrl+J/Cmd+J）出一个新图层，然后在这个图层上使用"内容感知移动工具"和其他修复工具进行编辑。

"内容感知移动工具"的选项栏中也有一些其他的特定功能，包括"模式""结构""颜色""对所有图层取样"等选项。下面

(a)

(b)

图 2.26 将从（a）中选择的雕，移动到了构图左边的位置（b）。

对这些功能进行简单的讲解。

- 对所有图层取样。当勾选了"对所有图层取样"复选框时，也就意味着使用"内容感知移动工具"可以进行无损编辑了。新建一个图层，在"图层"面板上呈激活状态，再在该图层上移动选区。"对所有图层取样"命令会从选区中所有图层进行取样，将混合的内容放置到新的区域。当这个区域已经被移动，新的区域完成了内容感知填充后——所有这些都填充到了一个新的图层上。除了进行混合

计算，它对其他图层没有任何影响（图 2.27）！

图 2.27 创建一个新图层，使用"内容感知移动工具"将选择的内容移动到新的图层上，不会对原有图层造成损害。

- 模式。这个选项只有"扩展"和"移动"。理想状态下的"移动"是重新定义选中的物体的位置，而"扩展"将从图像中提取一部分内容，将它扩展成更大的区域，例如给建筑物添加地板。
- 结构。当移动像素时，系统会从"非常严格"（10级）到"非常松散"（1级）的程度重新诠释选区。"非常严格"能够最大限度地保持选区的形状，但边缘较生硬；"非常松散"能够使边缘混合更加生动

（为了能够得到更好的混合效果，甚至会导致部分选区扭曲）。一般来说，对小的选区使用更严格的结构值，对大的选区使用是松散的结构值。
- 颜色。与"结构"类似，它的等级是确定内容混合的接近程度。1级是只移动内容，10级是尽可能地进行混合。如果要将图像中明显不同的部分移动出来，使用10级设置是非常有用的，它会让颜色混合得更加自然。

提高工作效率的技巧

众所周知，在 Photoshop 中完成任何一个任务都有多种方法——这些方法中有一些是省力的，有一些是费劲的。还有很多可代替的工具，它们能够提高你的工作效率，让你的工作更加精准，并且还能够灵活地进行无损的合成。

- 抓手工具。不用在工具箱中单击，按住 Space 键，鼠标指针就会变成"抓手工具"。记住需要长时间按住 Space 键。
- 吸管工具。在使用"画笔工具"进行绘画的同时按住 Alt/Opt 键，"画

笔工具"会暂时转换成"吸管工具"。
- 放大镜工具。不要总想着工具箱或者快捷键。我最常用的方法就是按住 Alt/Opt 键，滚动鼠标滚轮或手触板（不用单击）。按住 Alt/Opt 键，将鼠标指针放置在想要放大的区域上，然后向上滚动鼠标滚轮就会放大图像，向下滚动鼠标滚轮就会缩小图像。这种方法在刚开始使用的时候可能有点不顺手，但从长远来说的确能够节省大量时间！

纹理画笔

"画笔工具"也许是使用最多的工具，尤其是在使用蒙版时。首先，要掌握如何改变画笔属性，因为它能够创造出很多不同的效果，画笔的其他用途我会在后面进行详细的讲解。下面是有关画笔使用的一些技巧。

- 用 [、] 键能够改变画笔的大小，使用键盘可以使画笔大小变化得更快。还可以改变画笔的硬度，具体方法有：按住 Alt+ → /Opt+Control 快捷键，同时拖动鼠标向上或向下移动可以改变画笔的硬度，左右移动可以改变画笔的大小，右击也可手动选择画笔大小；或者在选项栏中打开画笔预设选择器调整画笔的"大小"和"硬度"的滑块（图 2.28）。

图 2.28 观察画笔大小，让画笔"硬度"尽可能为 0，无论何时都需要一个柔化的过渡。

- 打开画笔"属性"面板（F5）更改笔刷类型，或者直接在图像中右击，在弹出的快捷菜单中进行选择。

- 在混合时画笔的"硬度"应尽可能为 0（也可用默认的圆头画笔），这样能够保证蒙版边缘过渡更加自然，在绘画时每一笔笔触都不会产生明显尖锐的边缘——除非你想要的就是尖锐的效果！请务必确保降低"硬度"，因为这很容易忘（如果"硬度"过高，当你放大细节时，效果就会不好）。

还有一些不太常用的画笔属性，也可以尝试下（大部分都可以在"画笔设置"面板的"画笔笔尖形状"中找到）。

- "双重画笔"能够创造出任何纹理效果（如云效果的画笔、水泥效果的画笔、灰尘效果的画笔等）。主笔就是每次涂画的笔触区域，而副笔就是从主笔中减去的剩余部分，就像在主笔上咬掉了一小块。所有的画笔都可以进行任意组合和修改。在设置时，先勾选"双重画笔"复选框，然后单击"双重画笔"以确保该项被选中。设定参数对副笔进行定义。

- "传递"的"钢笔压力"只有在用手绘板时才能使用，它会模仿真实的物理压力进行绘画：按压得越用力，画笔的不透明度也就越高。

- "散布"复选框能够创造出随机多样性的画笔效果。在无缝合成的编辑中尽可能地隐藏缝隙至关重要，而默认画笔最大的问题就是如何轻松地识别它们。"散布"能够使画笔形状分散，从而产生许多不同的变化。

不同滑块和选项的改变都会产生无数种组合和变化。如果画笔选项不够，可以打开"画笔"面板，选择其他不同的画笔，在列表中添加更多的种类，如"自然画笔2"。你可以从第三方平台下载到无数种超级棒的画笔，我个人比较喜欢对基础画笔进行修改，每个人都有不同的喜好。打开"画笔"面板，在面板菜单中执行"导入画笔"命令，就可以导入新的画笔（图2.29）。

用好"画笔工具"的唯一方法就是多试，

图2.29　这幅速写看起来还可以，但是缺乏一些磨砂的纹理效果。导入新的画笔可以快速实现想要的效果。

并对它们的位置进行记录。我在绘画时使用最多的是柔软模糊的画笔（图2.30）。无论是蒙版边缘的混合还是绘制时的笔触，柔软模糊的画笔都不会让图像显示出拼合及笔触的痕迹来。

提示　通过建立选区，执行"编辑">"定义画笔预设"命令，可以从图像中创建自己的画笔笔尖，一定要定义好名称。选区中的内容就会出现在画笔预设里，这时就可以使用这个画笔了。选区一定不要有黑色边缘，因为选区中亮的地方会变得透明，暗的地方会成为画笔形状部分（可以把暗的地方想象成在绘画前画笔蘸的颜料部分）。

图2.30　使用画笔的过程中充满了无限的乐趣，其使用范围也十分广泛，从蒙版到纹理都需要使用画笔，所以好好学习"画笔工具"吧！

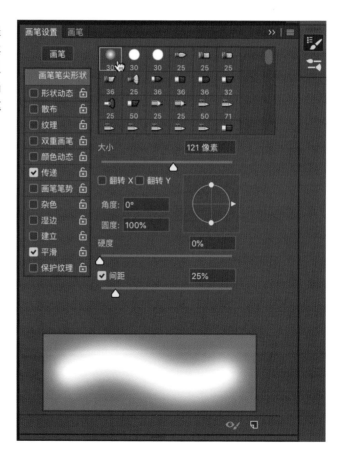

小结

　　有时我们对工具感到无所适从，不仅仅是因为每一个版本的工具都不一样，还因为我们对它们何时用、怎么用感到茫然。了解工具的工作原理只是学习工具过程中很小的一部分，剩下的就是要靠大量的练习了。使用得越多，就越能更多地了解它们——你也会更加熟练地使用它们。最终，这些工具将促进你工作的发展。

第三章

图层和图像处理

本章内容

- 无损编辑
- 图层的管理、编组和链接
- 蒙版的使用
- 剪贴蒙版
- 混合模式
- 智能对象和图层样式

　　Photoshop 的使用是建立在图层的基础上的。混合模式、样式效果、剪贴蒙版、蒙版、复制、调整等这些图层功能为创意提供了源源不断的支撑，图层最强大的功能之一就是蒙版。对图层了解得越多，工作效率也就越高。本章是后面案例操作的导入部分。

无损编辑

　　要想完全掌握图层可能需要花费一些时间，但是回报是十分可观的（图3.1）。如果对图层进行无损编辑，就意味着它不会对原内容造成破坏，可以进行还原操作。（当操作出现混乱时，能够还原是一件非常美好的事。）你可以在编辑完一个图层后，再去编辑另一个图层，然后还可以再回到第一个图层中对它进行重新调整。因为编辑是分离的，所以在一个项目中往往会有很多个不同的图层，在合成的过程中每一个图层都有其存在的意义。它们能够复制、移动、改变、删除、编组等，并且这些编辑都可以是无损的。当然每次只能编辑一个图层，但是这种分离的编辑方式能够开发出图层的巨大潜力。无损编辑的意义就是能够无限地进行还原，甚至是在文件保存和关闭之后也能还原。

长者（2008）

无损编辑的意思是即使在保存关闭文件之后，依然可以反复撤销重做。

在编辑的过程中尽可能地进行无损编辑，尽可能地复制图层，以防止在制作的过程中需要还原到图层的某一个阶段，或者需要将已经分散的部分再重新组合起来。即使没有囤积强迫症，复制在很多时候也是非常重要的，最好是对当前操作的图层进行复制。

- 只复制一个图层时，可以把这个图层拖动到"图层"面板下方"新建图层"按钮上进行复制，或者按 Ctrl+J/Cmd+J 快捷键进行复制。系统会创建出一个新的相同内容的图层。

- 我喜欢按住 Alt/Opt 键并拖动图层进行复制。这种方法能够对图层元素进行复制，包括蒙版、选中的像素部分、文件夹、效果和其他图层等。还可以按住 Alt/Opt 键使用"移动工具"拖动图层内容，这样就可以将拖动的内容复制出来，成为一个新的图层！这是众多通用功能中的一种，最好记住它。

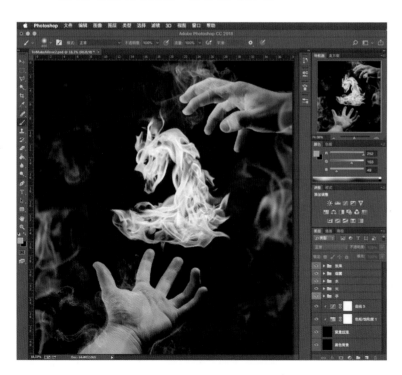

图 3.1 图层很强大，所有的操作都可以进行无损编辑（这部分内容会在第八章中进行详细讲解）。

图层管理

　　想象一下，内衣外穿会是什么样？顺序好像有点混乱，而且也不舒服。在合成的过程中，图层的顺序也是一样的重要。要知道，在"图层"面板中，上一个图层会影响位于它下方所有图层的可见性。如果想要一个图层在另一个图层上面显示出来，就要确定已把它拖动到了正确的图层位置——请把内裤穿在里面。

　　如果想要重新调整图层顺序，只需要在"图层"面板上拖动图层。当你上下拖动时，会出现"抓手工具"和粗线，粗线处代表着释放后图层会移动到的新位置（图 3.2）。这也适用于组和其他图层，如"调整图层"和"智能对象"。

图 3.2　拖动图层在图层堆叠中进行移动。当拖动时，在两个图层间会出现一个白色的双线条，以表明释放时图层所在的新位置。

命名和颜色标注

　　要想让图层有效地进行排列，最简单的方法就是对它们进行命名和颜色标注（图 3.3）。无论是 10 层还是 100 层，命名都非常重要。如果袜子图层必须在鞋图层下面，则要明确地知道哪个是哪个图层。即使是图层缩略图也很难看得清图层里的具体内容（尽管是真实的袜子形象），所以一定要命名，对图层进行描述。这听起来很容易，但对图层进行管理和命名并没有那么简单。

图 3.3　在工作时一定要记得对图层进行命名和颜色标注，以保证正确的层级结构。

对图层默认的名称进行双击可以重新命名图层。如果没有单击到名称，系统会做其他的处理，例如添加图层样式（如果这样误操作了，可按 Esc 键退出重试）。

同样，对图层进行颜色标注也便于进行种类查找。在"可见性"按钮周围右击，从快捷菜单中为图层选择想要的颜色（图 3.4）。你会看到在后面的教程中，颜色标注被反复

图 3.4　在"可见性"按钮周围右击，能够快速地给图层进行颜色标注。

使用——我强烈建议你进行反复练习，以便对合成创作中的图层进行有效的管理！就像三明治一样，每个人都有自己的喜好，所以可以摸索一套适合自己的工作方法。是把绘制的图层标注成蓝色，还是把局部需要调整的图层标注成绿色？这都由你自己决定。一般我会根据我的合成作品的层级关系使用各种颜色进行排序，这样我随时都能非常清楚地知道我在哪。

Photoshop CC 的最新版本具有能够搜索（筛选）和显示某类图层的功能，一次只能显示一类图层。创建新的图层时一定要记得命名，这样就能够通过"过滤类型"选项进行快速搜索。当你不小心激活图层过滤功能时，图层可能就会显示不全，所以一定要小心。当图层是红色的时候，也就意味着它已经被激活和过滤。如果还是理解不了的话，那就把它关了，依旧使用过去的方式选择图层。图层过滤功能的另一种使用方式就是分离图层类型（像调整图层），然后按 Ctrl+G/Cmd+G 快捷键，使用"图层编组"命令对这些图层进行编组。当退出过滤时，这些图层依旧会在一个组里。但是要注意的是：这样会打乱原有的图层顺序。

编组

如果觉得颜色标注、图层命名复杂，那

么将多个图层进行编组就容易得多，这也许是 Photoshop 最重要的一种图层管理方式。可以把图层想象成是夹在面包中的三明治配料，要将这些材料组合起来，这样吃起来会更加美味（图 3.5）。为了方便管理，给组合后的配料（也就是组）进行命名。

图 3.5　在同一个图层编组里的所有图层，可以一起移动、添加蒙版和变形。

当想查看组里内容时，既可以将图层组全部展开，显示出里面的所有图层；也可以将图层组折叠，只显示图层组名称、颜色标注和蒙版（图 3.6）。

可以单击"图层"面板下方的"创建新组"按钮来创建图层组，也可以选择要编组的多个图层，按 Ctrl+G /Cmd+G 快捷键来

图 3.6　折叠图层组可以简化"图层"面板，尽可能地保证"图层"面板的整洁和高效。

创建新的图层组，这样所选的图层就全部都被编在一个组里了。对于大量类似图层的整合，编组尤其重要。要像之前管理图层那样，对图层组默认的组名重新进行命名，并且不要让名字产生误会。

> 提示　在组附近移动图层时要小心。当拖动图层时，有时会不小心将图层置入图层组中，而不是将它放在图层组的上方或下方。移动整个图层组比移动单独图层更容易些。

图层链接

这个功能虽小但很实用，它能够对多个图层进行链接。由于合成层次结构的关系，需要对分散在"图层"面板上的一些图层区域进行移动和变形时，使用链接会更加方便。按住 Ctrl/Cmd 键并单击要链接的图层名称，选择多个图层，然后在"图层"面板下方的最左边单击"链接图层"按钮。一旦链接完成，对其中一个图层进行操作也会影响到其他的图层。例如，用"移动工具"对其中一个图层进行移动，其他图层也会一起移动。当图层链接时，变形是同时对所有图层的内容进行变形。当想取消链接时，可在"图层"面板中想要取消链接的图层的名称上单击"链接图层"按钮。要注意的是，只选中一个图层时"链接图层"

按钮是不可见也不可用的。

新建图层、删除图层和锁定图层

下面是一些基础操作的快捷方法。单击"图层"面板下方的"创建新图层"按钮就可以创建出新的空白图层；或者按 Ctrl+Shift+N/Cmd+Shift+N 快捷键，在弹出的"新建图层"对话框中给图层起好名称后单击"确定"按钮，也可以创建新的空白图层。在此书的学习过程中，我们需要创建许多新图层，所以一定要牢牢记住这个快捷键。删除图层也很容易，选择想要删除的图层，然后单击"图层"面板中右下角的"删除图层"按钮（垃圾箱图标）；按 Backspace/Delete 键也可以删除图层；直接将图层拖动到"删除图层"按钮上即可删除所选择的图层。如果不想对一个图层造成删除或意外的编辑操作，可以单击"图层"面板上的锁图标。有时由于不小心的操作，图层会变成选区或者被移动，在后面的操作中可能才会发现，因此锁定图层是很好的保护措施。

蒙版

正如第二章所讲，蒙版是进行无缝编辑、局部调整和随意拼接的有力武器。要是不想让你饥饿的朋友看见你的三明治，你会怎么做？在上面盖上一张餐巾纸，让他看不见它。蒙版就像是这张餐巾纸：在它下面的所有东西都不可见。要注意，在合成中，未使用蒙版的区域依旧可见。

就像用餐巾纸盖住三明治不会影响食用一样，蒙版就像是无损的橡皮擦。对图层使用蒙版，只需先选择图层，在"图层"面板下方单击"添加图层蒙版"按钮，然后使用"画笔工具"进行绘制即可。这时就会有一个代表着蒙版的白色矩形出现在图层缩略图的旁边。在蒙版缩略图的四周边角还会看到细的线框（这代表着当前图层的蒙版是否被选中）（图 3.7）。接下来，使用画笔，选择黑色或白色，在工作区中开始绘制。如果蒙版是被选中的状态，使用黑色在白色的蒙版上绘画，就会看到你所绘制部分的图层内容消失了。在操作中，请务必记住口诀：黑色隐藏，白色显现！

在绘制的过程中，图层蒙版的缩略图会不断地更新显示图层未被蒙版遮挡的区域，如图 3.7 所示。如果你隐藏了不应该隐藏的部分，或者之后还需要它显现，在图层蒙版

图 3.7 在"整个三明治"图层组中，上面的面包被黑色全部遮盖住了。蒙版中白色的部分都可见，蒙版中黑色的部分都不可见。

上其所在位置处绘制白色就可以轻松地让其显示出来。在绘画时，按 X 键可以在黑色和白色间切换。这种便捷的隐藏和显现的方式可以创造出很多不同的效果，会让你的作品更加优秀。

> 提示 记住，在蒙版上绘画时，没有过多的颜色值选项（准确地说是黑白、8 位 256 级灰度）。但是可以通过控制黑白的不透明度来决定蒙版的不透明度。改变"画笔工具"的"不透明度"的数值，也就改变了绘画蒙版的不透明度（50% 的灰相当于 50% 的不透明度）。

> 提示 虽然在蒙版上也可以使用灰色，但是你会发现使用黑色画笔或改变画笔不透明度会更便捷——或者你的手绘板有钢笔压力，"不透明度"和"流量"会根据绘画时压力的不同进行调整（在"画笔"面板"传递"中可以找到这个设置）。按数字键 1 ~ 9，"不透明度"也会相应地从 10% ~ 90%，若按 0 键，"不透明度"会变为 100%。

和其他的像素一样，蒙版上的黑白像素也可以被选中（用选择工具）、移动（用"移动工具"）、变形、复制、调整、涂抹等，也可以反复地进行无损擦除。另外，单击蒙版和缩略图之间的锁链按钮可以将其分离。这也就意味着图层和蒙版可以单独地进行移动和变形，这个功能尤其有用，特别是需要蒙版不动，图层内容移动的时候。

在进行图像合成时，使用蒙版不仅可以将多个图像融合在一起，而且还可以给某一个区域添加调整图层，例如用"曲线"（详情请看第四章的调整图层部分）进行调整。因此，蒙版不仅可以作用于图层，还可以作用于调整图层。例如在图 3.8 中我将贝尔草原和约塞米蒂山合并到了我在蒙特利尔拍的城市场景中。

为了让这 3 张图片的受光和透视角度一

致,可以使用蒙版将不相符的地方进行遮盖。图 3.9 展示了带有蒙版的图层,注意作为背景层的城市图像不需要使用蒙版,因为其他图层都会置于它之上。(在第九章的创意图像中可以充分地练习蒙版的使用。)在图 3.10 中我对某些区域选择性地进行了调整,特别是使用"曲线"调整图层(对整个场景进行全局调整)能够使整个合成图像变亮——这种方法简洁而有效。在后面的教程篇和创意篇中会反复使用这种方法,所以一定要掌握。

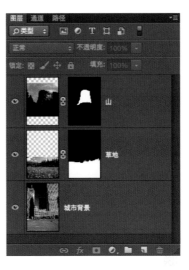

图 3.9 给图 3.10 中的草地和山增加蒙版。

图 3.8 蒙版能够将视角一致的 3 个图层融合,创建出一个新的场景。

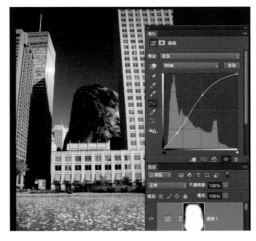

图 3.10 "曲线"调整图层只会对中间区域有影响,蒙版中黑色的部分遮盖住了提亮的效果。

蒙版的其他功能

只有通过大量的练习,才能更加娴熟地使用蒙版,当然这其中还有一些技巧和方法。

- 将选区调整好后（详见第二章中"选择并遮住"的部分），单击"添加图层蒙版"按钮添加蒙版，这样其他的部分就全部被遮盖住了，只剩下漂亮的选区内容。要注意在单击"添加图层蒙版"按钮前，应反复对选区进行调整。

- 按X键，可切换前景色和背景色（图层的蒙版默认为黑白色）。颜色一定要是纯黑和纯白色（看下一个提示）。在绘画时可以不断地按X键进行黑色和白色之间的切换，直到达到想要的效果。按D键或单击工具箱下端小的黑白按钮可以重置默认的前景色和背景色（黑色和白色）。这样可以在绘画时避免使用近似的白色或黑色（这两种颜色都不能完全显现或隐藏图层内容，会留下痕迹）！即使你的前景色和背景色看起来像黑色和白色，也请按D键。

- 按住Alt/Opt键并单击"添加图层蒙版"按钮会为图层添加一个填充为黑色的新的图层蒙版。使用白色进行绘制，可以显示想要的图层内容。如果只有一小部分需要可见，那么这样开始可以节省很多时间——用白色绘制这些小块区域。这样也可以减少数字垃圾的产生：如果大面积涂黑（只有一小部分留白），就可能会遗漏下一两处没有被涂上黑色。

- 按\键能够以叠加鲜红色的方式显示出蒙版遮盖住的区域（图3.11）。这是一种很好的检查剩余蒙版区域的方法，因为有时会不小心连不需要遮盖的部分也一起遮盖了。一堆不小心的错误叠加起来，就会变成糟糕的整体。

图3.11 按\键能够以鲜红色显示出蒙版遮盖的部分，这样有助于检查蒙版的剩余区域。

- 按住Alt/Opt键并单击蒙版缩略图，可以对黑白蒙版进行编辑。这时的蒙版已经被完全分离出来了，不会看到合成的图像或者遮盖着的图层，只有一个代表着蒙版的灰度图像。可以在此视图上使用一些高级技术，例如将复制粘贴的内容作为一个灰度蒙版，或者进行曲线调整（Ctrl+M/Cmd+M），再或者直接在蒙版本身上进行编辑。只是别忘记完成编辑后再次在"图层"面板上按住Alt/Opt键并单击蒙版缩略图以退出。

- 单击图层"可见性"按钮，反复打开和关闭图层的可见性，查看遮盖的效果，以便后期继续调整。通过图层的反复显现，能够快速地找出蒙版的缺陷。同样，也可以按住 Shift 键并单击蒙版缩略图以应用或停用蒙版（当蒙版被停用时，就蒙版缩略图上会出现一个红色的 X）。在 Photoshop 中做任何事从来不会只有一种方式，在"属性"面板中也可以禁用蒙版，单击"可见性"按钮即可。

- 颜色范围是使用蒙版时的一个复杂的重要功能（图 3.12）。可能你已经猜到了，它可以通过选择颜色范围来增添或删减蒙版。这个功能位于"属性"面板中（或在"图层"面板的图层蒙版上双击，在弹出的对话框中选择"查看属性"），它可选择相近的颜色添加到蒙版中（在对话框中勾选"反相"复选框），或从蒙版中减去选择的颜色（不勾选"反相"复选框）。虽然蒙版上不能使用多个颜色，但这并不

意味着不能选择图层中需要遮盖和不可见的颜色范围（例如红色气球周围的蓝色天空）。单击面板上的蒙版缩略图或工作区中的图像，然后单击"颜色范围"按钮，再在蓝色天空的区域单击，蓝色天空就会立刻消失不见。还有一个叫"颜色容差"的滑块，可以增加或减少容差——它决定着蓝色蒙版的多少。容差越大，范围也就越大。

图 3.12　单击"属性"面板上的"颜色范围"按钮可以自定义选择颜色选区。

- 位于"颜色范围"按钮上方的"蒙版边缘"按钮是一个很好用的工具，特别适用于完善蒙版的边缘，它可以对蒙版的边缘进行调整。

- 对主体或其他物体使用蒙版时，一定要选择好画笔的硬度，这就相当于图像边缘的模糊或锐利程度。如果遮盖的图像小而清晰，就使用小号的锐利边缘的画笔；如果遮盖的区域具有柔焦效果，就使用柔边画笔。

数字垃圾和遮盖

去除"数字垃圾"的意思是将每一个图层中不小心画上的不需要的错误像素去除掉（图3.13）。这些数字垃圾有时没有被完全遮盖住，因此当背景为不透明时很难被发现——就像是烤盘角落里油腻的残留物。在工作时一定要去除这些数字垃圾，因为没有比在出现问题后再去寻找是哪一层的问题更糟的了。以下是一些可以帮助你得到干净画面的方法。

- 在被遮盖的图层下方放置一个白色或黑色的图层（或者放置一个与当前被遮盖的图层内容形成鲜明对比的其他颜色的图层）。就像传统的透光绘图桌一样，这样可以显示出污迹和可能会弄脏画面的其他元素。将这个对比图层进行反相（选择图层然后按 Ctrl+I/Cmd+I 快捷键），以相反的颜色进行检测，以免有遗漏。

- 检查画笔或其他用以调整蒙版的工具的设置，确保蒙版能够完全隐藏和显现。淡化的设置会出现淡化的效果。如果你使用的是具有非常敏感的钢笔压力的手绘板，请暂时不要使用"传递"，以确保在进行蒙版遮盖时每一笔都是完全不透明的。同样，前景色和背景色一定要是默认的颜色（按 D 键恢复默认的纯黑色和纯白色），并且画笔完全不透明（按 0 键会直接跳到100% 不透明度）。有时混合模式也会有意或无意地发生改变，所以在选择"画笔工具"时，应检查选项栏中的"模式"选项，确保选择的是"正常"混合模式。

图 3.13 这些"数字垃圾"在白色背景上可能很明显，但是在复杂的图像中不仅会使图像变得很脏，而且还很难被发觉。

剪贴蒙版

　　剪贴蒙版是一个可以作用于其他多个图层的蒙版，听起来好像有点复杂，但是从物理层面上理解的话会很容易。在一个图层上（最下面的图层）画出大致轮廓（蒙版形状），然后沿着大致轮廓剪贴整个堆叠的图层，这就是蒙版效果。调整图层（第四章中会进行详细讲解）也有一个"剪切到图层"选项（单击"属性"面板底部的按钮可以启用），单击它可以将调整图层附加到其下方图层的可见部分，不过你也可以将任意图层上的内容剪贴到另一个蒙版上（并且仍然保留第一个图层的蒙版）。

　　"将一个图层剪贴到另一个图层"或者"使用剪贴蒙版"的意思是说这个图层会与下面的图层发生交互，但只会作用于该图层下面的图层（图 3.14）。如果只想给某一图层添加"曲线"或"色彩平衡"调整图层，并且要使其无损，使用剪贴蒙版就最好不过了。另外如果之前已经为这个剪贴的图层做

了一个蒙版，现在依然可以使用剪贴蒙版（实际上是双蒙版），甚至是可以对多个图层使用剪贴蒙版，将最下面的图层形状显现出来。我无法想象没有剪贴蒙版我该如何工作，在第二部分的教程中会大量地使用剪贴蒙版。

　　使用剪贴蒙版时，首先要选择好想要剪贴的图层，然后按 Ctrl+Alt+G/Cmd+Opt+G 快捷键，剪贴蒙版的图层就会附加到下方图层上。或者按住 Alt/Opt 键并在两个图层间单击，也能将上面的图层剪贴到下面的蒙版中（有时在工作的过程中使用这种方法会更简单些）。调整图层在调整"属性"面板中也有创建剪贴蒙版的快捷按钮，这是代替手动操作的另一种方法。记住，在作用的图层上一定要有可剪贴的图层！

> 提示　在最新版本的 Photoshop CC 中，可以对整个文件夹使用剪贴蒙版。这种快速提高效率的方式完全改变了过去效率低下的操作。

图 3.14　两个调整图层都被剪贴到了"生菜和芝士"图层中，只有三明治里面的内容受到了影响，"下层面包"图层没有发生任何改变。

混合模式

　　无论你是想要颜色加深或减淡，还是改变颜色，还是让暗色不可见，使用混合模式都能够创造出无缝衔接的神奇的画面效果。Photoshop 的混合模式以不同的方式对图层像素进行改变，这与以往的颜色和不透明度的改变有所不同（图3.15）。

　　混合模式通常需要两个图层，且必须两个图层相互影响才能看到效果。例如，设置为"变亮"混合模式的图层会对位于此图层下的可见部分进行提亮，而忽略掉所有的暗色。使用"颜色"混合模式会将此图层下的可见部分的明暗度忽略掉，只针对色彩进行改变，所有的颜色都可以进行替换。

　　使用混合模式的方法是选择一个图层，从"图层"面板上方的混合模式下拉列表框中选择任意一种模式。一般默认的是"正常"混合模式，这种模式是像素标准的显示模式。"叠加""颜色""色相""正片叠底""滤色""变亮""变暗"是我使用较多的混合模式。在后面的部分，我会对它们的特性和使用方法进行详细的讲解。

　　所有的混合模式都可以使用百分比控制"不透明度"来降低图层的可见性。也就是说可以使用"颜色"混合模式（有时会使用更多的模式）来改变图像的颜色，但是结果看起来有点像彩印照片，此时可改变"颜色"混合模式图层的不透明度以在新旧间找到平衡。

　　图3.16所示的三明治中的面包需要变暖，因为冷色调让它看起来让人不是很有食欲。我创建了一个新的空白图层（将其命名为"颜色图层"），将它放置在包含整个三明治图层的图层组的上方。我将新图层的混合模式更改为"颜色"，在这个图层上绘制的任何东西都可以直接改变合成作品的颜色。为了颜色效果，我选择

图3.15　有如此多的混合模式可以选择，并且可以随意进行组合。

了一种漂亮的暖色，在"颜色图层"上希望出现暖色图像的位置上进行涂画——在这个案例中，就是那些可见的面包片所处的位置。图 3.16（a）所示是在降低"不透明度"之前绘制上橙色后的强烈的视觉效果，图 3.16（b）所示是降低"不透明度"让其更美观的效果。

如果你想要效果更加明显突出，那就大胆地做吧。如果效果太过，可以降低"不透明度"。但是要记住，编辑应是无损的。

（a）

（b）

图 3.16 我先将"颜色图层"（"颜色"混合模式）的"不透明度"设置为 100%（a），然后将"不透明度"降低到 22%（b）。当"不透明度"为 100% 时，看起来让人十分没有食欲；但是将"不透明度"降低后，看起来就非常美味了。

叠加

"叠加"是除了"正常"混合模式之外我使用最多的一个混合模式。它可以对颜色进行减淡、加深或者过滤操作，尤其在制作光感效果时更为突出。"叠加"混合模式是用图层的像素值（亮和暗）来强调作品的阴影和高光，像中灰度这样的中性色则会被完全忽略掉。

"叠加"混合模式下的减淡和加深

当在"叠加"混合模式上使用黑白画笔进行绘画时，就相当于提供了一个无损的可以代替"减淡"和"加深"的工具。在原图上直接使用"减淡"和"加深"工具进行编辑是具有破坏性的，然而使用"叠加"混合模式就可以对编辑的内容进行修改或删除，因为它们是两个不同的图层，不会对作品的其他部分造成破坏性的影响。

在使用"叠加"混合模式进行减淡和加深时，要先将用于绘画的前景色和背景色设置为黑色和白色（D）。创建一个新的图层，将其混合模式设置为"叠加"，然后用低不透明度（从 10% 开始）的画笔在新图层上进行绘画，用白色提亮（或减淡）阴影区域，用黑色加深亮部区域（图 3.17）。因为是分开的图层，如果后悔了可以很容易将它们删除（选择好图层后按 Delete 键，或者使用"橡皮擦工具"即可）。"叠加"混合模式会贯穿于本书，因为它能够有效地创造出灯光的效果。

提示　在绘画时一定要注意不透明度。在做减淡和加深时，最好先从低不透明度（最好是 10% 以下）开始。如果使用的是手绘板，可以将"动态"设置为"钢笔压力"来控制减淡和加深效果的变化。

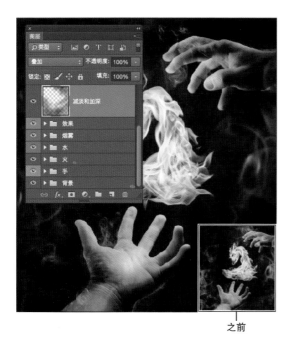

之前

图 3.17　将一个新图层的混合模式更改为"叠加"，以无损编辑的方式使用黑白颜色在上面进行绘画，以实现减淡和加深的效果。

"叠加"混合模式的照片滤镜效果

给图层填充颜色并使用"叠加"混合模

式能够呈现出完全不同的效果：它会将新的颜色与原有的颜色混合，增添色相的鲜艳度，不会让其变得浑浊（图 3.18）。我经常使用"叠加"混合模式来制作具有强烈色彩效果的动态图像。

由于各种原因，我很少使用 Photoshop 内置的照片滤镜来调整图层。相反地，我经常把"叠加"混合模式作为有色照片滤镜来使用。使用"叠加"混合模式能够更好地对效果进行控制。下面是具体的操作步骤。

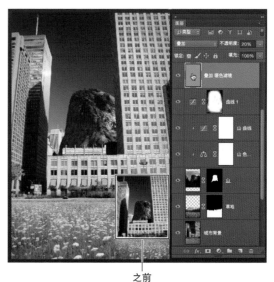

之前

图 3.18　当混合模式图层的"不透明度"设置为 20% 甚至更低时，就像是拍照时使用了有色的照片滤镜。

1. 创建一个新的空白图层，并将其拖动到图层堆栈的最高层。

2. 使用"油漆桶工具"为图层填充鲜亮的橙黄色。

3. 选择"叠加"混合模式。

4. 将图层的"不透明度"降低到10%～20%。

这种方法在第七章和后面的教程中会被大量地使用。

颜色和色相

决定作品好坏的关键在于对图像和图层的控制度，其实很大程度上是对颜色的控制，"颜色"和"色相"混合模式能够很好地控制颜色。添加一个空白图层，将其混合模式更改为"颜色"，下面图层的所有颜色都将被此图层上的颜色所取代——如图3.19所示。除了能够改变颜色，"颜色"混合模式还能够精确地保留下面图层的纹理。也就是说，一开始这是一条深蓝色的牛仔裤。在"颜色"混合模式图层上绘制红色，这时牛仔裤就变成了红色，但是依旧保留着原有图像的明暗度——磨损的口袋边缘仍然比中心部分亮，并且装饰线脚依旧很清晰（图3.19）。无论画的是深红色还是浅红色，在"颜色"混合模式图层上，Photoshop都会忽略明暗度的数值（亮和暗）。"颜色"混合模式的另一个功能是可以对饱和度进行控制。Photoshop会对你绘画所用的色彩进行饱和度匹配（鲜亮的色彩和中性的色彩），而不是保留原来图像的设置。在后面的章节中会有更多关于此混合模式的有趣的用途。我最喜欢的使用方式就是控制颜色，因为无论是火的红黄色还是树的绿色，用这个功能都能够很好地实现。

要想颜色更自然，可以使用"色相"混合模式。在"色相"混合模式图层上绘制颜色，会使此图层和下面图层的颜色都发生改变，并且色相会和原始内容的饱和度进行匹配。因此现在只需要一点操作就可以完美地改变色彩（图3.20）。型录设计师（catalog designer）经常使用此方法，为同一张照片制作出不同的颜色效果。

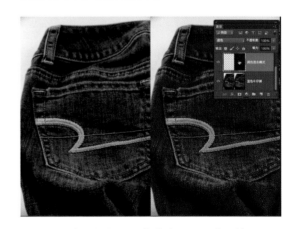

图3.19　在"颜色"混合模式图层上进行绘制，鲜艳的色彩会立刻取代下面图层的色彩。

图 3.20 "色相"混合模式只会改变色相，原有图层的饱和度不变。

图 3.21 对添加的图层使用"正片叠底"混合模式以加深纹理效果，例如对手腕图层上的树皮图层使用"正片叠底"混合模式。

正片叠底

"正片叠底"混合模式也是我最喜爱的混合模式之一。它能够合并图层颜色，将一个图层上的暗色添加到另一个图层的暗色上。它还可以让新添加的图层变得透明，因为它可以完全忽略白色像素（使他们变成100%透明），但是在设置为"正片叠底"混合模式的图层上添加深色，图像颜色会变得更深。如果你想在图层上添加阴影或纹理，这是再好不过的办法了（图3.21）。如果你想改变高光的色彩，这个混合模式也可以控制灯光的颜色。

滤色

"滤色"混合模式能够提高图层的亮度和层次感。其工作原理与"正片叠底"混合模式完全相反：在"正片叠底"混合模式的图层上涂画画面会越来越深，在"滤色"混合模式的图层上涂画画面会越来越亮，黑色相当于图层的"不透明度"为0%。对于那些热爱火光效果的人来说，这是很好的在黑暗中添加火焰的方法！这也是图3.21和图3.22主要使用的方法。将混合模式更改为"滤色"，可以减淡和更改阴影颜色。

变亮

与"滤色"混合模式类似,"变亮"混合模式能够提亮图层元素。而不同的是,"变量"混合模式改变的是明暗的对比程度。"滤色"混合模式能够局部地提亮像素,并且去除掉较浅的元素,使之变成完全的不透明("滤色"混合模式无法更改"不透明度")。在作品的暗部区域(或者是暗的场景)添加星星,将星星的混合模式更改为"变亮",这时发光的星星就完全显现出来了(图3.22)。为了让星星不出现在建筑上,所以还特地添加了蒙版。

图 3.22 当前使用的是"变亮"混合模式,在原本空无的天空中添加了星星。

变暗

"变暗"混合模式与"变亮"混合模式完全相反。也就是说,白色背景上的物体在"变暗"混合模式下只有非白色的物体可见。不用使用删除、蒙版或者任何耗时的操作,只需要将混合模式改为"变暗"就可以将非白色的物体与白色背景分开。就像是绿幕抠图一样,所有亮色背景都将会消失。

智能对象和图层样式

目前蒙版和混合模式只有在复杂的合成中才会被使用到。而更多时候需要的是对图层进行缩放、修改或变形,有时甚至还需要做一些特殊效果。这就需要使用智能对象和图层样式了。

智能对象

智能对象是 Photoshop 用于无损编辑的又一强大利器——可以智能操作(图3.23)。将图层转换为智能对象可以无损地进行缩放、变形、添加智能滤镜,即使被扭曲过的图层像素也可以被还原。这就意味着在缩小对象后,再将其还原到原大小时,不会丢失任何细节。嵌入在 Photoshop 的文件中的智能对象是被作为文件中的图层来使用的,如果你看过《盗梦空间》,就会知道这些东西是如何工作的——就像思维扩展一样！

选择一个想要进行无损变形的图层，在它的名称上右击，然后从快捷菜单中执行"转换为智能对象"命令。你会发现在没有蒙版的图层上转换更加方便，因为转换后的效果就是给图层添加了蒙版——尽管它是在"智能对象"里。也可以执行"滤镜" > "转换为智能对象"命令，将选定的图层转换为智能对象。这两种方法都可以无损地对图层使用缩放、变形和滤镜（任何时候都可以还原，可以随时更改参数，可以对它使用蒙版和混合模式，甚至也可以关闭它的可见性）！

> 提示　可以更改"智能滤镜"的混合模式，以便获得更好效果！给"智能对象"添加完"智能滤镜"之后，在"图层"面板上双击滤镜名称右侧的"滤镜混合选项"按钮。在"混合选项（滤镜名称）"对话框中从"模式"下拉列表框中选择想要的混合模式。这种方法最棒的地方就是它是无损的！

图 3.23　缩略图右下角的小图标代表当前图层是"智能对象"图层。现在这个图层就可以无损地进行变形和使用滤镜了。

如果想直接在"智能对象"图层上进行绘画，或者以某种方式对像素进行编辑，则需要栅格化图层（有损编辑）或者对"智能对象"进行编辑（关于"智能对象"的无损编辑在后面会进行详细讲解）。再次右击"图层"面板上图层的名称，然后从快捷菜单中执行"栅格化图层"命令，将"智能对象"栅格化。一旦图层栅格化，对"智能对象"所做的所有变化就都不能被还原了。

除了变形、缩放等以外，对图层使用"智能滤镜"时"智能对象"也非常有用。"智能对象"可使用的滤镜只是所有滤镜中的一小部分，但好处是可以无限地返回，无限地更改滤镜参数，不会影响质量，细节也不会丢失——超赞！"智能对象"图层也有其局限性，但随着 Photoshop 每次新版本的发布，这些限制被逐渐减少。"智能对象"迄今为止最大的缺点就是不是每一个滤镜都可以使用，而且会让文件容量体积变大（因为它是伪装成图层嵌入了 Photoshop 的文件中。）

它真正强大的地方在于，在 Photoshop 文件中它能够以无损编辑的方式存储多个图层、调整图层、蒙版和与 Photoshop 文件相关的所有的一切。只需要双击"智能对象"图层，就可以对它进行编辑。"智能对象"可以作为独立的 Photoshop 文件被打开，具有自己的选项卡或窗口（这取决于你在 Photoshop 中显示打开文件的方式）。你可以在里面添加更多的图层，或根据自己的喜好编辑内容——诀窍就是在完成编辑之后对它进行保存（Ctrl+S/Cmd+S）。保存（不是另存，只是保存）后会更新原来 Photoshop 文件中"智能对象"的内容，当你完成所有操作时，可以关闭临时选项卡或窗口。

图层样式

图层可添加多个图层样式，且对图层是无损的。单击"添加图层样式"按钮或在图层名称边上双击就可以显示出"图层样式"对话框。像"阴影"和"外发光"都是时常被用到的图层样式——使用效果非常好。我经常用"外发光"来模拟火焰、熔岩，甚至是一些闪烁的亮点（或者另外一些神奇的发光物质）。在图层样式选项里还可以改变这些颜色的渐变颜色。可以往 Photoshop 中导入很多设置好的或更改好的样式。我建议你大胆地进行尝试，或跟随一些大师进行学习。

可以使用"填充"滑块控制图层样式的值，它位于"图层"面板"不透明度"的下方。像"不透明度"滑块一样，"填充"滑块可以调整图层的不透明度，让其从不透明到透明；不同的是"填充"能够控制图层样式的显示。"填充"能够降低图层的不透明度，并且可以保持图层样式的不透明度不发生改变——这绝对是一个很棒的功能。当只需要一个"外发光"效果，而不想让实际的绘画部分显示出来时，就可以使用"填充"功能——例如只需要太阳光晕而不需要太阳存在时！这就意味着你可以对局部使用某一种效果。

图3.24（a）再一次展现了美味的起司三明治，这次具有了迷人的光泽——添加了一个带有渐变的"外发光"图层样式。图3.24（b）中，"填充"降到0%，可以清楚地看到图层中填充的像素完全消失了，只留下了图层样式的效果。

在图3.25中，你可以看到这个功能是如何应用在使用了两种图层样式的作品《北极光》中的（在这个案例中使用了"外发光"和"颜色叠加"图层样式）。在这个合成作品中，我通过在带有各种"外发光"图层样式的图层上绘画，模拟出"北极光"的效果。首先给一个空白图层添加图层样式，将"填充"设置为0%（因此我绘制的任何内容都不会显现出来，只会显示出效果），然后在需要的地方进行绘制！当然，还可以添加一些其他的东西，让它看起来更加真实，例如模糊和其他用以着色的图层。但基础效果是由一个图层和两个图层样式组合产生的。

（a）

（b）

图 3.24 在（a）中可以看到图层内容和"外发光"图层样式。（b）中的图层"填充"设置为 0%，只有"外发光"效果可见。

图 3.25 你可以有无限种有创意的使用图层样式的方式。在这张夜景照片中，我添加了两个图层样式（"外发光"和"颜色叠加"），用以模拟北极光的发光效果。

小结

在后面的第二部分和第三部分中，你会发现图层的多种使用方式和无损编辑会一直贯穿其中，这些功能使得 Photoshop 更加强大。从图层的管理到智能的编辑方法，再到混合模式，都可以进行无损操作（尽管看起来有破坏性的操作是必然的）！

第四章

调整图层和滤镜

本章内容

- 曲线
- 黑白调整图层
- 色彩平衡
- 色相/饱和度
- 智能锐化
- 智能滤镜
- 减少杂色
- 模糊画廊
- Camera Raw 滤镜

　　还记得你做的第一个合成图像吗？——简单的裁剪、粘贴和拼合。不可否认，我们在达到炉火纯青之前必然都会经历这样的阶段。从简单的复制粘贴到真实的无缝拼接，这是一个巨大的进步。这其中需要使用大量的滤镜、调整图层和蒙版（图4.1），它们能够让你的作品显得更加真实。在很多时候它们可以被无限地使用，以实现与一堆乱七八糟的数码垃圾堆凑起来的效果完全不同的完美的拼合效果。

　　在这一章中，我不会对所有的调整图层和滤镜逐一进行讲解，而只会深入地讲解4种常用的调整图层（和它们附带的功能），并且还会讲解一些工作中最常使用的滤镜功能。这一章主要是为后面更难的第二和第三部分的教程打好基础。

四滴胜利的泪水（2009）

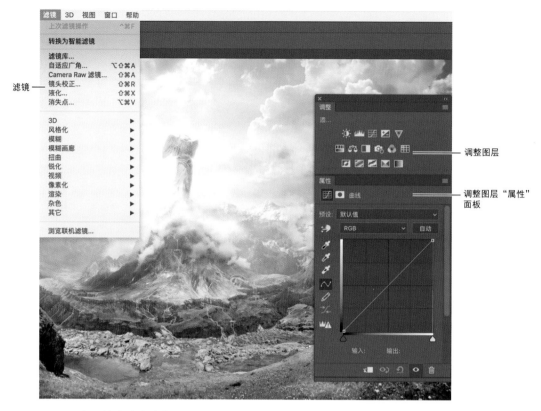

图 4.1 在无缝合成中滤镜和调整图层是必不可少的。

（图中标注）滤镜　调整图层　调整图层"属性"面板

调整图层

在进行无损编辑时，最专业的方法就是使用调整图层，而不是从"图像"菜单中选择具有损坏性的调整命令。调整图层会在图层上添加一个专用图层（图 4.2），在这个图层上进行微调和移动，不会造成不可逆的损坏。和标准图层一样，调整图层也会对位于它之下的所有图层造成影响，还可以对调整图层进行单独的修改。如果只想对一个图层进行调整，可以将调整图层只作用于一个图层或一个组，即把调整图层剪贴给位于它之下的图层（详见第三章内容）。每一个调整图层都会生成一个干净的白色的蒙版，用于安全无损地进行调整。

"调整"面板中有很多选项（如果没有打开"调整"面板，执行"窗口"＞"调整"命令就可以打开），每一个都有自己的特性，而我最常用的只有4种调整图层。无论是进行无缝拼接还是修片，我都会使用"曲线""黑白""色彩平衡""色相/饱和度"进行调整。

曲线

"曲线"也许是我使用最多的调整图层，也是使用最广泛的调整图层之一。当东西看不清时，或某一区域需要明暗调节时，再或者需要调整色调时，都可以使用"曲线"调整图层来实现。"曲线"调整图层能够无损地调整图像的色调，使色调变得更亮或更暗。

要给图像添加调整图层，首先应让"调整"面板可见（执行"窗口"＞"调整"命令），然后单击需要的调整图层的按钮。在这个案例中，单击的是"曲线"按钮，所有的控件都在曲线"属性"面板中（图4.3）。面板的主要位置是具有色调值的图表。水平和垂直轴（分别是直方图底部和左边的渐变色度条）代表着图像中色调的范围（从暗调到中调再到亮调）。对角线（"曲线"）代表着数值的比较（调整前后的比较），在这里是输入（前）和输出（后）。底部的渐变条表示的是图像的原始色调（输入值），垂直的渐变条表示的是将输入值进行移动或弯曲之后的色调值（输出值）。

注意，在一开始使用"曲线"调整图层时，"曲线"起初是条直线，这条直线代表了图像调整后的色调值和

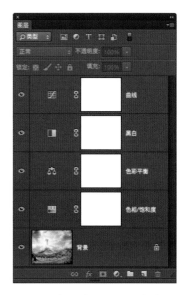

图4.2 每一个调整图层都会自带一个用于无损调整编辑的蒙版。

图4.3 曲线"属性"面板中有用于调节图像暗部、中间调和亮度的控件和表示原始图像色调情况的直方图。

原始色调值之间的比例。在进行调整之前，输入和输出的数值是一样的，所以每一个点的比例都是1。现在，在线上单击添加一个控制点，并向上拖动这个点。注意，此时由于这个点的位置比原来高了一些，那么相应地，垂直色度条上的色值就比水平色度条上的色值高。沿着这条曲线向上拖动这个点，可以将色调提亮，向下拖动则相反。

例如在图4.4中，通过向上拖动一个控制点将整个画面色调提亮（从美学角度讲，这个操作也许并不完美，但却是一个很好的示范）。它的工作原理就是：在新曲线上选取任意一点，将水平色度条（原色调）上的位置与垂直色度条（新的，调亮后的色调）上的位置进行比较。最简单的记忆方法就是：控制点向上移动时变亮，向下移动时变暗。

注意　使用"曲线"还可以调整色彩平衡，其他的调整图层也可以实现色彩平衡的调整。如果使用"曲线"调整颜色的话，最好是单独对红、绿、蓝3个颜色分开进行调整，而不是使用默认的RGB等量地控制它们。可以在"自动"按钮左侧的下拉列表框中选择不同的通道。

图4.4　将曲线上的控制点向上或向左移动，色调值会变亮，曲线会升高，变亮的部分与原色调成正比。

曲线与模式

颜色模式不同，曲线直方图的输入和输出轴也会有所不同。在CMYK（或灰度）模式下，由于颜色模式的属性，默认的输入和输出的渐变条会完全相反。CMYK模式是减法混色（由CMYK 4种墨色或颜料混合而成），而RGB是加法混色（由RGB 3种光混合而成）。

如果你热衷于某种特定的模式，可以更改图表的显示效果：打开曲线"属性"面板菜单，执行"曲线显示选项"命令，选择其中一种"显示数量"。"光（0-255）"默认的黑色坐标是（0,0）；"颜料/油墨%"默认的白色坐标是（0,0）。

直方图

只有理解了直方图，才能更好地使用"曲线"调整图层。直方图位于曲线"属性"面板的中心区域（图 4.3）。直方图就像是汽车的计速器，当进行调整时它能够进行简单的数据读取操作；只有知道了当前的速度，才能够调整速度（或图像色调）。然而直方图和计速器所不同的是，当将曲线上的点向上或向下移动时，直方图不能相应地做出回应。如果你想看到能够随着图像每次修改不断更新的直方图，可以打开"直方图"面板（在"窗口"菜单中）。

直方图上的数据代表着图像从明到暗的所有色调，通过起伏的峰状图的方式呈现出来——一堆明暗像素。峰值越高，代表显示在水平色度条上相应的色值就越大。

直方图十分有用，因为它能显示出当前色调的数量值，从最深的暗部（默认是从左边开始）到中间色调再到纯白（默认在最右边）。如果图像暗部太重，直方图形成的多个山状的峰值会聚集在色度条左边暗部的位置上；同样，图像过亮时形成的峰值会聚集在色度条右边的位置上。

要知道直方图的形状与图像的质量之间不具有直接的联系。即使两张图像极为相似，它们的直方图的形状也可能完全不同。也就是说，要避免局部范围没有峰值的直方图的出现，避免在每一个色谱的底部形成短的平谷式的分布，因为这样颜色会缺失（缺乏纯黑和纯白的对比）。这样的图像还需要进一步调整以增加对比度，可以使用"曲线"或"色阶"命令对整个色调进行调整。

使用"曲线"调整图层的注意事项

在掌握了"曲线"调整图层的技术理论之后，还需要注意一些实践的小技巧。

- 不要过于夸张。例如，不要将曲线夸张地调整成 S 型（如图 4.5 中有两个回折），这样会产生反相的色调效果，因为明暗度会互换。按 Ctrl+I/Cmd+I 快捷键可以看原效果。在使用"曲线"调整图层的时候，要小心谨慎，少即是多！

- 用两个控制点即可调整对比度。在曲线上单击添加两个控制点，一个调节暗部，另一个调节亮部。控制点向下色调变暗，向上色调变亮！

图4.5 曲线过于夸张的话会产生非常糟糕的效果，如出现色调分离或者出现明暗反转的效果，所以最好让曲线平顺一些。

> 提示　在开始学习使用"曲线"调整图层时，可以从"预设"下拉列表框中查看对比度的预设选项。这是很好的参考，能够让你快速地掌握使用诀窍——毕竟这样可以学习得很快！

- 控制点尽量不要超过3个。通常我只会使用1～2个控制点，除非是想要调整出奇异的色调。控制点太多的话，图像可能会变得一团糟，或者出现反相的效果。将曲线调整的幅度超过预期是个好方法（例如通过降低暗部增加亮部以增加对比度），通过这种方法可以看到调整是如何影响图像的。然后可以通过拖动"图层"面板

上"不透明度"滑块反复调整效果的强度。

- 还可以使用曲线"属性"面板左侧位于吸管图标上方的"图像调整工具"来分离色调。将鼠标指针放在图像上（此时它会变成吸管），观察曲线会发现有一个空心的控制点沿着曲线移动，并且每个控制点的下方都会显示出相应的数值。当它到达你想要调整的区域或某个色调值时，单击可以给曲线添加控制点，或者按住鼠标左键上下拖动，直接调整控制点的数值。在制作特殊效果或改变明暗时，这种方法很有效。

- 使用调整图层的蒙版可以对图像局部使用"曲线"调整图层。假设你只想提亮一部分区域让其更加突显，但又不想让图像的边缘也变亮，那么在调整时只需要针对主要区域进行调整，在图层蒙版的其他区域涂上黑色就可以去除调整效果。另外，还可以在添加调整图层前使用选区，系统会自动地只针对选区进行调整，并自动给选区外的其他部分使用蒙版。

- 使用两个"曲线"调整图层。因为有时使用一个"曲线"调整图层能够很

轻松地控制暗部，但是同时要控制高光就很难。例如增加第二个"曲线"调整图层，对亮部区域的色调进行细微的调整，而不是在一条曲线上完成所有的操作。

● 将"曲线"调整图层剪贴给单一图层，这样"曲线"调整图层就只会作用于一个图层。如果用于合成的图像的光源都各不相同，必须让其与背景光源一致（图4.6）。单击曲线"属性"面板下方的"剪切到图层"按钮，剪贴调整图层，也可以按住 Alt/ Opt 键，在调整图层和位于其下方的图层间单击。

> 提示 "曲线"会不经意地改变颜色的饱和度。解决这个问题的方法就是将调整图层的混合模式更改为"亮度"，这样就可以使调整图层只影响色调而不影响色彩。改变调整图层的混合模式，可以看到不同的效果。

黑白

虽然没有特定的设计目的，但"黑白"调整图层能够代替传统的减淡、加深和滤镜，只需要移动滑块就可以快速完成这些操作。当然，"黑白"调整图层在使用"正常"混合模式时可以将图像转变成黑白效果，使用

不同的混合模式可以控制原始图像中每个颜色的亮部和暗部，以灰度级的方式增强特性。给调整图层添加混合模式，你就会拥有一个强大的色调控制工具。

（a）

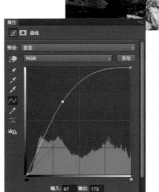

（b）

图4.6 将"曲线"调整图层剪贴给需要调整的图层，使其明暗度与周围一致。在这个例子中，有一块区域过暗，用"曲线"调整图层可以将其调亮。

首先，在"调整"面板中单击"黑白"按钮，图像就会被添加一个新的"黑白"调整图层，图像会变成黑白效果。使用黑白"属性"面板上的滑块调整每一个颜色的数值，根据喜好进行自定义转换（图4.7）。如果想让绿色（已经转换成了中灰）转换成更浅的灰色，可以将"绿色"滑块向右移动，这样所有由绿色转换成的灰色就变浅了。

使用"黑白"调整图层进行全面调整时，我会在移动滑块前将混合模式更改为"柔光"或者"亮光"模式。当不透明度较低时，"黑白"调整图层能够巧妙地控制颜色的饱和度和明暗度。一般通过移动每一个颜色上的滑块来调整明暗度，就可以获得最好的图像效果。例如，图4.7中的元素带有大面积的灯光色，为了让光线统一，我需要将色调调整得更加柔和一些。添加"黑白"调整图层，将"不透明度"降低到40%以下以降低其饱和度。然后进一步调整颜色，使黄色变亮，使红色和蓝色略微变暗，以增强图像的对比度。

> 提示　黑白"属性"面板中的"图像调整工具"（在滑块上方）对快速修改同类颜色十分有效。单击该按钮，然后在图像中直接拖动进行颜色取样。在图像中进行颜色取样后，系统会在面板中找到相匹配的滑块（一次一个滑块），来回地移动鼠标指针来调整颜色值和直接使用滑块的效果是相同的。

（a）

（b）

（c）

图4.7　（a）中元素的光感过强，有点让人无法接受，所以我增加了"黑白"调整图层，对饱和度（降低调整图层的"不透明度"）和每个颜色进行了调整（c），效果如（b）。

色彩平衡

在图像合成中，当颜色与其他元素的颜色不匹配时，添加"色彩平衡"调整图层是图层混合的最好选择。也许图像采用不同的灯光、不同的相机或者不同的色板进行拍摄，但使用"色彩平衡"调整图层，都能够很轻松地对色调进行统一。色彩平衡"属性"面板有3个滑块：一个是从青色到红色，一个是从洋红到绿色，还有一个是从黄色到蓝色。图4.8使用"色彩平衡"调整图层对两个图像进行了混合。带剑女子的颜色与冷酷的背景颜色相比偏暖，所以人物的颜色要向冷色的区域（青一些、蓝一些、绿一些）移动才能让两个图像更好地融合在一起。开始时滑块都会在中心位置上，可以来回移动滑块进行细微的颜色调整。

尽管 Photoshop 中还有很多其他方法（有的还更加精确）能够平衡颜色，调整图层却是一个非常好用的工具。它简单而快捷，只需移动滑块就可以完成所有的工作，在很多时候都是我的首选。

色相 / 饱和度

"色相 / 饱和度"调整图层是我快速改变颜色和调整不饱和度的第一选择，它可以用颜色范围改变选定的颜色（在第三章中曾讲过），将其更换成一个新的色相。"色相 / 饱

（a）

（b）

（c）

图 4.8 使用"色彩平衡"调整图层虽然不能特别精细地进行调整，但对大多数偏色的情况来说却是十分快速而有效的。起初，我将主体拼合到背景中后发现与冷色调的背景相比，我拍摄的模特的色调偏暖（a）。通过使用"色彩平衡"调整图层将人物的色调变冷，可以让其更好地融入场景中（b 和 c）。

和度"结合了"色彩平衡"和"黑白"两个调整图层的基本特性，包含了一个用以快速调整饱和度的滑块，它还可以简单地中和或改变颜色。当我要改变某一个特定的颜色时，使用"色相\饱和度"调整图层尤其有效。

例如，在图 4.9 中的婴儿床下方，我需要一个小的绿色物体以完成色彩的构成。执行"选择" > "色彩范围"命令，改变婴儿床前玩具球的颜色（球自己单独是一个图层）。我选中了原来红色补丁的部分，然后添加了"色相\饱和度"调整图层，将它剪贴给了红色补丁所在图层，移动"属性"面板中的"色相"滑块直到得到我想要的绿色。

图 4.9 "色相 / 饱和度"调整图层和"颜色范围"蒙版（见第三章）在改变颜色方面尤其有效，它们可以对选定的颜色或限定的图像区域进行改变。在这里我将球由红色变成了绿色。

滤镜

应用于图层的滤镜也可以应用于调整图层。所有的滤镜和调整图层都可以让图像发生巨大的改变，并且还有助于图像无缝拼接，添加新的视觉效果。虽然滤镜没有专用面板，但是有"滤镜"菜单。虽然很多滤镜的功能都显而易见，但在后面的部分我还是会对个别滤镜进行讲解。例如，"智能锐化"和"减少杂色"滤镜可以弥补质量的缺失还有助于图像拼合，调整颜色；当需要动感时，可以使用"模糊"滤镜。在第九章中，会通过使用这些滤镜制作太阳光晕。

智能锐化

"智能锐化"滤镜的智能体现在其卓越的分析图像的能力，可以更好地确定边缘宽度——它能够去除杂色，修复各种模糊效果，无论是动感模糊还是镜头模糊（图 4.10）。这种方法比其他锐化方法（例如 USM 锐化）更加灵活，在进行图像合成时，使用这种方法会非常有效，在第十三章中将会详细地对其进行讲解。

"智能锐化"滤镜（"滤镜">"锐化">"智能锐化"）有 3 个主要的滑块。

- 数量（控制锐化的强度）。
- 半径（设置锐化的像素宽度）。
- 减少杂色（控制噪点数量）。

在使用"智能锐化"滤镜时，无论是普通图层还是使用了"智能滤镜"的"智能对象"图层，都有一些需要要注意的地方。

- 在使用"半径"和"数量"滑块进行调整时（很多时候调整的量可能会有点高）很容易产生多余的色圈。要尽可能地避免这些色圈出现，因为这不

仅看起来很糟糕，而且还显得很不专业。当半径大于模糊强度时，就会出现不必要的对比度。再加上锐化就会显得有点太过，在边缘的外边很可能就会产生色圈。当半径大小和模糊的半径一致时（我通常设置为 1 像素～3 像素），将"数量"滑块的数值拖动到最大，这样便不会产生明显亮的色圈。在 Photoshop CS6 和旧版本中，"数量"数值通常要保持在 100% 以下，但是在 CC 版本中即使是增加到了 300% 也不会产生不良的效果。

- 将画面放大，近距离观察锐化效果及色圈和杂色，然后再缩小，观察整体的锐化效果。将画面放大到 100% 对整体进行检查是一种很好的方法（能够看到色圈），因为在预览时使用其

图 4.10 "智能锐化"滤镜能够修复各种模糊效果，并且比其他锐化方法更加灵活。

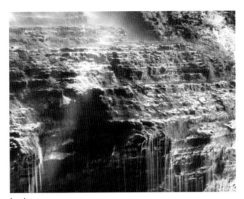

(a)

他比例是不准确的。使用滑块很难达到平衡，要么是锐化足够但会产生色圈，要么就是锐化得不够，因此需要使用"缩放工具"不断地对画面进行检查。相应地，可以将它转换为智能滤镜，这样当你看到色圈时便可以反复进行调整。

● 在"智能锐化"滤镜中，单击并按住滑块左边的预览图，观察图层的原始效果，然后释放鼠标可以看到当前使用了"智能锐化"后的效果，这样可以快速地进行前后效果对比。

● 从"移去"下拉列表框中可以选择要移除的模糊类型，通常会使用"高斯模糊"和"镜头模糊"。当对由镜头运动产生的模糊进行锐化时，选择"动感模糊"。根据模糊的运动方向转动角度线（角度会自动进行填写），然后调整"数量"滑块直到模糊变得不太明显即可（图4.11）。注意它对动感模糊严重的图像作用不会很大——它是智能的，不是万能的。

(b)

(c)

图 4.11 图（a）因为没有使用三脚架拍摄而产生了轻微的水平动感模糊的效果，所以在"移去"下拉列表框（c）中选择"动感模糊"，对轻度的模糊照片进行修复。调整旋转角度让它与模糊的角度一致，然后调整"数量"滑块直到满意为止，最后将移除模糊后的图像（b）与原图（a）进行比较。

智能滤镜

对于滤镜而言，智能滤镜其实就是无损编辑的另外一种方式（正如上一章所述）。使用智能滤镜神奇的地方在于，即使使用了滤镜之后也可以反复地进行调整，并且将滤镜完全移除后，图像依旧可以保留原始状态。然而，"智能滤镜"只能作用于智能对象，首先必须将图层转换为"智能对象"，然后才可以执行"滤镜">"转换为智能滤镜"命令。

然而，要注意的是有一些滤镜是不能用作"智能滤镜"的，如"镜头模糊"（"模糊画廊"中的"场景模糊"可以实现类似效果）和"消失点"。我的方法是在使用这些滤镜前先复制 Ctrl+J/Cmd+J 图层。对于"滤镜"菜单中的其他滤镜，都可以通过单击将其转换为智能滤镜，然后以无损的方式进行编辑——这就是智能的方式！

> 注意　如果你习惯使用旧版的"智能锐化"滤镜，你可以单击"设置其他选项"按钮回到旧版的"智能锐化"对话框。

减少杂色

在进行图像合成创作时，当图像质量差别很大时，"减少杂色"滤镜是弥合它们之间差距的一个利器。保持一致性对整体的合成而言是非常重要的，要想使这些拼图的碎片完美地融合在一起是极具挑战性的。杂色往往出现在曝光不足的图像中，而且是随机产生的可视化的静态点。杂色是在光线较暗的环境下，拍摄时传感器的信号幅度过大（相机感光度值过高）而产生的（详情请见第五章）。

与"减少杂色"滤镜功能相似的滤镜并不是很多。"减少杂色"滤镜（"滤镜">"杂色">"减少杂色"）可以平滑由于锐化后产生的颗粒效果，消除因相机高感光度值而产生的杂色。不同品牌和型号的相机有不同的去除杂色的方式，在处理图像时需要谨记这一点。我使用这个滤镜主要是去除佳能 7D 旧款相机拍摄的图片上的杂色——这是处理这个型号相机拍摄的图像时非常重要的部分。杂色由随机变化的很多颜色组成，比较容易去除，例如将图层进行模糊（图 4.12）就可以去除杂色。而我的索尼 A7RII 对去除杂色这个需求就没有那么强烈。去除杂色主要是为了在进行图像合成时让画面统一，因此要对每一张图像进行评估，保证片源整洁，以便更好地进行衔接。最终的结果就是最好的证明。

(a)

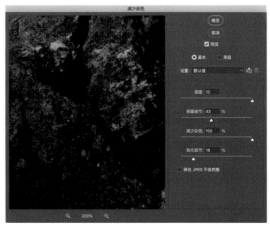

(b)

图 4.12 "减少杂色"滤镜对减少由曝光不足或感光度值过高而产生的杂色很有效。可以看到在使用了"减少杂色"滤镜后，岩石浅色阴影中的杂色（a）被除去了（b），得到了最后的效果（c）。

(c)

模糊

你曾见过浅景图像变成深景图像吗？图像模糊的原因不是靠得太近就是离得太远。使用各种模糊滤镜能够帮助我们将视线集中在正确的位置上，还可以创造出景深和动感效果。你试过使用"动感模糊"滤镜模拟出长时间的曝光效果吗？Photoshop CC 和 CS6 增加了一些很棒的模糊滤镜，它们的使用范围很广，无论是模拟移轴镜头，还是模拟普通镜头，其画面效果都很好（图 4.13）。

模糊画廊

Photoshop CC 中有很多很棒的模糊滤

图 4.13 5 个模糊滤镜位于同一个子菜单中，这些滤镜的功能是让图片获得更好的模糊效果。

镜，包括"倾斜偏移""光圈模糊""场景模糊""路径模糊""旋转模糊"。它们共用一个界面（"模糊画廊"），但能够创建出不同的模糊效果。列表中的前 3 个模糊都有"模糊点"，在图像中任意想要模糊的地方单击即可，而我使用最多的是"路径模糊"。下面是关于这几个滤镜简短的介绍。

- "场景模糊"的效果与"高斯模糊"的效果很像。但与"高斯模糊"不同的是，"场景模糊"可以定义多个模糊点，而"高斯模糊"作用的是整个画面。确定图像中想要模糊的位置，然后在位置上单击添加"模糊点"，拖动环形模糊控制点即可调整模糊的数量值。每一个点可以进行不同的模糊调整，从而可以在同一个画面中创造出不同

的模糊效果。当同一图层需要有不同模糊效果时，该滤镜尤其有用！

- "光圈模糊"和"场景模糊"有点类似，不同的是"光圈模糊"不仅可以控制得更加精准，而且还具有一些其他功能——它可以模拟出浅景的效果。"光圈模糊"不是给整个画面添加模糊（如"场景模糊"），也不是针对局部区域添加模糊。"光圈模糊"模糊的影像区域是椭圆形的，并且还可以对这个形状进行调整。拖动控制点设置光圈的半径（椭圆的半径）和方向，表示这个区域开始从清晰到模糊进行过渡（图 4.14）。使用"光圈模糊"时，在预览图中可以对多种功能进行编辑。例如，将默认的中心"模糊点"

模糊起始位置

从此向外应用所有模糊值

模糊手柄

图 4.14 "光圈模糊"滤镜能控制模糊开始的位置，并且可以控制从锐化到完全模糊的过渡程度（使用"模糊"滑块进行设置）。

（最清晰的焦点）拖动到新的区域，或者在图像的其他区域单击添加新的"模糊点"。向外拖动模糊区域的外环能够使之扩大，旋转光圈半径能够微调模糊的位置（图 4.15）。4 个内部焦点是为了不让内部受到模糊的影响（称为"锐化区域"）。

- "倾斜偏移"滤镜能够实现双渐变过渡的模糊效果，就像是在拍摄浅景中的小物件（例如微缩模型），或像使用了移轴镜头拍摄的效果。使用这个滤镜可以创造出大景深并且画面还非常清晰的效果（图 4.16）。

- "路径模糊"是我最近特别喜欢的滤镜，因为它具有很强的创造力，尤其可以自定义创建出逼真的动感模糊效果。该滤镜可以设定模糊的实际路径（或者多条路径），拖动"速度"滑块（调整路径模糊的数值）和"锥度"滑块，勾选（或取消勾选）"居中模糊"复选框，还可以选择"后帘同步闪光"进行补光。我总结了许多"路径模糊"的用法，该滤镜特别是在添加透视模糊效果（朝着消失点方向模糊）或者给移动的物体、宠物或人添加特定的扭曲或曲线模糊时尤其有效，如图 4.17 所示。

图 4.15　"光圈模糊"滤镜的应用十分广泛，既可以控制局部的模糊又可以控制模糊的程度，同时还可以自定义，并且在一个图层上还可以有多个模糊区域。

模糊图钉

模糊半径值　　多个图钉位置

图 4.16 "倾斜偏移"能够让图像产生微观效果,即使景深很大也会产生微距摄影的感觉。

图 4.17 在添加"路径模糊"滤镜前,所有的一切看起来都太平静了。添加了"路径模糊"之后,主体充满了活力、乐趣和动感。

● "旋转模糊"是给车轮或任何围着中心点旋转的事物添加动感效果的最佳选择。使用该滤镜时,可以定义多个"模糊点",让你精心拍摄的照片(和所有静止状态的照片)实现逼真的旋转效果!

Adobe Camera Raw 滤镜的使用

Adobe Camera Raw(下称ACR编辑器)是个可以对 RAW 图像进行无损编辑调整的插件(在第一章中曾讲过)。例如,它可以调整色温、高光、阴影和清晰度,还可以使用曲线和其他色彩控件。在第五章中我会对编辑 RAW 文件(和其他类型的文件)的方式进行重点介绍,但是关于滤镜部分的讲解并不完整,也没有提及 ACR 编辑器中的大部分功能可以作为智能滤镜使用(图 4.18)!

执行"滤镜">"Camera Raw 滤镜"命令,然后会看到 ACR 编辑器的工作区,这个部分我会在第五章中详细讲解。对合成而言,这个滤镜(尤其是"智能滤镜")是非常具有实用性的。

> 提示　如果需要使用 ACR 编辑器同时处理多个图层时(例如动物或人合成的图像),在使用 ACR 编辑器之前先将图层合并成一个"智能对象",这样 ACR 编辑器就可以作为无损编辑的"智能滤镜"进行使用了。首先选中那些想要合并成"智能对象"的图层(按住 Ctrl/Cmd 键,单击"图层"面板中的图层名称,即可选中多个图层),然后在任意一个选中的图层名称上右击,选择"转换为智能对象"。然后开始使用 ACR 编辑器,根据自己的喜好进行编辑。这样不仅可以在同一个"智能对象"里同时对所有的图层进行编辑,还可以随时调整滑块的位置。

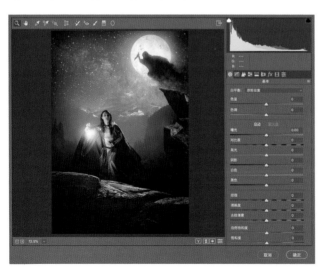

图 4.18 ACR 编辑器是强大的最新的智能滤镜,所有的滑块都可以作用于 Photoshop 的图层中。

小结

有了这 4 个调整图层和这几个滤镜，几乎就可以完成所有的无缝合成——无论是深浅色调的合成，还是图层间颜色的合成。利用这些命令不仅可以修复图像本身的缺陷，还可以增强整个图像的效果，甚至可以赋予图像更好的景深和动感。在后面的章节中，你会看到这些调整图层和滤镜被大量使用。

第五章

摄影与合成

漂流记

摄影是合成的重要环节，可以让你完全以自己的素材合成图像。摄影可以使设计师完全掌控自己的创意，不再受制于摄影参数或依赖于图库。以我创作的《漂流记》为例，当时我拍摄了背景、谷仓和人物，在每次拍摄时我都是手动控制曝光效果，这样能够准确地捕捉到场景中所需要的内容——最后再将这些叠加在一起。无论用手机拍摄，还是用单反相机拍摄，对过程的完全掌控将帮助设计师提高合成的质量，节省后期编辑的时间，并且可以最大限度地获得好的素材图像。本章包含了很多用于拍摄合成的图像的基本手动曝光方法。虽然对于合成来说拍摄很重要，但是建立优质的图库也是很重要的——这样就为任何创意合成做好了准备。

装备

我的装备很轻便，但是功能却很强大，这也许会让人很惊讶。我喜欢将图像组合成更棒的作品，而不是将它们特别完美地拍摄出来。我总是非常繁忙，因为我不仅需要背负着这些装备在某处（有时我需要在尘土中、或者淤泥中、或者苔藓中）进行拍摄，我还需要准备优质的拍摄素材。

现在，我主要使用索尼 Alpha 7RII 全幅无反相机（我会在后面进行详细讲解）和 LG V10 手机相机（主要用于拍摄纹理效果和带光亮的小物体——或者用无线连接到我的索尼设备上）进行拍摄。无论走到哪里，我都会随身携带 LG 手机。除此之外我还有其他设备，如佳能数码单反相机（和各种镜头），稳固而便携的精嘉三脚架和常用的灯光设备，但除非我有重大拍摄任务，否则的话这些设备我是不会随身携带的。时尚的 42MP 无反相机与我的这款可以拍摄 RAW 格式的智能手机组合起来，便能够完全满足我搜集素材的需求。我的所有相机都可以手动控制，且两个相机之间可以相互补充——特别是我可以使用手机通过 Wi-Fi 控制我的相机（更多内容详见配件部分）。另外，它们真的特别适合放在口袋和小的相机包中。

和工作流程一样，根据你的风格和工作环境选择适合的装备即可。重要的是要根据需要考虑装备和拍摄计划，做好充分的准备（即使这很难）。

相机类型

从手机相机、"傻瓜"相机到可以完全手控的单反相机和无反相机，如我的索尼相机，近些年相机种类层出不穷。如今智能手机自带的内置配件和光学设备，拍摄出的照片质量甚至能和早期的数码单反相机媲美——甚至可以像我的 LG 手机一样，可以拍摄 RAW 格式的照片！技术更新得越来越快，而且势不可当。如果有计划购买用于拍摄合成图像素材的摄影设备，则应先了解设备，对设备的熟悉程度将会有助于设备的选购。数码相机的种类较多，如可更换镜头的智能相机、全画幅微单等。然而，只要弄清以下 3 个最基本的相机类型，就能够了解相机所有的种类了。

- 简单的"傻瓜"相机和手机相机。
- 微型单反相机或类单眼相机。
- 无反相机和数码单反相机。

下面将会对相机的硬件知识进行讲解，尤其是与合成有关的技术。

"傻瓜"相机

如今"傻瓜"相机（主功能是摄影）是手机相机的升级款，易携带且全自动，无论何时何地都能很好地对瞬间和细节进行抓拍。同时，此类相机也可以拍摄风景，易对焦，还可以拍摄出百万像素的图像，甚至可以与许多数码单反相机媲美。智能手机的拍摄功能也在不断地提升，场景的拍摄效果越来越好——甚至可以拍摄 RAW 格式（很多时候是 DNG 格式，DNG 是公共存储原始数据的特定格式的图像）。

这些手机相机现在占据了"傻瓜"相机的部分市场，主要是低端市场——但是这并不意味着拍摄图像的质量差。"傻瓜"相机和手机相机是真的拍得不错，正如之前所说，我使用我的手机相机拍摄了很多优秀的照片，在过去合成作品中有三分之一的照片都是由"傻瓜"相机拍摄的。现在的技术越发卓越，特别是"傻瓜"相机在直接拍摄场景时能够把图像处理得非常清晰，图像质量足够用以合成。以图 5.1（a）为例，"傻瓜"相机完美清晰地抓拍住的这个场景，完全可以应用于以后场景的合成，效果如图 5.1（b）所示。

同样，手机相机不仅便于携带，而且还可以随时捕捉日常细节，例如纹理。某天当我在加油站加油时，在垃圾桶上发现了特别棒的生锈纹理。这时手机相机就变得非常必要（无论好坏），我将拍摄切换成手动模式（以 DNG 格式保存图片），在车加油时拍下了很多照片。在图 5.2 中你可以看到垃圾

（a）

（b）

图 5.1 使用"傻瓜"相机拍摄（a）所示的照片不费吹灰之力。当我在瑞士徒步旅行时，我用佳能 PowerShot ELPH 相机记录了这些瞬间（a），然后用水和岩石合成了奇幻的景观效果（b）。

箱上的生锈纹理被应用在了《漂流记》合成作品中。我将平的灰色的谷仓顶（在影棚中拍摄的）变成了一个可以用作孩子歇息的旧的生锈的金属屋顶。

注意　《漂流记》这个合成作品是由影棚拍摄的照片和以前拍摄的素材拼合而成。更多详细的内容和讲解，可以下载资料进行查看。

"傻瓜"相机受到很多因素限制，例如默认的固定镜头、只有几个模式、没有手动曝光功能等。的确，现在有很多高端的"傻瓜"相机也可以对曝光进行控制，甚至可以通过安装 App 给手机相机添加手控功能。但一般"傻瓜"相机不会像其他相机一样拥有极大的灵活性，因为它们主要用于快速记录。

举例说明，假如你需要一个特定的包含很多对象的室内场景的作为背景的图像，需要以某个快门速度和低感光度（稍后将进行讲解）进行拍摄，则"傻瓜"相机是最好的选择。另外，至少还需要有一个类单眼相机、数码相机或无反相机，再或者是好一些的入门级单反相机或高级类单眼相机。这些相机除了具有基本的性能外，还具有极好的灵活性以及良好的曝光和对焦控制能力，还可以将图片保存为 RAW 格式。

（a）

（b）

（c）

图 5.2　我使用我的手机拍摄了生锈纹理的图片（a），然后用这个图片（同时还使用了其他图层和调整图层）创造出了生锈的谷仓屋顶，如（b）和（c）所示。

"傻瓜"相机比较适用于纹理素材和小的图像素材的收集，也适用于建立场景素材库。选定好场景后，你可以带着专业装备重新拍摄高质量的照片，这样特别方便。我总是随身带着相机，以备在遇到好素材的时候可以进行拍摄。即使是我 5 岁的儿子也常常带着"傻瓜"相机（我的旧款佳能 ELPH），就连他都知道抓住精彩瞬间是多么重要（即使效果有一点模糊）。

> 提示 我通常会使用"傻瓜"相机的预设模式进行拍摄，如微距模式、动态摄影、风景模式。这些模式的设定是为了使曝光质量更加优化，但也存在局限性，例如无法拍摄 RAW 格式的照片。

微型单反相机和类单眼相机

这类相机融合了"傻瓜"相机和单反相机（和高端的无反相机）的尺寸和性能的优势，主要以多样性（和品牌竞争力）取胜。微型单反相机和类单眼相机也是拍摄合成的图像的完美之选，它们与"傻瓜"相机和智能手机相比更具有灵活性，与单反相机相比操作又没有那么复杂，性价比也明显优于单反相机和高端的无反相机。从产品特点和设定来说，类单眼相机的功能与专业的无反相机更相似，可以在液晶屏幕上取景（取代了传统的取景器），但缺乏无反相机拥有的镜头、高端传感器、功能和设置。尽管许多相机有固定的镜头，但很多新型的全画幅微单相机在"傻瓜"相机的基础上可以更换镜头，这真的很棒。如果你不是专业的摄影师，却又想拍出一系列高质量并且完整的图像（更大的传感器尺寸），选择此类相机是两全其美的好方法。简而言之，全画幅微单相机既能手动控制，又能快速便捷地完成拍摄，这样的设备已经足够了。

> 注意 每一种相机都有不同型号的传感器，它不仅会影响像素数量，而且也会影响照片质量。全画幅传感器（就像它的名字一样）比其他标准的传感器更大，如佳能 7D 的 APS-C 型传感器，能拍摄出非常高质量的图像。关于传感器的更多内容，我推荐大家看 Khara Plicanic 写的《数码摄影入门》（*Getting Started in Digital Photography*）一书。在这本书中他对经典摄影作品中的传感器、镜头以及其他的相机部件进行了详尽的分析。也就是说，通过看这本书，你可以了解到关于数码摄影的一切。

数码单反相机和专业的无反相机

高端无反相机和数码单镜头反光相机（也就是所谓的数码单反相机）能够为创意提供更多的控制性。单反相机最大的优势是，它可以根据拍摄对象的不同更换不同的镜头。而且单反相机还提供了非常方便而简单的设置光圈、快门、对焦、白平衡等参数的操作。为了方便用户使用，很多相机提供了场景模式，使用户可以在相机优化其他设置时手动控制光圈和快门（当然现在这种功能已经不是单反相机所特有的了）。在我使用自己的单反相机拍摄合成的主要元素时，尤其是拍摄人物和野生动物时，不只需要创意，还需要更好的控制性（意味着高质量的图像）。

使用无反相机和数码单反相机意味着拥有了上述所说的更好的对光的控制能力，更大的光圈范围，更大的传感器和处理噪点的能力，更强大的运行能力和自动对焦能力，更多的测光选项和最小快门的延迟时间。总之，我已经无法离开数码单反相机或无反相机了。但这种相机并不能进行隐蔽拍摄或随意拍摄，因为它在拍摄前需要进行一段时间的调试，并且当你在公共场合使用数码单反相机，拍摄时，周围的每一个人都会注意到你。当然，对于创造力和控制性方面的优势也让这些额外的时间和负重变得非常值得。就像一个画家选择多种画笔和颜料，只为了完成所需要的画面效果一样。作为摄影师，在使用单反相机时也要选择最适合的设置进行曝光控制、对焦和后期处理。使用APS-C 尺寸的传感器拍摄，在曝光时云朵能够凸显出来。图 5.3 展示了使用数码单反相机和长焦镜头拍摄到的基本图像——设备和设置的组合是合成的基本。

图 5.3　使用数码单反相机和无反相机进行拍摄，有多种镜头可以进行选择，并且也可以对曝光进行控制，生成的 RAW 格式文件在后期进行处理时也会更加灵活。

哪个才是合成创意的最好工具？

如果你经济条件允许，可以考虑双机，一个高端的、不引人瞩目的、用来拍摄即时图像的"傻瓜"相机（或者至少是高端手机相机），另一个强大的、用来拍摄重要素材的数码单反或无反相机。在绝大多数情况下，"傻瓜"相机不会因为取下镜盖、清理传感器或者调试光圈、快门等而延误时机。因此，为了捕捉更多精彩的瞬间，这种相机可以随身装进口袋或背包里。当你不着急而且需要精确曝光、营造氛围或者其他创意拍摄时，可以使用数码单反相机或无反相机，它会提供所有你需要的精准控制和照片质量。如果"傻瓜"相机是一个素描本的话，单反相机就是一个绘画工作室。

如果你需要节省资金，但是又需要选择一个可以拍摄所有图片类型的相机，那么类单眼相机可以满足你的需求。如果有意选购类单眼相机，一定要确保它可以拍摄 RAW 格式，因为 RAW 格式的图像比 JPEG 格式的图像拥有更高的灵活性和品质。虽然手机相机在不断升级，但是与其他相机相比普遍缺乏光学变焦功能，因此最好将它作为辅助相机使用。

在采购设备时，一定要关注用户的评论和同类产品的横向比较。同时，强烈建议去本地的摄影器材店看看，感受下器材的手感。设备的技术清单听起来不错，但拿到手时才能有直观的感觉。

镜头和传感器

拍摄图像时，镜头、传感器尺寸的选择和机身的选择一样重要。镜头以毫米来计量，不同的镜头依据尺寸和聚焦长度的不同适用于不同的拍摄任务。例如，短焦镜头，如索尼 7RII 8mm ~ 24mm 的镜头（全画幅 35mm 传感器）特别适用于广角拍摄，然而 80mm 或者更长的长焦镜头是为长距离拍摄设计的。当选择不同的尺寸和镜头时，有以下几点需要注意。

● 传感器的尺寸至关重要。带有"裁剪传感器"的相机，如我的佳能 7D（佳能 APS-C），比带有全画幅传感器的相机在价格上更加便宜，更适合于远距离拍摄。即使使用同样的镜头，带有"裁剪传感器"的相机拍摄的图像幅度也没有全画幅相机拍摄的幅度大（被裁剪掉了），裁剪量等于焦距乘以 1.6。换句话说，带有"裁剪传感器"的相机使用 50mm 镜头拍摄出来的效果，与使用 80mm 镜头的带有全画幅传感器相机拍摄出来的效果一样。另外，我的全画幅索尼相机可能就需要使用更长的镜头，以获得同样的缩放量。当然带有全画幅传感器的相机也有很多优势，如对低照度的处理会更好，视角会更加宽阔，景深可以更浅，图像质量会更高。换句话说，全画幅传感器真的超级棒——价钱和性能相匹配，它的制造成本真的很高。当然还有一些中小型的传感器。

● 使用标准镜头（全画幅相机的 50mm 镜头，APS-C 相机的 35mm 镜头，采集的画面比较小）拍摄出来的图像和我们眼睛所看到的场景非常接近。所以，要想拍摄一张使得观众感觉到他们就在那看着或者至少通过窗户看着的场景时，这种镜头就是必选镜头。

- 广角镜头（8mm ～ 18mm、15mm ～ 28mm 的全画幅镜头）适用于在非常狭小的空间（如图 5.4（a）所示）拍摄，否则场景中所有的东西无法都收入画面中。在图 5.4 中，我为了把背景中所有元素都收入画面，使用了 15mm 的镜头，我和我的工具都挤在了角落。这种镜头有利于形成特殊的风格，因为这些照片都会显示出轻微的扭曲和反常。如果要制作与广角镜头拍摄的照片进行合成的照片，那么请使用广角镜头进行拍摄。合成图像的镜头焦距相同会使最终的作品产生意想不到的效果。虽然源图像的聚焦长度不一致，我们的眼睛不一定能准确地分辨出图片中到底哪里不对，但总能感觉到的确有东西不对劲。

- 远景拍摄或者长焦拍摄（80mm 或者更长）可以把场景中的一部分放大到我们的视野中（图 5.3）。长焦镜头对拍摄远处物体的细节特别方便。例如，它可以使你在不惊动野生动物的情况下拍摄到很好的近景图像。

（a）

（b）

提示　如果有足够的预算，那么购买高质量的镜头，特别是微光镜头（光圈接近 1.4），绝对是物超所值。这种镜头被称为"快速镜头"，可以在微光条件下以很快的快门速度进行拍摄，在光照不足的条件下为我们提供了非常强大的拍摄能力。

图 5.4　当你想在一个没有足够空间的场景中拍摄所有的东西时，使用广角镜头可以拍摄到更多内容。（b）是用 APS-C（非全画幅）相机配合 15mm 镜头来实现的。

控制曝光

购买类单眼相机或单反相机只是迈向高质量图像摄影

的其中一步，你还需要突破自动模式（意味着不再是大众水平），学会控制相机的3个基本元素：快门速度、光圈和感光度。一旦当你了解了它们的原理和它们之间如何相互影响时（每次曝光控制中或多或少的相互平衡），就可以更加自如地控制相机进行拍摄，得到更多的可用素材，完善自己的图库。

快门速度

快门速度是指拍摄时相机传感器暴露在光照下的时间长短，通常以秒的分数比来计量（对于更长的快门速度则以秒计量）。如果想让照片有运动模糊的效果，可以把快门速度调慢（如1/4秒），让快门打开的时间较长。例如在夜间拍摄星星划过天空的轨迹或水流的丝状效果（图5.5）时都需要使用慢的快门速度进行长时间的曝光（夜间拍摄甚至长达数小时）。

相反的，如果想拍摄更清晰的图像，比如拍摄一只小鸟的翅膀扇动到中间时的图像（图5.6），就需要设置更快的快门速度（普通的运动捕捉要短于1/125秒）。根据相机和拍摄对象的不同，如果快门速度慢于1/60秒（相机上标注为60），那么在手持拍摄的情况下大多数常备镜头和设置都可能会产生运动模糊。但是如果有相机支架的话，在特定的相机设置下可能在1/30秒甚至是

1/15秒的快门速度下依然能够得到清晰的图像。所以，为了防止出现意外的运动模糊，可以使用三脚架或者防抖功能（有时是内置在镜头里，有时在相机机身上——但是不能与三脚架同时使用），或者在光线和曝光都允许的情况下（例如改变光圈、感光度）提高快门速度。

图5.5 以较慢的快门速度拍摄水流，水流会变成丝状。这里用了大概一秒的曝光时间。

图 5.6 上图是使用 1/4000 秒的快门速度进行拍摄的，快门速度足够快才能拍摄出清晰的图像。

提示 如果镜头（或相机）有防抖功能（有时也称之为"光学防抖"），可在使用较慢快门速度进行长时间曝光时使用。这样既可以使你在使用较慢快门速度时进行手持拍摄，但又不会使你在很快的快门速度下进行同样操作时动作僵硬。在使用三脚架为合成场景拍摄多张图像时，要记得关闭防抖功能。如果未关闭的话，当你在使用"原位粘贴"命令时（详见第七章），会发现合成的边缘有时无法对齐，这是由于照片间的细微差异所造成的。总之，在手持设备进行拍摄时，防抖功能是非常重要的，但是与三脚架一起使用时就会出现问题——所以不要忘记关闭防抖功能。

光圈

可以把光圈想象成相机的瞳孔。当瞳孔扩大时，允许更多的光摄入；当瞳孔缩小时，则会限制光的摄入。光可以通过的区域的大小取决于光圈的半径，它控制着图像的景深，也就是图像的聚焦程度和背景的模糊程度（通常被称为"散景"）。当一束狭小的光通过镜头的光圈时会产生很大的景深，也就是说无论是近的还是远的物体都会十分清晰。

当较宽的光束通过光圈时会产生浅的景深，这也就意味着只有近距离的事物才可以被聚焦。这是因为更多的光落在了传感器上，通过玻璃镜头只有一些光线能够被完全聚焦，所以景深被减少了。光圈以 f 指数为计量单位，光圈的设置能够让你在拍摄时控制景深（图 5.7）。大的光圈指数（f），如 f/22，意味着更小的光圈尺寸（也就是通过的光会更少）和更大的景深。相反的，光圈指数（f）为 f/1.4 表示更大的光圈（允许更大范围的光通过），即只有离镜头近的物体才会被拍摄得非常清晰。

注意 光圈指数（f）是指镜头焦距除以毫米单位的光圈直径。所以一个 50mm 镜头和一个直径 25mm 宽的光圈的比率是 2：1，简称 f/2（焦距比 2）。

当你需要更多的光进入相机时，可以选择长时间曝光（用快门速度控制运动模糊的程度），也可以选择调整控制景深的光圈指数，这需要根据不同情景（例如在室内没有充足光线的情况下拍摄时）进行权衡。

（a）

（b）

图5.7　更小的光圈直径，如（a）中的f/11可以很好地聚焦整个场景。更大的光圈直径，如（b）中的f/3.5有很窄的视野，可以深度聚焦在一定距离的事物上，这个距离之外的部分会很模糊。

感光度

第三个基本设置是感光度。感光度可以改变传感器的敏感度，在同一个时间内记录不同的光量。更高的感光度意味着信号更强。但是，以这种方式增加光学敏感度的代价是出现杂色，也就是降低了图像清晰度。例如100～200这种低的感光度产生的杂色会比较少，相反，1600甚至更高的感光度会产生大量的杂色（因为传感器产生的杂色会随着信号的增强而增多）。当光特别弱，改变快门速度和光圈又会引起太多的模糊时，可以通过改变感光度进行拍摄（图5.8）。

图5.8　我把感光度提高到1600，对星星进行适度曝光。幸运的是，杂色基本和星星混合在了一起。

掌握曝光三元素间的均衡性

掌握快门速度、光圈和感光度三者间的均衡性，是为了控制拍摄效果获得适当的曝光。为了获得适当的曝光效果，必须达到 3 个曝光控制项的最佳互易率。

相机曝光表（图 5.9 所示为我的曝光表）的参数可以使拍摄获得准确的曝光，如果改变 3 个曝光控制项中的任意一项，就必须同时改变其他两项，以便继续保持准确的曝光（好的互易率）。与众多相机一样，我的佳能和索尼使用的是 1/3 档光圈。这就意味着，如果我通过按键控制提高了快门速度，相机曝光表就会显示曝光向左移动了 1/3 档光圈（说明相机的曝光不足 1/3 光圈），因此它会提示我，需要再调整一下光圈和感光度，以弥补快门速度的转换。这就是互易率的原理：改变和互补。

快门速度
光圈（F档）
曝光表
感光度

图 5.9　用我的佳能数码相机手动曝光拍摄的照片，效果非常好。

这就是使用相机的乐趣所在，也是为什么一直需要互补。如果你想要更大的景深，那就需要使用高 f 档弥补慢的快门速度，以便更多的光可以进入（互易率）。必须承认，这的确有一些复杂，并且在拍摄时还需要动作稳健。更高的 f 档（大景深）和更快的快门速度（定格动作），这两者都会限制感应器的摄光量，所以这时你就要增加感光度以弥补其他两个控制项（增加感光度就意味着要牺牲画质）。很有道理，不是吗？

虽然互易率最初听起来可能有点复杂，但网上也有很多资源能够帮助你全面掌握曝光和它们之间的互易率。曝光控制实际上是对图像的完整控制，可以确保你得到自己想要的效果，实在很值得一学！

配件

为了获得优质的合成素材，配件几乎和相机一样重要。下面是一些我钟爱的配件，它们可以帮助你提升摄影水平。

三脚架

想要拍摄出清晰的图像，可以将手和相机一同固定在三脚架上。在光线弱的情况下，三脚架的作用很大。稳固性的增强，可以使曝光时间延长（因为手持拍摄时相机并没有移动）、可以避免出现杂色，而且还可以拍摄出适合的景深。购买时，需要注意以下几点。

- 气泡水平仪和锁定系统。如果设备摔在了地上，稳定性的意义也就丧失了。三脚架应该与相机的重量成比例，且易锁定、安全。上面的气泡水平仪可以确保你拍摄到想要的水平图像。

- 柔软的脚管保护套。如果需要连续几小时在寒冷的（或潮湿）环境中进行拍摄，可以为三脚架装上脚管保护套。这可能看起来只是小事，但请相信我，在冰冷的环境中进行拍摄，热量很快就会被吸走，而如果在潮湿的环境中

进行拍摄，没有它的话会很滑。图5.10所示是华盛顿的一个远郊区，有了脚管保护套，我可以轻松地进行徒步、拍摄和移动。

图5.10　在荒无人烟的雪地远足拍摄，需要结实、智能的装置，三脚架上的脚管保护套使设备在冰冷潮湿的环境中更容易被架起。

- 重量的平衡与稳定性。确保你选择的三脚架足够轻，便于长距离携带，同

时也要足够的结实，可以承受相机和镜头的重量。三脚架的材料与成本和重量等息息相关，所以要根据需求选择三脚架。一般金属三脚架稳定性比较高，但也比较重；碳素三脚架比较轻，可以携带到山峰上。

● 云台。相机与三脚架的连接与平衡也是极其重要的。我认为三脚架最有价值的地方就是它的快装系统，可以快速安装与拆卸，当需要手持拍摄时可以迅速取下相机。云台自带气泡水平仪，不需要后期裁剪就可以使图像水平，这是云台的另一大优势。通过调紧或放松手柄还可以对相机的朝向进行精准调整。

定时器和滤镜

在拍摄中当你的双手忙不过来时，使用定时器非常方便。可以把定时器看作是装有内置计时器的遥控开关（图5.11）。它比数码单反相机计时器的功能更强大，如可以设定间隔拍摄，这样你就可以在相机前随意调整动作或物体了。例如，我将定时器与数码单反相机一起连接在了三脚架上，拍摄出了图5.4（b）中所有飘浮的物体，第七章、第十二章和第十五章中合成需要的所有物体。

滤镜也是很有用的配件，例如偏光镜可以很好地去掉强光和较小的反射光。如果你经常需要外出拍摄的话，为每个镜头配置UV保护滤光镜是很有必要的，并且费用也不贵。在危险的环境中进行拍摄时，你也许需要攀越高山或者逃离凶恶的动物，这枚小小的滤光镜可以承受沙石、尘土、泥浆等的损害——它可以对昂贵的玻璃镜头进行安全的遮挡。

图5.11 给数码单反相机安装定时器可以让相机自动进行拍摄。你可以在这张图中看到我在调试佳能相机的定时器。

相机应用程序

如今我们进入了物联网时代，网络相机日益普及。我的佳能数码单反相机经常需要使用定时器，而我的索尼无反相机只需要连接网络下载一个延时应用程序就具有了我需要的功能。每个相机生产商都有自己的专用软件和付费程序，根据需求购买一个到两个还是很值得的。关于索尼相机更多的应用程序和功能的介绍，我推荐阅读普利策摄影奖获得者Brian Smith的文章和图书。

提示　无论使用的是索尼相机还是其他相机，都可以给笔记本电脑安装飞思软件，它有助于作品的合成。在拍摄时它可以实时显示图像，从而让你可以快速地选择出更优质的图像。并且它还有助于在拍摄时帮助图像找到更好的角度和位置。图像拍摄好后，可以将它们置入 Photoshop 中进行调整。

远程遥控

智能手机和平板电脑的相机都具有 Wi-Fi 功能，它们是合成图像时最好的辅助工具。下载相机制造商专属的 Wi-Fi 远程应用程序（如佳能的是 EOS Remote，索尼的是 PlayMemories Mobile），按照说明连接相机。

当成功地连接上了以后，就可以实时显示（显示在移动设备上）拍摄的内容，这样你就可以把场景调整到最完美的状态后再拍摄——不必再为了一点点的不同而反复重拍。

智能手机和平板电脑的相机的实时拍照功能是非常有用的，尤其在拍摄复杂图像时——物体在不断地变换的情况，如人物、动物等。甚至你还可以将它用作辅助工具，在画框里进行构图。在使用这个技术进行拍摄时，不要忘记对合成场景进行视觉预览。视觉预览就是将你构想的所有内容拼合在一起，将每个元素放置在相应的位置上——这一切需要在你的脑海中完成，目前还没有应用程序可以实现这个功能。

使用远程遥控是在促进创造力，而不是在偷懒

如今你可以使用连接着 Wi-Fi 的可以实时显示画面构图的相机和手机在场景中直接进行拍摄，只需要手指点击一下，就可以获得你想要的照片。

随着技术的不断进步，合成的过程越来越简单。人们往往会把技术作为创意的支柱，而懒于创造和思考。技术的确极大地推动了创意的发展，扩大了合成的潜力。相应的，使用技术能够实现更多的创意，实现视觉预览。没有任何技术能够将不好的创意变成优秀的作品。在开始之前最好

在前期的创意和规划上多花费一些时间，然后使用技术完美地去实现它。这是在获取灵感，而不是在偷懒。

时刻保持谦逊的态度，向经典作品学习是个好方法。记住这些早期摄影大师的名字，如 Jerry Uelsmann 和 James Porto，19 世纪玻璃干板摄影家 Henry Peach 和 Oscar Rejlander。那个年代没有无线连接，但是充满了让人难以置信的想象力和创造力。在使用高科技合成技术之前，先学习一些大师的作品。

使用ACR编辑器进行编辑

正如前面提到的，以 RAW 格式拍摄的图像，在后期调整时具有很大的灵活性。使用 Photoshop 中的 ACR 编辑器，可以在不破坏文件的前提下，轻松高效地对各品牌相机拍摄的未经处理的图像进行编辑（正如我们在第一章所讲的那样，每个生产商都会使用其特有的格式存储 RAW 数据）。先使用 Adobe Bridge CC（下称 Bridge，一般先在这里挑选照片）浏览图像，然后再打开 ACR 编辑器。双击选择的 RAW 图像文件，图像文件会在 ACR 编辑器中快速打开。ACR 编辑器是 Photoshop 的默认程序，更像是一个接待室。在前面章节中我们曾提到过，现在 Photoshop CC 版本中的 ACR 编辑器可以作为智能滤镜使用。

图 5.12 展示了 Photoshop CC 2018 版本中 ACR 编辑器的编辑环境，如果你的版本与此有所不同，请不要担心。虽然每个版本选项的名称和位置可能不同，但功能大多数是一样的。

> **注意** 如果相机是新款，而 Photoshop 是旧版本，那就需要为 Photoshop 更新下载新版的 Camera Raw 内置插件。如果相机生产商在 Adobe 发布产品补丁前发布硬件，那你可能必须要等几个月才能得到支持的应用程序。解决这个问题的办法就是将所有文件都转成 DNG 格式，这样就可以在 ACR 编辑器里进行编辑了。DNG 是原始图像文件的开源格式，旧版本的 Photoshop 也可以打开。

图 5.12 使用 ACR 编辑器对曝光、白平衡、颜色和对比度等关键参数进行调整是再合适不过的了。当前这个图像有些轻微的曝光不足，尤其是阴影部分，并且颜色也不鲜艳，通过精细地调整可以弥补这些不足。

使用滑块进行调整

从色温到阴影，ACR 编辑器都可以对其对其进行调整。使用 ACR 编辑器（和 RAW 格式）可以对素材进行无损编辑，并且会同时保留调整前和调整后的所有数据，生成单独的 XMP 文件，文件名会和图像文件名相同，但扩展名是 .xmp。编辑好图像后，当移动图像时需要将生成的文件一起移动，即要同时移动两个文件（RAW 文件和 XMP 文件）。

> 提示 将 RAW 格式转换成 DNG 格式，DNG 文件也可以在不破坏原始数据的前提下保存调整数据（和 XMP 文件完全不同）。这有利于文件的移动，不必再担心文件会与保存了调整数据的 XMP 文件分开。

我习惯使用以下流程处理图像：首先改变色温，然后调整曝光，紧接着处理阴影（很多时候我会添加一些细节）、高光，之后是对比度，最后是需要调整的其他选项。使用这样的顺序，可以将图像编辑出自己想要的效果和美感。然后再使用 Photoshop 的功能和图层（例如调整图层和蒙版）完成余下的调整工作。在合成前，对 RAW 格式图像进行调整是一种很好的做法。因为此时进行操作的文件是未经处理过的，所以可以获得最高品质的图像。以

下是我常用的滑块。

- "色温"和"色调"。"色温"滑块可以使图像变冷（向左滑动）或变暖（向右滑动），图像的色温是由拍摄时的白平衡决定的（图 5.13）。通常"色调"滑块与"色温"滑块需要一起使用，因为变暖和变冷不能仅靠单一滑块完成，否则整个图像的颜色会出现偏差，可能会偏绿或偏红。最好的方法就是使用两个滑块将图像调整到适合的中灰色或白色这种中性色（非冷非暖的颜色）。在拍摄 RAW 格式的照片时，相机不需要设置白平衡，因为后期可以进行调整。

图 5.13 使用"色温"滑块，可以将图像的暖调（左图 9400K）和冷调（右图 4500K）两个版本进行对比。

● 曝光。可以在相机上设置曝光，也可以在拍摄完成后使用此滑块（图5.14）对曝光进行调整。当高光过多时，可以将滑块向左移动 1 或 2 档将曝光调暗，从而找回一些细节。传感器上记录下了比所看到的数据更多的数据，"曝光"滑块会使用这些数据进行调整。ACR 编辑器可以处理 16 位图像，而 JPEG 格式只能处理 8 位图像，这就意味着在编辑 RAW 格式的图像时有更多的信息可以被使用（由于有更大的位深和色调分辨率，曝光范围和值变化产生的效果可以被看得非常清楚）。

● 对比度。此滑块可以调整图像的对比度，我往往在调整完阴影和高光后使用它。在得到图像中需要的细节后，再增加一点对比度可以使它们更加突出。

● 高光。此滑块只能降低高光，而不能对曝光过度的图像进行整体的曝光调整。它可以在不影响图像基调的基础上找回一些细节。如图 5.14（b）所示，增加整体的曝光后，我觉得云的

高光有些过于强烈，所以我将"高光"滑块向左移动，把它们调暗。如果你的照片有些曝光过度，在调整曝光前使用这种方法是非常有效的，但这种方法只能作用于 RAW 格式图像。

（a）

（b）

图 5.14 原图像（RAW 格式）有些曝光不足（需要一些强对比），丢失了很多暗部的细节（a）。降低高光、增加曝光可以使云从黑暗中显现出来，并且还不会太过强烈（b）。

● 阴影。此滑块对后期阴影补光非常重要。在摄影中有时很难拍摄出高对比的效果，但"阴影"滑块（Lightroom旧版本中被称为"填充"滑块）可以帮助你找回想要的阴影细节。虽然图5.14使用了"曝光"滑块进行调整，但是阴影还是太重，因此可以移动"阴影"滑块让更多的细节显现出来。

（a）

提示 如果在高对比度的环境中进行拍摄，并且需要使用"阴影"滑块找回阴影中的细节，那么一定要使用尽可能低的感光度。因为阴影增加的同时，杂色也会增加。

● 白色和黑色。使用这两个滑块可以对图像中的黑点和白点进行调整。我一般不会使用这两个选项，除非图像是全黑或全白。事实上，使用这两个滑块可以创造出更多的对比，而且比用"对比度"滑块来控制更精确。

● 清晰度。这个选项既可以降低清晰度（向左滑动）使图像变得柔和，也可以增加清晰度创造出高动态范围（HDR）效果。它能够增加区域的对比度，去除纹理中的砂砾感，使物体的阴影和轮廓更加清晰。但是要谨慎使用，如果效果太过强烈的话会让人觉得古怪和做作（图5.15）。

（b）

（c）

图5.15 通过扩展位深（即增大亮部和暗部）来增强图像的局部对比（b），从而增加原始图像（a）的清晰度，有点类似高动态范围的效果，但这通常会在边缘产生明显的色圈，如林木线的边缘（c）。

● 饱和度和自然饱和度。这两个滑块常常搭配使用。降低饱和度（单个像素的色彩强度）后，需要通过增加一点"自然饱和度"以弥补饱和度的缺失。"自然饱和度"同样会影响颜色的强度，但它不会影响全部的颜色，只会对相似的颜色产生影响。"自然饱和度"不会改变每个像素的饱和度，它只针对颜色区域进行调整，并且只增加区域颜色的饱和度。例如，图5.16中的天空就是由多种不同颜色组合而成。这两个滑块配合使用可以使画面的色调更加协调：降低"饱和度"（如−30），然后通过增加"自然饱和度"以弥补饱和度的不足。调整后的效果更加柔和，"自然饱和度"适用于大区域色彩的调整。

提示　处理好单张图像后，可以将图像参数保存为预设，然后将这个预设应用给同批拍摄的同组的其他图像。单击"预设"按钮，然后单击"创建新预设"按钮，用好记的、描述性词汇进行命名，然后单击"确定"按钮。这样就可以重复使用预设了（甚至可以用于图像的批量处理）。

ACR 编辑器的其他功能

除这些滑块外，ACR 编辑器对话框中还有其他一些贴心的功能，可以帮助你在进行图像合成之前简化工作流程、提升图像质量。位于 ACR 编辑器窗口右侧直方图的下方有一行按钮，并且每个按钮都有自己的设置选项（图 5.17）。第一个按钮是"基本"按钮，包含上面所提到的所有滑块选项，是 ACR 编辑器的默认选项。单击"曲线"按钮，使用控件可以对图像进行初步的曲线调整，但更加精准的调整还是需要使用 Photoshop 的调整图层才能完成。单击"细节"按钮可以打

（a）

（b）

图 5.16　先降低"饱和度"，然后增加"自然饱和度"以弥补饱和度的缺失，这样就改变了天空的色彩强度。

开锐化控件，对轻微模糊的图像的处理十分有效。虽不能产生奇迹效果，但灵活性大，这是 Photoshop 调整图层所不具备的能力。在对 RAW 格式文件进行无损编辑时，先使用锐化控件进行调整。

图 5.17　在 ACR 编辑器内，单击这些按钮可以打开不同的调整选项。

提示　使用 ACR 编辑器右下角的按钮可以反复对调整前后的效果进行对比（或者选择一种对比的方式）。使用这些按钮能够看到 RAW 格式调整前后的效果，这非常有用！

现在来说说 ACR 编辑器和 Bridge 的神奇功能：批量处理。例如，你可以在 Bridge 内选择拍摄的所有缩略图（在文件夹或收藏夹里都可以），然后在 ACR 编辑器中将它们全部打开。在 ACR 编辑器中，如果所有图像都是在同一地点和光源下拍摄的（最好是同场景），那么就可以按住 Ctrl+A/Cmd+A 快捷键，或者单击"胶片"右上角的"汉堡包"按钮打开下拉菜单，选择"全选"，将所有图像同时选中。ACR 编辑器会将设定的调整参数应用到每一个选中的图像中，并在文件夹里为每个图像生成 XMP 文件（虽然可能在 Bridge 中无法预览这些文件）。

提示　使用 ACR 编辑器进行批量处理的另一种方法就是使用预设。"预设"是从右边数的第二个按钮。在使用其他按钮做完调整后，切换到"预设"中，单击面板右下角的"创建新预设"按钮（看起来像是"创建新图层"按钮）。在"创建新预设"对话框中，先创建预设名称，然后单击"确定"按钮。现在你可以先离开 ACR 编辑器，然后在 ACR 编辑器中打开你需要处理的图像文件，选择预设列表中你创建的预设名称，此预设就会应用于该图像文件。

我喜欢先对整组照片进行编辑，因为这样选择的余地更大，并且画面看起来会更统一，然后再从 ACR 编辑器缩略图中挑选单张图片进行修改、润色和细化。有时主体会在不同的光源下移动，即使相机是同样的设置，也会产生细微的差别。对所有图像一起进行编辑，然后再逐个进行调整的方法非常有效。

注意　即使不是相似的图像，例如不同场景的图像，也可以使用 ACR 编辑器进行设置。虽然可以这样做，但可能这些图像看起来不会很协调，因为每张图像本身就不相同，在调整滑块后图像之间的差别可能会更大。

提示　在 ACR 编辑器中调整好滑块做好设置后，按住 Shift 键单击"打开"，ACR 编辑器会将导入 Photoshop 中的 RAW 文件转换为"智能对象"——仍然可以作为嵌入文件的 16 位 RAW 图像进行编辑。"智能对象"会记住设置，就如同是使用相机直接拍摄的 RAW 格式图像一样，让你对每个滑块进行调整，而不是作为 ACR 编辑器中 8 位的"智能滤镜"使用（在后面的章节中会进行详细讲解）。

为素材库拍摄图像

仅仅是为了记录，或是为了一个场景或主题的视觉艺术效果而拍摄是不够的。一般意义上的合成指的是将两种不同类型的图像最终融合成一个图像。要创建一个有用、具有合成价值的图库，需要在拍摄前进行计划和构思，以便让图片适用于多个情景。拍摄的内容不仅仅有主体，还要有纹理素材，如独特的水、树皮、金属、灰泥，以及那些没有特别的特质但是可以用作创意的图像。要尽可能多地进行拍摄，以第一人称视角进行捕捉，思考如何才能拍摄出后期合成所需的图像。在进行拍摄时，要谨记为后续的蒙版、裁剪或留白做好准备，以便于后续添加新的内容。准备得越充分，当灵感产生时创作的余地就越大。

从我自己的素材库来看，我从不拒绝任何图像（除非它曝光太差，很难看清），因为每张图像在以后都可能会被用到。因此，使用大容量的存储器（和备份）对素材库进行存储，并做好标签是很有必要的。

图5.18 在黑暗的背景下拍摄烟火，要以1/500秒的速度快速进行曝光，以避免模糊效果的出现。

● 烟火。拍摄烟火时，使用较快的快门速度和黑暗的背景，可以在保障清晰度的同时突显出火焰。拍摄时把"傻瓜"相机设置成"动作"模式，或增加数码单反相机在"手动"或"快门优先"模式中的快门速度（图5.18）即可。慢的快门速度无法抓拍瞬间动态，会产生运动模糊的效果。例如在拍摄第八章和第十章中的烟火图像时，我一直等到晚上，在烟花在黑暗背景中绽放的那一刻才快速进行曝光。

● 水。如何对水进行拍摄取决于它在合成中的作用，即是作为纹理使用还是作为主体使用，例如湖、河、瀑布或者海洋（图5.19）。在使用微距模式进行拍摄时（当你需要使用聚焦靠近时），需要考虑这些水纹纹理应该如何应用在其他的情景中。有时，需要拍摄的可能是水流动或静止的全景。无论是哪种情况，要知道无论是拍摄快速流动的水流还是慢速移动的水流，都需要大景深或者浅聚焦（通常景深越大越好，因为这样可以在后期制作中模拟出焦点模糊的效果）。例如，在拍摄用来做纹理素材的快速流动的水流时，可以将快门速度设置成和水流一样的速度。在室外，水的拍摄很大程度上会受到白天的光线和时间的影响，所以要提前计划才能得到你想要的效果。（如果想要拍摄出金色光照的效果，千万不要在雨天的中午去拍摄。）反射的倒影和颜色也与水有关，所以要找到适合的视角（或者大量拍摄各个角度的照片，这样对于后期编辑比较保险）。在进行合成时，反射倒影通常是最容易匹配的，因为这些不容易被人察觉也不会很突显，所以可以多拍一些含有反射倒影的图像。

● 人物。在拍摄合成作品中的人物时，记住预期的背景图像，这有助于你找

到人物与场景相匹配的角度。如果你不确定对背景使用的是广角镜头还是长焦镜头，那就在拍摄人物时尽量不要失真，以便后续使用时能够有更大的灵活性。带有35mm镜头的APS-C相机同带有约50mm镜头和全画幅传感器的相机，拍摄出的图像与人眼所见相近。

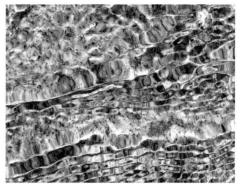

（a）

（b）

图5.19 使用微距模式拍摄的水纹（a），和使用了广角大景深拍摄的可以用作合成创作主体的水的图像（b）。

给你的模特，大人或小孩，明确的指导和反馈，给他们描述你作品中想要的画面，让他们了解你所想的，这样能够避免因为姿势引起的尴尬。例如，我告诉图 5.20（a）中的模特，远处（在她面前的白墙以外的地方）有一帮拿着尖棍的掠夺者，她需要立即伸手拿剑并且怒视着他们。拍摄的这组主题照片被应用在了第九章的教程案例中。

对于小孩，就和他们一起游戏。用玩具吸引他们的注意，使他们看向你所想要的区域，如图 5.20（b）所示。当情绪到位时，快速拍摄即可。时刻保持灵活性，让拍摄过程充满乐趣。

对于大孩子，可以结合他们的想象力和故事性进行拍摄，有时根据他们的想法进行拍摄会非常欢乐。图 5.21 所示是一张全家福，拍摄时是男孩们描述了整个过程，我只是帮助他们实现了他们这个超棒的想法。虽然在本章开篇的《漂流记》中指导女孩的工作更多，但主题的表现最终需要有足够的叙事性才能让人信服，尤其在这种特别平淡的故事中更是如此。有时需要反复拍摄以达到忘我的境界，要让人物完全沉浸在你构建的世界中。

（a）　　　　　　　　（b）

图 5.20　无论你的主体是大人还是小孩，让他们参与其中，一起想象，拍出来的照片会更加精彩。

图 5.21　与主体一起协作，尤其是孩子，效果会超级棒。

● 建筑。建筑的多样性是关键，无论是未来派的玻璃结构还是倾斜着的附满苔藓的谷仓，都应尽可能拍摄更多的内容。你永远不知道，你未来合成中需要的是哪个错过的片段，因此要从不同角度和方向进行大量的拍摄。不要拒绝拍摄街景，你可以在不同的天气下从人行道向上拍摄，或从屋顶往下拍摄。你永远不知道这些建筑何时会派上用场，有时可能只是用作纹理和小物件，如第十六章中那样，或者是用作背景，如第九章中那样。注意观察一天中不同时间光的变化，以及天空的映射。云会改变建筑物的外观，日落也会如此。如果你找到了一栋有趣的建筑，在一天中不同的时间进行拍摄，就会得到不同的有趣效果（日出和日落的黄金时段就是一个很好的开始）。日出时我在高楼上拍摄了一张城市景观图，后来发现这个光线和角度与我在约塞米蒂国家公园的半穹顶上拍摄的日出时的图像完全契合。图 5.22 所示是这两张图像合成后的效果。

- 风景。这类图像在独立使用时通常被用作背景图像，而与其他合成元素一起时，通常被用作填充材料。这就要求拍摄的场景要开阔，因为之后可能需要加入一些其他元素，就像是要给宽阔的房间添置一些家具一样。拍摄时使用大光圈值，确保整个视图对焦准确。之后你可以对成片进行模糊处理，但由相机拍摄所产生的模糊无法消除。

图 5.22 从各个角度对建筑物进行拍摄，还可以从另一个建筑物的高处对其进行拍摄，甚至可以拍摄特定时间段内的建筑状态，这些图像都有可能被用作于背景。

- 树木。这些家伙唯一能保证的就是它们能够保持一个姿势不动。在拍摄时，不同的视角和光线会让它们看起来完全不同。如果你已经在脑海中构思出了合成场景，可以左右走动以拍摄出最适合的图像。例如，图 5.23 是我在一座小山上拍摄的树，在较高的位置拍摄出来的图像看起来非常适合做第十六章的案例素材。如果你脑海中还没有任何构思，那就灵活地拍摄——尽可能地拍摄一些平光下的图像，这样在后期制作时可以满足不同的需求。

- 天空。当我站在完美的位置拍摄时，完美的天空很难能匹配到完美的景色，所以我将它们各自完美的图像分别进行收集，然后将它们合成在一起。仰起头拍摄任何时间你看到的有趣的云的图像和天空的图像，例如云团、彩虹、暴风雨来临前的景象、迷人的日落等。日落可用于多种合成方式和场景，从调色板、混合模式的效果，到替换毫无特色的天空等。图 5.24 就是一个很好的例子，来自第十章。拍摄图 5.24 时，我将我的相机直立朝上拍摄到了淡淡的云彩的图像，然后将它们合成在地平线上，以创造出超凡脱俗的画面效果。

高对比度的场景，例如日落或云上的高光，很难完美地拍摄出来，解决方法是对最亮的部分进行曝光。具体操作是使用"傻瓜"相机，将它完全对准最亮区域，半按快门不要松手，然后将相机移回到你想要的场景中，完全按下快门（这也适用于其他相机）。智能手机有时会让你点选想要曝光和聚焦的点，也是同样的原理，但是每个手机处理的方式不同，技术发展得也很快！

- 动物。无论你是在拍摄鸟类、松鼠还是狮子，靠近它们，让它们摆姿势都是一种巨大的挑战。所以你应随时准备好按下快门，最好是快到你刚遇见一只野生动物的时候就立即按下快门。如果你有这样的机会，可以从多视角

（a）

（b）

（c）

图 5.23　树是静止不动的，但覆盖的范围比较大，就像建筑物一样。由于光线和视角的不同，形态也会截然不同。

图 5.24 有时候有趣的云和天空会以一种你想象不到的方式结合在一起，所以每当你遇到具有合成潜质的景象时就赶紧拍摄收集起来。

进行拍摄。从人类的高度往下拍摄的效果和从小蜥蜴眼睛高度的视角拍摄的效果完全不同。图 5.25 中有一只拍摄于我家厨房窗外的松鼠，它所处的高度正好是我构思的合成作品所需要的高度（我几乎为这个小动物拍了 200多张照片）。记住，野生动物不一定都是野生的。当地的动物园、农场，甚至救助站也可能会有你想要拍摄的

野兽和皮毛。

驯养的动物也不好拍（除非它们正在睡觉）。图 5.25 中这只狗的图像是由我在摄影棚中拍摄的十张不同的照片拼合而成的。在摄影棚中进行拍摄可以控制角度和光线。宠物的主人和零食可以让拍摄更加顺利（但是也不能太久），但同样需要反复多次快速地进行拍摄！

图 5.25 无论是驯养的动物还是野生的动物，拍摄起来都是极具挑战性的。老实说，拍摄不安的松鼠比拍飞起来的狗容易多了。

布光

优秀的摄影布光意味着周全的计划和完美的控制，无论是在室外对适宜时间段的选择，还是在摄影棚中对光的安排，最后都要找到适合的拍摄角度，让它与场景相匹配。适合的光线和一致的画面可以让合成作品更具有真实性。

例如，在第九章的合成作品《自然法则》中，我需要给模特图 5.26（b）布光并进行拍摄，然后将它合成到我早先拍摄的魁北克省的蒙特利尔的图像图 5.26（a）中去。我邀请了我的朋友 Jayesunn Krump——一个屡获殊荣的摄影师和灯光专家来帮助我。按照计划，我们需要根据蒙特利尔的城市景观所受的光照来给模特布光，以便其能够获得足够的光线，并且与画面中光的角度匹配图 5.26（c）。考虑来光的方向是至关重要的，就如 Jayesunn 所说的那样：“色温和偏色可以在后期的制作中进行调整，但光和阴影的方向却很难更改。阴影的方向一定要一致，并且来光方向和强度也要大致相同。”

（a）

（b）

（c）

图 5.26　根据构思或与之合成的画面的光照效果制定拍摄计划。在《自然法则》这个作品中，我根据城市的光照效果（a），完成了摄影棚中的拍摄（b），因此最终的合成效果非常协调（c）。

　　绘制布光草图有助于图像匹配。绘制俯视的布光草图与从相机视角绘制场景一样重要。布置光照的角度就像是 2D 的乒乓球游戏一样，它不需要华丽，只需要玩转角度！例如，图 5.27 所示是 Jayesunn 最喜欢的外景摄影作品之一《隧道尽头》的布光图（尽管 App 简化了制作过程，但能准确地显示出阴影方向）。正如他所讲的："我在相机的右侧放置了 Rogue 的反光板，并将它对准摄影对象旁边的墙。光会从反光板反射出来，照亮隧道的墙壁和拍摄对象的侧面。我

真的很喜欢这种场景中充满强光并随着隧道的延伸，光线慢慢减弱的感觉。"

　　安排好光照角度后，就可以使用控光设备对光的质量进行调整。反光罩、柔光镜、反光伞甚至纸和铝箔，都可以用来调控光线，模拟出各种光照效果，无论是方向性极强的强光还是无影的柔光，以及介于两者之间的任意光线。如果你想要模拟云光或其他柔光，使用柔光镜可以分散光源区域，柔化由于光源直射而产生的强烈阴影。很多时候，我都是使用便宜的五合一反光板，你也可以使用

任何东西对环境光进行调控，即便是专业人士也可以如此。Jayesunn 建议使用价格低廉，且易得的白色和黑色泡沫塑料板，"白色面可以用作反光板，黑色面可以吸光以加深阴影"。

图 5.28 中的《旅行者》是我和 Jayesunn 另一个很好的合作项目，也是使用控光设备调控光线的绝佳案例。我们需要两个光源，一个是月亮边缘的冷光，另一个是灯笼的暖光，除两个光源之外几乎不需要再添加其他光源。根据场景草图安排光照的位置，

Jayesunn 使用了暖色滤色片和小型柔光箱模拟出了灯笼的光照效果，并且在白灯上罩了一个圆筒模拟出了月亮的光照效果。在侧面使用了黑色塑料泡沫板（阻光器）来吸收反射出来的光，从而创建出了黑夜的效果。所有这一切都得到了回报，我们得到了很多能够用于最后合成的很棒的图像。

> 注意　你可以在 YouTube 上搜索关键词 Traveler + Photoshop + Compositing，免费观看图 5.28 的拍摄和制作过程。

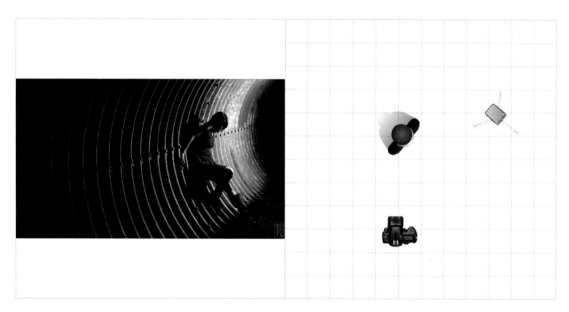

图 5.27　无论是使用智能手机中的 App 还是素描纸，在开始前都要先规划好拍摄角度。Jayesunn 的这张草图就是以从上往下的视角进行绘制的。

小结

高超的合成源于强大的拍摄。好的源图就是合成的所有秘诀。好吧，即使不是全部，但也在合成中占有很大比重。熟练掌握摄影设备、灯光和 RAW 图像的使用，并给拍摄的图像建立素材库，如果这些你都做了，你就已经为随时蹦入自己脑海中的想法做好了准备。毕竟，合成真的是大脑摄影的实践：去拍摄并创造出你脑海中令人折服的图像吧！

图 5.28 《旅行者》是我和灯光专家 Jayesunn Krump 一起拍摄制作完成的。在这张照片中，我们通过对光源精准的调控，模拟出了灯笼的发光效果和满月的背光效果。

第二部分
教程篇

准备与管理

拍摄出成功作品的关键就是：一定要做好准备工作！现在你已经对管理和编辑有了一定的了解，下一步就是将这些理论应用到实践中。在这部分你会学习到 3 种合成的方式，并为第七章、第八章、第九章和第十章的教程创建开始文件，做好准备工作。你可以把它想象成是在摆设餐桌，这样就可以对教程中的内容进行直接研究。

合成形式

在准备合成前，首先要对合成的形式有所了解。合成的形式一般分为 3 种，每一种都有其各自的特点。

- 由多个图源构成的复杂的合成形式。如图 6.1（a）这样由多个纹理或材质组合而成的图像，这些素材需要提前准备好。我一般都会先制作一个大的图像板。图像板实际上是一个分离文件，包含着所有用以合成图像的组件（在本章的后面部分会讲解如何创建图像板）。在这个图像板中，你既

图 6.1 无论是使用图像板合成的图像（a）《火焰》，还是以固定视角拍摄合成的图像（b）《可爱的猫咪》，或是以独立标签置入合成的图像（c）《自然法则》和（d）《蓝色风光》，在合成前，这些管理和准备的工作都是必不可少的。

可以选择全部图像也可以选择局部的一小块图像，就像是在调色板中对颜色进行挑选和混合一样。将这些小块图像放置在同一个画面中，以便可以轻松地对这些图像进行查看，然后再将图像（或者其中一小部分）放入最终合成中。

- 同一个场景中的图像要有同样的光源、定位和视角等，如图 6.1（b）所示。第七章中《可爱的猫咪》就是典型的例子，所有的图像都是瞬间抓拍的，具有共同的光源和视角。Bridge 是一个很好的控制面板，因为它能够对图像质量进行比较并且做出评价。通常，我们都能够为合成挑选出适用的图像，但是更关键的是哪些图像才是最适合的。

- 虽然合成中的元素和图层较少，但仍然需要由不同的图源组合而成，如图 6.1（c）和图 6.1（d）所示。这类合成往往不需要花时间创建独立图像板，可以使用 Bridge 挑选图像，然后在 Photoshop 中以标签页或浮动窗口的方式打开，以备随时使用。标签窗口（同时打开多个文件时，我的

Photoshop 的默认模式，有时也会缩写成"标签"）也是工作区域中用以管理的一种方式，当标签不能全被看到时就需要进行整理。（多的标签项被隐藏在菜单上，单击标签名称右边的按钮就可以打开菜单。）这类合成的方式不同于同一个场景的图像合成，因为这些图像分散在多个不同的文件夹，而不是集中在同一个文件夹中。

> **注意** 打开"首选项"对话框（macOS 用户可以在"Photoshop"菜单中找到此选项，Windows 操作系统用户可以在"编辑"菜单找到此选项），然后执行"工作区">"以选项卡方式打开文档"命令，新文件就会以标签窗口的方式打开。

虽然根据个人喜好，可能只有其中一两种合成形式使用的较多，但还是要对全部的合成形式有所了解，清楚地知道如何进行准备工作，毕竟它没有想象中那么简单。下面开始进行合成前的准备和管理的实践操作。在学习后面 4 个章节的教程前，一定要先准备好资源文件。

> **注意** 此章中，需要 4 个文件夹（第七章资源文件夹、第八章资源文件夹、第九章资源文件夹和第十章资源文件夹），这些是后面 4 个章节教程的预备素材。

创建图像板

　　一个合成作品往往是由多个不同的图像
或多个局部图像构成的，因此最有效的方法
就是将所有的图像放置在同一个文件中。我
使用这种方法创作了第八章中《火焰》的作
品（图 6.2）。从文件中或图像板中选取图
像元素，就像是艺术家从调色板中选取最适
合的颜色一样。图像板能够使组合的文件更
加整齐紧凑，更加易于管理。否则，就不得
不打开每一个图像文件再进行挑选，或者把
所有的图像文件都拖入最后的合成文件中。
这两种方法都会造成混乱，使空间变得杂乱
而无从下手。

　　使用图像板既可以轻松地显示和隐藏各
个图层，也可以把缩略图用作创作的参考，
还可以随时对图层进行选择和复制。是的，
你可以在 Photoshop 和 Bridge 中反复切换查
看所有图像，但是有可能会遗漏细节，许多
大型作品都是由许多琐碎的细节构成（就像
画家的调色板一样），需要快速反复切换才
能找到最适合的组合。另外，将每一个图像
都置入 Photoshop 中以检验合成效果，会浪
费很多宝贵的时间。使用图像板不仅可以随
时使用图像，还可以通过动作命令将这些图
像自动地置入 Photoshop 中（在后面会进一
步进行讲解）。

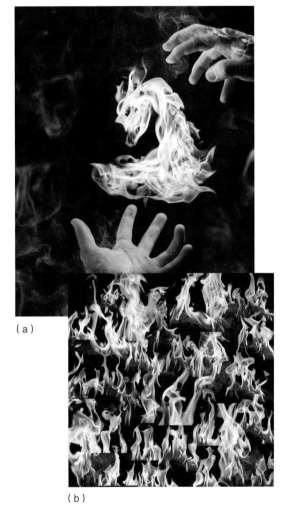

（a）

（b）

图 6.2　本节所做的准备案例，可以在第八章的《火
焰》作品教程的学习中直接使用，所以做好前期准
备十分重要，可以避免后续的许多麻烦！《火焰》（a）
是由很多个图像组合而成的，这些图像在同一个文
件中，我管这个文件叫作"图像板"（b）。

实践是学习的最好方法，所以在此章节你会跟随教程创建一个在第八章中需要使用的图像板。（在开始之前，要先下载第八章的资源文件。）

在图像板中置入图像

当大量的合成元素置入图像板时（例如火和烟雾的图像），可以通过"动作"面板的动作命令加快导入进程，也可以使用内置的 Bridge 从一个文件夹或多个文件夹中选择图像，置入同一个合成文件中。使用 Bridge 选择好图像后，执行"工具">"Photoshop">"将文件载入 Photoshop 图层"命令即可。虽然使用 Bridge 简单而快捷，但没有使用动作命令导入文件灵活。使用 Bridge 将文件导入图像板前，不能对图像文件进行再次选择或编辑；而使用动作命令导入文件，就像是自动生产线，你可以将一系列操作步骤记录为一个动作，为动作命名并给它分配一个快捷键，然后就可以使用这个快捷键运行整个动作，对图像重复每一个操作步骤。无论哪种方法都需要提前做好准备，这样在长期的工作中能够为你节省大量的时间。

跟随下面的操作步骤，创建《火焰》作品的图像板复制粘贴的动作命令，为第八章的学习做好准备。首先对一个图像进行复制粘贴，然后只需要按下一个键，后面所有的图像就可以实现复制粘贴操作，这样能够节省大量的时间。要打开"动作"面板，请选择"照片"菜单。制作动作命令的步骤要求十分明确，所以一定要安排好步骤的逻辑顺序。如果文件的标签顺序不同，或开始动作时还在单击，那产生的结果会截然不同。首先要确保工作区干净整洁，然后再记录所有的动作命令。

1. 在 Photoshop 中 创 建（Ctrl+N/Cmd+N）一个 8000 像素 x8000 像素的文件，

使用动作命令创建自动程序

动作命令的确很实用，但有时会成为累赘。下面是关于文件移动和复制的一些常用规则。

- 将图像作为"智能对象"完整（不是局部）地置入当前的合成文件中，可以使用 Bridge 的"置入"功能（右击图像，在快捷菜单中执行"置入" > "Photoshop"命令）。

- 如果移动的图像少于 3 个，可以使用"移动工具"，包括将一个图像中的内容拖动到另一个图像中。

- 如果移动的图像是 3 ~ 7 个，可以使用"矩形选框工具"，在 Photoshop 中对图像的局部进行选择，然后复制（Ctrl+C/Cmd+C）、粘贴（Ctrl+V/Cmd+V）。

- 如果移动的图像在 7 个以上，可以使用动作预设命令。Photoshop 的动作命令可以自动地重复每一个动作。

以便多个图层进行比较（图 6.3）。务必在"颜色模式"下拉列表框中选择"RGB 颜色"，在"背景内容"下拉列表框中选择"黑色"，将"分辨率"设置为"300 像素 / 英寸"。并将其命名为"火焰图像板"，然后单击"创建"按钮。

2. 确定这个新的"火焰图像板"文件当前是打开状态。如果还有其他文件也是打开状态的话，关闭它们。

3. 在 Bridge 中找到第八章的资源文件夹，打开含有火图像的文件夹。按 Ctrl+A/Cmd+A 快捷键将所有文件全选，然后按 Enter 键在 Photoshop 中以独立选项卡的方式打开它们（图 6.4）。同样在 Photoshop 中打开烟雾的图像文件，位置在命名为"烟雾"的子文件夹中。

> 提示　如果自己拍摄的火的图像是 RAW 格式，那么可以在 ACR 编辑器中将所有图像全部选中（Ctrl+A/Cmd+A），然后单击"打开"按钮（必须是在完成 RAW 编辑之后），所有的图像都会被导入 Photoshop 中。

4. 不要单击其他的文件标签，单击标签右边的标签窗口菜单按钮，打开"火焰图像板"文件（图 6.5）。现在准备开始记录新的动作命令。

5. 在"动作"面板的下方单击"创建新动作"按钮，创建一个新的动作。

图 6.3 使用大尺寸的文件创建图像板，有利于多个图层的存放和比较。

图 6.4 我在首选项设置了以标签的方式管理或打开文件。选项栏下方就是标签栏。

图 6.5 当文件标签过多没有空间显示时，标签窗口菜单就会出现。

6. 在"新建动作"对话框中，将新动作命名为"图像板－复制－粘贴"。（最好使用描述语句进行命名。）使用"功能键"能够设定重复动作的快捷键，在下拉列表框中选择"F9"（图 6.6）。注意如果已经有动作的快捷键设定为 F9，系统会询问是否新动作依然使用 F9。

图 6.6 创建新动作命令就像给机器手臂编写一组特定的重复动作，只要你告诉它执行什么动作，它就会完全记住。

7. 屏住呼吸，单击"记录"按钮开始记录。系统会记录下你操作的每一个步骤，所以一定要小心！

8. 打开"火焰 .psd"右侧的图像标签，然后选择整个图像（Ctrl+A/Cmd+A）进行复制（Ctrl+C/Cmd+C）。如果火焰或烟雾图像中含有调整图层或包含多个图层，记得进行复制合并（Ctrl+Shift+C/Cmd+Shift+C）。

注意 复制合并可以将多个图层合并在同一个复制文件里，但记录下这个过程后，在使用动作命令时会弹出警告，因为 Photoshop 在处理一张图像时不能进行多图层的复制合并。如果遇到此种情况，只需要单击"继续"即可。同样，在关闭图层时也常常会出现警告，因为在关闭之前图层还没有被保存（在步骤9中记录了关闭命令）。

9. 关闭此文件，然后回到"火焰－图像板"标签中（关闭的时候要十分小心，不要误点中其他文件）。

10. 按 Ctrl+V/Cmd+V 快捷键，将复制的图像粘贴到图像板中。

11. 将图层的"混合模式"更改为"滤色"，这样就可以看到所有的火焰和烟雾，并且在操作的过程中彼此也不会叠压。如果你对此步骤的意图不明确，可以回到第三章对混合模式进行复习。

注意 虽然对于这类合成（希望黑色背景消失不见），将混合模式更改为"滤色"非常有效。但对其他项目而言，你需要的图像可能只是图像板中的一部分，对此将"正常"混合模式进行更改没有任何意义，所以可以跳过此步骤。

12. 在"动作"面板上单击红色"记录"按钮左边的"停止"按钮停止记录。最新记录的动作命令就会在"动作"面板中显示出来（图 6.7）。

图 6.7 记录的每一个动作都会显示在"动作"面板中。如果复制后不需要复制合并，创建的动作命令会自动跳过——不用担心！

13. 使用"移动工具"，为后面即将粘贴过来的图层留一些可视空间——从左上角开始排列，如图 6.8（a）所示。在使用上一步骤中制作的动作命令时（下面的步骤），火焰图像会被铺开，填满整个画布，如图 6.8（b）所示，烟雾图像也是如此。后面会进行详细的讲解。

14. 现在是关键的时刻！试用一下新动作：单击"动作"面板中的"播放"按钮，系统会自动从"火焰图像板"左边的标签中加载图像到图像板中，关闭图像，然后跳转到下一幅图像！对于新的图像，只需要按F9 快捷键（步骤 6 中创建的快捷键）就可以将图像直接载入图像板中——这一优秀的工作流程能够节省大量的时间！

提示 比使用快捷键或单击"播放"按钮更加简便的方法是使用"按钮模式"显示设定动作。"按钮模式"选项在"动作"面板菜单的最上面。切换成"按钮模式"后更加便于动作名称的显示和按钮的单击。编辑动作时，需将"按钮模式"关闭。

15. 对剩余的火和烟雾的图像都使用此动作，但谨记图像板标签为激活状态时才可播放动作。因为当前激活的标签左边的所有图像都将被添加到当前激活的文件中，所以请务必确保激活的标签是图像板！在调整完导入图像的位置后，继续按 F9 键，直到所有的图像都加载完成，只剩图像板。然后开始为图层管理做准备！

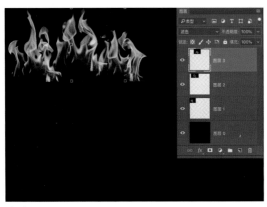

（a）

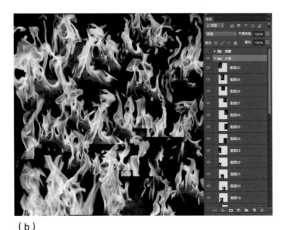

（b）

图 6.8　如果需要给导入图像预留出空间并且满足动作不断重复的需求，可以扩建图像板，以便后续使用。

整理图像板

在将所有火焰和烟雾的图像导入图像板后，要对图像进行整理以便后期使用。如果你已经将火焰和烟雾的图像在图像板上分散开了，这是一个好的开始。现在是时候开始整理图层了，作为艺术创作工具的图像板是非常有价值的。

1．在"图层"面板中选择所有的烟雾图层。（单击第一个烟雾图层，然后按住 Shift 键并单击最后一个烟雾图层，这样两个图层间的所有图层都会被选中）。

2．按 Ctrl+G/Cmd+G 快捷键，将这些图层编进同一个组中，并命名这个文件夹为"烟雾"（它看起来像是"图层"面板上的一个文件夹）。

3．对所有火焰图层重复步骤 1 和 2，将它们编进一个组中，并命名文件夹为"火焰"（图 6.9）。

文件夹标签越明确，越易于图像的查找。在查看图层时，按住 Alt/Opt 键，单击图层的"可见性"按钮，可以单独显示该图层，每次只能看见一个图层。此方法的优点是在查看此图层的内容时不会受到其他图层的影响，缺点是需要再按住 Alt/Opt 键，单击图层的"可见性"按钮，其他图层才可再次可见。

图 6.9 整理图像板从图像分组开始。

提示 如果希望缩略图只显示图层中填充的像素内容，而不是整个图层（即使填充的像素内容只是一小部分），可以在"图层"面板菜单中进行更改。打开"图层"面板菜单，选择"面板选项"。在出现的对话框中，选择图层缩略图的大小。选择"图层边界"，缩略图上就会只显示图层中的像素内容。在火焰图像板中，通过设置让每个缩略图只显示一个火焰图像。

提示 图像板非常好用，但也会产生混乱。当图层重叠时可以使用以下方法选择需要的图层：在图像上右击，弹出快捷菜单，菜单会罗列出同一位置所有重叠的图层。另外，如果图层清晰可见并且没有重叠的图像，使用"移动工具"按住 Alt/Opt 键单击也可以选择图层，此方法和勾选了"自动选择"复选框的效果一样（在选项栏中）。

新建文件

图像板准备好后，下一步就是为合成作品创建新的文件。只需要按 Ctrl+N/Cmd+N 快捷键就可以快速地新建文件，这种简单的操作方式会为后续的使用减少很多麻烦。图像板的准备会为后续的合成提供很大的便利。按照下面的操作步骤为第八章的案例新建文件。

1. 创建一个新的 Photoshop 文件（Ctrl+N/Cmd+N），将其命名为"火焰"。设置"宽度"为 4000 像素，"高度"为 5000 像素，"分辨率"为 300 像素 / 英寸，"背景内容"选择"黑色"，然后单击"创建"按钮（图 6.10）。在黑色背景中可以不断地调整火焰的透明度，而不必担心露出白色的部分。

提示 如果你忘记了在新建文件时将背景设置成黑色，反而设置成了白色，或其他颜色，可以试试如下操作：在"图层"面板上选择"背景"图层，按 Ctrl+I/Cmd+I，将颜色反相。

2. 接下来，使用图层组对图层进行整理分类。随着文件量不断增大，这样更加有利于图层的查找。在"图层"面板的下方单击"创建新组"按钮，给文件添加一个新组。

3. 双击图层组的名称对其重新命名，例如将文件夹命名为"背景"。

图 6.10 创建合成文件时，文件的大小要为高分辨的图像留有足够的空间。

图 6.11 用明确的名称和颜色标注各个组。

4. 重复步骤 2 和步骤 3，创建"手""火焰""水""树皮""烟雾""效果"图层组。

5. 用颜色对图层组进行标注。在图层"可见性"按钮周围右击，从弹出的快捷菜单中为每个组选择不同的颜色。完成后，"图层"面板如图 6.11 所示。颜色标注能够让查找更加便捷、有效。

6. 将文件保存到第八章的资源文件夹中，在学习第八章时将会使用这些文件。

现在已经为第八章准备好了图像板和合成文件。在学习第八章时，你会发现这些准备是多么重要。另外，使用同样的方法还可以建立含有不同内容的图像板。

Bridge的等级排序和图像筛选

在进行图像合成时，所有的组成元素都要有相同的视角（POV）、相同的光线等。如果图像与场景中的视角和光线一致，则合成时所做的工作就会少些；如果想要达到更加完美的效果，则合成时所做的工作就需要多些。第七章就是这类合成的一个很好的例子——还有很多拍摄的玩具没有被用到。此类合成不需要再创建一个完整的图像板，因为从技术的角度来讲，它们都是相同的。这些系列图像没有对错之分，只有好坏之分。因此，对于此类合成，对图像进行等级评定是最好的方法，同时还能够筛选掉不适合的图像。

Bridge 能够对图像进行比较和等级排

序，并且将最佳图像载入 Photoshop 中（或者将其置入相应的文件夹中）。使用这种方法可以将所有的最佳图像都载入文件中。为了使这个过程更加明确，在本节中会对第七章的图像元素进行等级评定（图 6.12）。这部分对我处理案例图像的方法进行了讲解，且已经完成了图像处理，所以你可以不用再做了。在第七章中你会使用这些组、名称和层级顺序进行创作。

图 6.12 《可爱的猫咪》（第七章中将再次使用）中的图像元素均来自同一个场景，所以在准备素材时可以使用 Bridge。

下载和筛选

根据第五章所讲的内容，在拍摄 RAW 格式的图像时，以防万一，最好用 JPEG 格式做好备份，在创作之前先在 Bridge 中整理好图像。

在为合成拍摄好素材后，将图像从相机的记忆卡导入计算机中标注好名称的文件夹中。如果从一开始就进行命名，则在创作的过程中会更加具有条理。

接下来打开 Bridge，打开新的文件夹，筛选掉 JPEG 文件，只保留 RAW 文件（图 6.13）。单击"滤镜"按钮，选择"文件类型"，然后选择"Camera Raw"，这样在浏览时只有 RAW 格式的图像会显示。

图 6.13 和筛选 RAW 文件一样，将筛选出的 JPEG 文件放入相应的文件夹中。在这个案例中，我的 RAW 格式图像保存在佳能 CR2 文件夹中。

等级排序

Bridge 既可以浏览，又可以将图片按等级排序（还有其他的功能，例如批量处理）。另外，双击图像文件就可以直接在 Photoshop 中打开图像文件并编辑。当我拿到新拍摄的图像时，需要对图像进行浏览和挑选，星级评定功能是最好的选择，使用这种方法我挑选出了最适合这个案例的图像。

1. 在 Bridge 中对存储着最新拍摄的图像的文件夹进行浏览。

2. 选择应用栏右下方工作区下拉列表框中的"胶片"（图 6.14），将工作区设置成"胶片"形式，图像会以水平滚动列表的方式呈现出来，这样便于进行展示和比较。

3. 通过观察，寻找适宜的合成素材。在合成的过程中，需要不断尝试才能找到适合的图像。在图像下方单击 1～5 颗星，或在选定的图像的缩略图上按 Ctrl+1/Cmd+1～Ctrl+5/Cmd+5 快捷键对图像进行等级分类（图 6.15）。

4. 筛选显示出最佳图像。例如，按 Ctrl+Alt+3/Cmd+Opt+3 快捷键，会显示出所有 3 星以上的图像；或者从"按评级筛选项目"下拉列表框中选择星级，并用位于路径栏右端的星号进行标记。

图 6.14 把工作区改变成"胶片"形式，就可以预览大的图像。

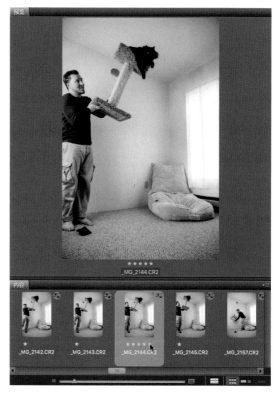

图 6.15 Bridge 具有较好的等级排序和筛选功能。

5. 在显示出最佳图像后，还可以在 Bridge 里根据种类（猫和玩具等的照片）进行分组。例如，按住 Ctrl/Cmd 键，将所有猫的图像全部选中，再按 Ctrl+G/Cmd+G 快捷键，将它们编组在一起。这些图像不会被放进像 Photoshop 的图层组那样的组中，相反，会产生一个图 6.16 所示的堆栈。左上角的数字 3 指的是该组堆叠文件的数量。注意，文件是被堆叠压缩在一起的。单击左上角的数字，就可以展开堆栈。

图 6.16　在 Bridge 中对类似的图像进行编组。为了后续的创作，在这里我挑选了 3 张较好的猫的图像，将其编组在一起。

提示　使用 Bridge 的"收藏"功能可以将具有同样特征的文件收集在一个虚拟文件夹中。这样可以同时查看具有同样特征的所有图像，但图像在硬盘上的位置并没有发生改变。在 Bridge 中选择一些文件，然后单击"收藏"按钮，单击"新建收藏集"按钮，在确认对话框中单击"确定"按钮，创建收藏集。在"收藏"面板，选中新建收藏集，给收藏集输入新的名称。将文件拖动到"收藏"按钮上，可以将更多文件添加到收藏集中。

为了提高创作效率，我对需要使用的图像素材进行了等级排序（在第七章的资源文件夹中）。为了使第七章教程学习的准备工作更加完善，需要将这些图像全部载入一个文件中。

准备工作

使用 Bridge 为合成文件做准备的方式，与使用图像板的方式相比，虽然有点类似，但是这样会更简单一些。为了能够完成第七章的教程，首先需要创建合成框架。

1. 打开 Photoshop，创建新的文件（Ctrl+N/Cmd+N），将其命名为"超人"。设置"宽度"为 3456 像素，"高度"为 5184 像素，然后单击"创建"按钮。虽然数字看上去有些随意，但是它是原始文件的分辨率。（另一种方法是直接打开背景图像。）

2. 在"图层"面板上单击 5 次"创建新组"按钮，创建出 5 个组。

3. 对每一个组的名称进行双击，根据图片类型对各个组重新命名——"读者""超人""玩具""猫""效果"（图 6.17）。

4. 将文件保存到第七章的资源文件夹中，在学习第七章时会再次使用。

图 6.17 为了让图像元素整齐有序，请务必使用组。在第七章的学习中会使用到它们。

事半功倍

不是所有的合成作品都是由许多小块素材或只依赖一张图片拼合而成，有时只需要几块素材就可以合成一个大的图像。图 6.18（a）（第九章中将再次使用）和图 6.18（b）（第十章中将再次使用）都是我在 Bridge 中使用收藏功能收集合成素材库的很好的例子。

因为我已经挑选好了合成作品中主要使用的图像，所以要做的准备工作就是对合成文件编组并进行管理。从某种意义上说，合成就像是制作一个将所有配料混合在一起的

（a）

（b）

图 6.18 虽然《自然法则》（a）和《蓝色风光》（b）看起来都有些复杂，但都是由大块图像拼合而成，同样也需要提前进行准备。

卷饼，但有时还需要层次分明，就像是三明治那样。且还要注意图层的前后关系，安排好图层的顺序才能够使作品更加完美。

自然法则

使用第九章案例的资源文件练习图层排列顺序。因为创建图层组是从下往上生成的，所以最后创建的图层组在最上面（图6.19）。

图6.19 这是第九章案例的图层组的排列顺序。注意哪个在上哪个在下，因为这关系着最后的合成效果。

在创建的图层组里会有个别图层需要调整（有时会是很多图层），依照视觉顺序进行编组的优点是可以不断更改组合元素的位置。在这个图层组中，可以对每个元素进行调整、移动和变形，直到适合为止，就像是要将这些元素连接起来最后组合成一个大的拼图，当然这需要反复尝试。

1. 下载第九章资源文件。第九章需要的所有图像元素都在子文件夹中（名字可能会和合成作品中组的名称略有不同）："人物""城市""云""山""草地""纹理"。

2. 创建新的文件（Ctrl+N/Cmd+N），将其命名为"自然法则"。设置"宽度"为2667像素，"高度"为4000像素，和合成图像的大小尺寸相同（尺寸是原大小的2或3倍也可以）。如果打印的话，分辨率一定为300像素/英寸，单击"创建"按钮。

3. 在"图层"面板中，按住 Alt /Opt 键并单击"创建新组"按钮，然后在"新建组"对话框的"名称"后输入"天空"。

4. 重复5次步骤4，按以下顺序对新组进行重命名："山和背景城市""城市""草地""人物""效果"。注意，创建的第一个组"天空"会显示在"图层"面板的最下方（图6.20）。

5. 将文件同样保存在第九章的资源文件夹中，所有的源文件和准备文件一定都要在同一个文件夹——当章节多时就不会混乱，而且查找起来也更加容易！

图6.20 在合成调整的过程中，这些组会一直保留到最后。

蓝色风光

第二部分的最后一个合成作品《蓝色风光》的设置和《自然法则》的设置相类似，但文件大小明显不同。这两个合成作品的设置和图层组的排列顺序相似，最大的不同就是文件大小不同（除了图像不同之外）。《蓝色风光》使用了很多张 4200 万像素的图像和很多个"智能对象"，这就使文件特别庞大。如果按照原素材尺寸（图 6.21）创建合成文件，那么最后完成的合成文件可能会超过 2GB。并且"智能对象"的使用文件只能保存为 PSB 格式（或 TIFF 格式）。如果你发现按照我的尺寸进行设置，在添加图层、调整图层和"智能对象"时，电脑系统运行

缓慢，那么可以执行"图像">"图像大小"命令（Ctrl+Alt+I/Cmd+Opt+I），将整个图像缩小到三分之一或一半。如果你决定缩小这张行星图像的尺寸，则宽高比一定要保持不变（在第十章中会进行详细讲解）。

1. 和之前的教程一样，先下载第十章的资源文件。打开资源文件，在文件夹中找到图层组中的图像。

2. 创建新的文件（Ctrl+N/Cmd+N），将其命名为"蓝色风光"。设置"宽度"为8809 像素，"高度"为 4894 像素，"分辨率"为 300 像素 / 英寸。如果后面你需要重设尺寸，注意比例（约 5x9），这能够保证你的画面和我的一样。单击"创建"按钮完成设置。

图 6.21 如果你的 Photoshop 处理文件困难（通常会响应延迟和出现轻微故障），请做好在第十章中重设尺寸的准备。

3. 在"图层"面板上创建图层组——这次主要有 4 个图层组:"背景天空"(位于最底部)、"中景陆地和海"、"前景花"和"特效"。创建完图层组后,按照图 6.22 所示进行重命名。

> 提示　如果按住 Alt/Opt 键并单击"创建新组"按钮,会弹出对话框提醒你输入名称。这种方式对于为图层组命名非常有效。

4. 现在快速地进行保存,以便后续使用。保存的文件和第十章给出的其他文件一定要在同一个资源文件夹中。

图 6.22　对组进行整理和色彩标注,以便后续使用。记住,在合成中离前景越远的东西在"图层"面板中的位置应该越靠下。

小结

我并不是在夸大做好图像整理的重要性。回顾我以往的创作过程,就像是在黑屋或洞穴里一样一团糟。虽然结果还行,但过去的方法条理混乱又耗时——耗费的时间比我当前合成图像所用的时间多得多。在制作过程中花费时间整理是非常痛苦难熬的,最好还是提前做好整理工作。想象一下——一个包含有不同源图像的复杂案例,其中有同源的图像也有不同源的图像——最好的办法就是提前做好整理。在这种情况下,在"图层"面板为图层分组将使图层内容更加清晰。把你的创作想象成一次自行车旅行:先努力地上坡,后面再下坡就容易多了。

第七章

超级合成

好的合成作品应具有真实感：即使我们知道它是不存在的，也应该让图像看起来真实。合成让我们对所看到的景象更加着迷，而忘却了怀疑，所以图像要具有真实感。摄影的写实主义能够从纯粹的图像中构建新的现实，但这并不能代替 Photoshop 的超级合成能力。蒙版、颜色调整、曲线调整、光线，甚至复制都是创造真实感的手段。

无缝拼接是首要目标。在制作"我的超级宝宝"系列（图 7.1）作品时，不仅要会使用蒙版、颜色调整和曲线调整，而且需要平衡视觉流程，甚至会对隐藏或重构的部分进行复制。

创作前的准备

先做好准备：打开在第六章中创建的"小猫.psd"的合成文件，准备开始这一章案例教程的学习。还记得用以合成的"读者""超人""玩具""猫""效果"文件夹吧（从"图层"面板的最下面开始）？

图 7.1 我儿子拥有超凡的力量，而我们的猫唯一能做的就是忍受。当你把每天拍的照片组合成一个新的世界时，一定要注意让图像无缝拼接。

如果在第六章中没有完成这些准备工作，现在最好还是花些时间做一做，看看如何像在"Bridge 的等级排序和图像筛选"中讲的那样更好地准备文件，如何像在"准备工作"中讲的那样创建"小猫 .psd"文件。

在开始合成时，先创建基础——主背景图像。背景图像中一定要含有场景中必要的元素。

1. 在 Bridge 中打开第七章资源文件夹，找到"Reader.jpg"文件。因为所有的东西都将飘浮在空中，所以这张图片非常适合作为主背景。

图7.2 右击缩略图，在快捷菜单中执行"置入"命令，这不仅能够节省大量的时间，而且还能节省标签所占的空间。

2. 在"Reader.jpg"的缩略图上右击，从快捷菜单中执行"置入">"在 Photoshop 中"命令（图 7.2），然后此图就将作为"智能对象"被载入当前的 Photoshop 文件中（"小猫 .psd"文件）。

因为想要完整的图像而不是局部的图像，所以使用了 Bridge 的"置入"命令置入背景图像。如果所有的图像都被"置入"，不需要的部分就需要使用更大的蒙版进行遮盖，因为保存了许多不需要的数据，文件也会变得巨大。所以当需要整个图像或绝大部分图像时，可以使用"置入"这个命令。

3. 回到 Photoshop 中，按 Enter 键，将图像置入"小猫"文件中。将这个新图层拖动到"图层"面板最下方的"读者"文件夹中。将它作为底图，其他的图层都位于它之上并可见。

原位粘贴

根据背景，大致规划出元素需要粘贴的位置。将这些元素图像载入后，就可以根据需求制作选区和蒙版了。在一开始不使用选区和蒙版是因为在创作中不是所有的对象都会被使用——有时甚至会忘记它们的存在，直到开始布局（或重置）时才发现它们。如果这些元素不会被使用，那为什么还要花费时间和精力在为其创建选区和蒙版上呢？有时需要对导入的元素做个大致的蒙版，因为它的部分区域已经影响到了其他元素。但是不要浪费太多时间在蒙版上，除非你已经有了使用它们的想法。（在这个案例中，为了便于后续的操作，我对过程进行了简化。）

1. 在第七章的资源文件夹中找到"玩具"文件夹，以单独标签的形式打开"Rabbit.jpg"文件（图7.3）。你可能会想起第六章中的内容，教程要求图像以标签的方式来呈现，而不是以单独窗口的方式来呈现。

2. 在兔子周围用"矩形选框工具"画一个小的矩形选区。（为了便于选择，我将周围区域的内容全部模糊掉。）按 Ctrl+C/Cmd+C 快捷键，复制这个选区。选择和复制的区域要大于实际需要的区域，这样在添加蒙版时，就不会出现缺失——如果和实际区域相差不大就会产生缺失。返回重做真的太痛苦了。

3. 在粘贴前，回到合成文件中选择"玩具"组，这样添加的图层就会出现在想要的位置上。现在执行"编辑" > "原位粘贴"命令（Ctrl+Shift+V/Cmd+Shift+V），将兔子原位粘贴到合成文件中，这样粘贴后的位置和原来的位置就会完全相同。在"Rabbit.jpg"文件中复制粘贴完需要的部分后，关闭此文件。

在这个案例中，所有元素都是在同样的场景、同样的条件下拍摄而成的，使用"原位粘贴"添加对象是最好的方法，因为它能够使光线和背景都一致。使用选区可以移动每一个对象，这为局部的调整提供了一个很好的方法（图7.4）。

图7.3 快速创建大致的选区，对所需区域进行分离，模糊剩余区域。

图7.4 "原位粘贴"的首要目的是使粘贴的图像元素具有与在原图中同样的位置，不需要进行调整。

4. 对"玩具""宝宝""猫"文件夹中剩余的元素重复步骤1～步骤3（图7.5）。现在可以尝试着使用地板上堆积的玩具做一些细化工作。（在我的版本中，"对象玩具5.jpg"穿过了"对象玩具14.jpg"。）"猫"（你选择的任何猫的图像）和"宝宝"图层依旧在各自的文件夹中——千万不要忘了给图层做好标签！

图 7.5 在调整前，规划出主要对象的位置。最好先把所有的东西尽可能地放置在原来拍摄的位置上，在后期需要时再进行移动。

这只是第一步，后面可以根据自己的喜好进行更多的变化。

> **注意** 你也许会注意到所有的照片并不能完全对齐，无论是去触碰三脚架蹒跚学步的小孩，还是正在释放压力的大人。制作适合的选区和蒙版能够解决此问题。靠近素材周围多余碎小的部分不要擦除得过多。

制作蒙版

大多数情况下，在做蒙版前做好选区非常重要（在第十二章中还讲解了一些其他的案例），尤其对于小的对象。这就是为什么接下来会对悬浮的玩具先做选区、后做蒙版。

现在的合成可能看起来仍然有点混乱，但是不要失去信心。因为现在只做了选区和蒙版，还没有调整光影和颜色。这些照片是在多云的光线下进行拍摄的，拍摄的对象随着自然光的移动在不断变化，我几乎都快发疯了，结果就如你所看到的那样。即使是在工作室进行拍摄，光线来自左边，自然光从右边窗口涌入，每一张图像的光线也都有微妙的变化。使用在"调整图层"部分所学的内容进行精细的调整，让合成元素的光源与背景的光源一致。现在，集中精力做好选区和蒙版。对于每一个对象，用蒙版遮盖住它周围的部分是一个很好的办法。

1. 还是从兔子玩具开始。选择"快速选择工具"，在兔子的身体上拖动以便将兔子全部选中（图7.6）。

> **提示** 当对象颜色与背景颜色相近时，"快速选择工具"很难将对象选中，这时可以使用"磁性套索工具"进行选择。

2. 如果不小心选中了手或与兔毛相连的墙，可以按住 Alt/Opt 键，将"快速选择工具"切换成减去模式，然后在不需要的区域拖动以减去选区。有时需要在选择和取消选择之间不断地切换，以调整选区的边缘，试着找到适合的区域。

> **注意** 如果使用这种方法没有得到想要的选区，那不妨试试其他的方法（详情请见第二章）。无论是使用快速准确的"磁性套索工具"，还是使用"快速蒙版"然后进行涂抹，找到最适合自己的那个方法即可。

3. 选中对象后，单击选项栏中"选择并遮住"按钮，打开"选择并遮住"工作区。在这里可以对选区进行调整，可以对最常见的两个问题进行处理：锋利的边缘和选择对象周围的虚边。

4. 在"选择并遮住"工作区中，将"羽化"滑块移动到 0.8 像素，其对选区边缘的柔化程度刚好与镜头的自然模糊效果类似（图7.7）。不自然的镜头模糊效果会使合成看起来很假，就像是拼贴画。

图7.6 使用"快速选择工具"选中兔子，但是小心不要将手选中。

图 7.7 调整"选择并遮住"中的设置使选区更易于融合。

提示　如果选区边缘粗糙不平滑，可以在"选择并遮住"中将"平滑"的数值增大。通过选区边缘的平均计算，可以平滑掉变化起伏小的部分。但是，"平滑"要适度，太大的话会变成边缘为圆形、模糊的大选区，尤其是角落和缝隙！

蒙版

　　在调整完边缘后，下一个任务就是使用蒙版进行遮盖，以便更好地进行无缝拼接。在完善的选区上进行操作就容易很多：只需要使用蒙版，然后用黑色涂抹不需要的部分即可。

　　1. 在"图层"面板下方单击"添加蒙版"按钮，将选区转化为蒙版。也许结果并不理想，但它能勾勒出大概的形状。

　　2. 选择"大小"为 10 像素，"硬度"为 0 的柔边圆头画笔，使用"不透明度"为 100% 的黑色对突显的不需要的部分进行涂抹，将其遮盖，例如与手相连的部分会带有手的粉色像素（图 7.8）。

　　3. 有时"移动边缘"会消除掉过多的区域，所以还需要使用白色将这些区域找回来。保持同样的画笔设置，按 X 键可切换成白色，在需要的区域涂抹将其找回。如果不小心用白色涂抹了不需要的区域，按 X 键可再次切换，用黑色画笔涂抹将其去掉即可。

　　5. 将"移动边缘"设置为 −40%，选区边缘将内缩 40%。这样能够避免带有背景像素的虚边出现，当将兔子移动到另一个地方时，这样可以更好地进行融合，在得到满意的选区后单击"确定"按钮。

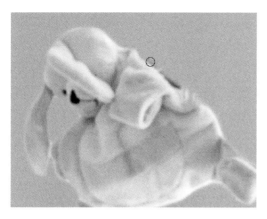

图 7.8 在涂抹残余像素时要注意对手遗留的粉色虚边进行处理。

玩具的选取完成了！现在对每一个飘浮的对象重复此步骤，创建选区、调整选区和创建蒙版。不要担心没有完全遮盖住猫抓柱底部手的图像，你将会用"仿制图章工具"解决这一问题。对于猫毛和地毯，可以使用"选择并遮住"中的"调整边缘画笔工具"进行调整。对于毛发这类选区，"调整边缘画笔工具"很擅长处理这类物体边缘的细节。（在第九章中将对此工具进行深入讲解。）

> 提示 在调整时最好将当前图层隔离，这样能够清楚地看到调整的变化。单击"可见性"按钮让其他图层不可见，尤其是那些重叠的部分。或者按住 Alt /Opt 键并单击想要可见图层的"可见性"按钮，所有其他图层将同时不可见，只有刚单击的图层可见——只是不要忘记，需要再次按住 Alt /Opt 键并单击可见图层的"可见性"按钮，才能恢复原样。

孩子和阴影

在这个作品中宝宝具有超凡的能力，但只有无缝拼接得好才能让人更加信服。如果拼接得不好，整个画面看起来都会非常假。幸运的是，选择合适的合成元素比调整蒙版容易得多。

在创作时，我总是在观察寻找破坏真实感的关键部分，也许最常见的就是对象脚下的阴影。飘浮对象的阴影通常都不明显，但当对象着地时，我们能够非常清晰地看到影子的存在。对此我们需要使用不同的方法进行遮盖，这有点复杂：一般都是使用蒙版进行涂抹的方式，而不是选区的方式。

1. 使用"添加蒙版"按钮给"宝宝"图层添加一个蒙版。

2. 同样选择柔边圆头画笔，在选项栏中将"大小"设置为 100 像素，在蒙版上用黑色涂抹以柔化可见边缘。这样在涂画图层蒙版时一定不会出现痕迹（边缘很容易被遗漏）。为了消除粘贴时产生的硬边，将画笔的大小更改成 500 像素。大号画笔的半径更加柔化，并且其羽化和过渡能够让其很好地与其他的图像进行融合——柔化半径越大，过渡效果越好。给图层使用蒙版，用黑色涂抹宝宝和影子以外的部分。但是要格外小心，不能将影子和手都遮盖掉，因为这会影响真实感（图 7.9）。

(a)

(b)

图 7.9 使用 100 像素的柔边画笔将明显的边缘遮盖掉（a）。在去除明显边缘后，使用 500 像素的画笔进行精细调整，以便让其过渡得更加自然（b）。

3. 再次将画笔大小减小到 300 像素。在涂画时，要不断地按 [、] 键。因为在想要保留的部分（手）和不想要保留的部分（迪吉里杜管）之间涂抹需要使用足够小的画笔，而使用大的画笔能够使宝宝图层更好地过渡到背景。

> 提示 在拍摄这个案例的图像时，我发现一定要使用与儿童一起玩游戏的方式来拍摄儿童，氛围至关重要。如果你的模特宝宝对游戏不感兴趣，甚至不想拍照，那就重新开始计划。

调整"曲线"和颜色

如前所述，在拍摄时尽管光线保持不变，但拍摄出来的照片还是会有些许的不同或者非常不一样。因为即使室内灯光不变，周围的自然光也会随着时间的变化而有所改变。也许你的工作室就像我家一样，由于电量负荷过大灯光亮度不够（在用洗衣机和烘干机的时候不要拍照。）你可以在 ACR 编辑器中调整这些变化，但如果不行又怎么办呢？或者你正在使用的是顾客提供的 JPEG 文件，没有 RAW 文件可用，那又该如何呢？曲线调整和色彩平衡就能解决这个问题。调整曝光是非常重要的技能，在作品《可爱的猫咪》中会大量地使用这种技巧。

1. 宝宝是视线的焦点，所以先对这个

图层进行调整（图 7.10）。单击"宝宝"图层，从"调整"面板中添加"曲线"调整图层。

2. 在调整"属性"面板上单击"剪切到图层"按钮，或者按住 Alt/Opt 键，在"曲线"调整图层和"宝宝"图层的中间单击，即可将"曲线"调整图层剪贴给"宝宝"图层，这样在调整的过程中其他图层不会受到影响。当鼠标指针在两个图层间时，会变成一个折线向下的箭头，并且旁边还会有一个白色的矩形（在新版本中）；当你看见鼠标指针变成这样时，就意味着一旦单击，调整图层就会被剪贴到"宝宝"图层。

3. 在曲线的中间添加一个控制点，并将其稍微向上移动一点，如图 7.11 所示。通过观察会发现蒙版的边缘完全消失了（当然除了色差）。

为了更好地控制"曲线"的控制点，在点上单击，当控制点变黑时表示已经被选中，然后使用箭头键轻移控制点以便调整到适合的位置。在当前的案例中，"输入"（下面的渐变代表输入）为 172，"输出"（侧面的渐变代表输出）为 192，这些数字位于直方图的下方（也许你需要扩大曲线"属性"面板才能看全）。

调整颜色

曲线的确很有效，但它并不能修复一切。

现在看颜色还是有点不匹配，图片中正在读书的爸爸的色调比宝宝的色调暖。色调不同是合成中最常见的问题之一！使用"色彩平衡"进行调整，很快就可以修复。

图 7.10 注意"宝宝"图层的光线与现在背景图层的光线是不同的，使用"曲线"调整图层可以将这种差异变得不明显。

图 7.11 不需要移动太多就可以使蒙版的黑边消失。

1. 在"调整"面板中单击"色彩平衡"按钮，添加"色彩平衡"调整图层，让这个图层位于"曲线"调整图层之上。一般来说，应调整完"曲线"调整图层后再调整"色彩平衡"调整图层，因为在调整明暗时颜色的饱和度也会受到影响。

> 提示　当混合模式切换成"亮度"时，使用"曲线"调整图层进行调整，饱和度和对比度不会发生改变。虽然它不像"色彩平衡"调整图层那样能够精确地控制颜色，但是它能够保持色相和饱和度不变。

2. 选中"色彩平衡"调整图层，然后按 Ctrl+Alt+G/Cmd+Opt+G 快捷键，创建剪贴蒙版（或者使用其他任何你喜欢的创建剪贴蒙版的方法），将"色彩平衡"调整图层剪贴给"宝宝"图层（图 7.12）。

3. 在调整"属性"面板（双击"颜色平衡"调整图层的缩略图会弹出此面板）中，将"色调"的下拉列表框设置为"中间调"，然后移动色块使"宝宝"图层的色彩变得暖一些。沿着蒙版的边缘观察墙，以它作为调整的标尺。如果图层中墙的颜色有点发黄，那么就与另一个图层的色调一致了（其他的区域都被遮盖住了，墙作为调整的标尺是最好的选择）。在这个案例中，我将"青色－红色"的滑块设置为 +4，"洋红－绿色"的滑块设置为 0，"黄色－蓝色"的滑块设置为 −8，将颜色调至发黄（图 7.13）。反复单击"色

彩平衡"调整图层的"可见性"按钮，观察调整前后的对比效果。

图 7.12　剪贴完成后，确保所有的调整图层只作用于"宝宝"图层。

图 7.13　只需要稍微调整下色彩平衡就可以使"宝宝"图层与背景图层很好地融合。

调整玩具

虽然元素本身都有自己的光线和色彩，但还是有很多需要调整的地方。幸运的是，在 Photoshop CS5 及更高的版本中，调整图层能够剪贴给整个组。这就意味着调整图层能够控制多个图层，而不是一个图层。现在可以对"玩具"组使用这种方法，因为所有玩具都是在这个阳光从侧窗射进的屋子中拍摄的，所有的玩具图层都需要去除阴影和不饱和度。虽然还有一些图层需要进一步调整，但是将"曲线"和"色彩平衡"调整图层剪贴给"玩具"组可以让图层与背景更好地融合。

> 提示　还有另外一种剪贴给组的方法。将组的混合模式从"穿透"更改为"正常"，组中没有被剪贴的图层和被剪贴过调整图层的图层的效果一样。这可能有些复杂，也有一些局限——但是好处是更改组内调整图层的顺序不会对上面的图层产生影响。

1. 还是从兔子开始，这是一个很好的参照物。即使要调整整个组，也最好先集中对一个能够代表所有图层的明暗和色彩的图层进行调整。先停止使用兔子的蒙版，这样能够更好地看清背景墙。按住 Shift 键，单击"兔子"图层蒙版的缩略图，会出现一个红色叉，这表明蒙版暂时不可用（图 7.14）。

2. 添加一个"曲线"调整图层（单击"曲线"按钮），将它直接放在"玩具"组的上方，现在调整图层会影响整个图层组中的图层而不仅是"兔子"图层。按 Ctrl+Alt+G/Cmd+Opt+G 快捷键，将这个图层剪贴给整个组。

图 7.14　按住 Shift 键，单击蒙版，将"兔子"图层蒙版暂时禁用。

注意 如果调整图层无法剪贴给组，那么请检查"图层"面板中图层的顺序——剪贴的调整图层可能被嵌套在了你想要剪贴的组上方的组中（很多时候视觉上看起来好像它的位置是正确的）。如果真的出现了这种情况，那么就向下拖动这个图层，就好像要将它拖动到将要剪贴的组中（但是不要松手！），不是要完全将它拖动到下面的组中，而是在最后松手之前将它拖动到上一个层级（改变图层顺序时会出现双线）。再次试着剪贴（Ctrl+Alt+G/Cmd+Opt+G）此图层，看一下是否能剪贴成功。

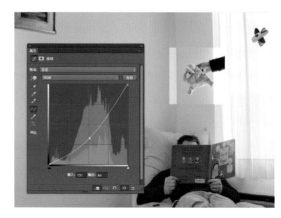

图 7.15 为了使墙的明暗保持一致，在调整颜色前曲线的数值也要一致。

3. 打开曲线"属性"面板（双击"曲线"调整图层的缩略图），在对角线中心点的位置上创建一个控制点。将这个点垂直向下拉动，直到兔子后面的背景墙与背景图像的明暗一致。随着曲线的改变，颜色也发生了相应的变化（除非将混合模式更改为"明度"，否则饱和度和对比度不会发生改变——虽然还是会有一点变化，但这点变化可以忽略不计。而提亮操作也会使玩具的饱和度更高。）所以在调整完"曲线"调整图层后忽略掉饱和度，先集中处理墙的暗部（图 7.15）。

注意 可能很难将明暗与色相和饱和度区分开。只需要知道，有两个不同的饱和度层级，并且它们的色调是一样的。

4. 创建一个新的"色相 / 饱和度"调整图层（在"调整"面板中单击"色相 / 饱和度"按钮）以减少墙的黄色，将这个图层放置在"曲线"调整图层的上方，如步骤 2 中那样创建剪贴蒙版。使用这个图层可以快速地调整整个玩具组中所有图层的饱和度。

注意 蒙版"属性"面板上有很多功能，例如停用 / 使用蒙版（和按住 Shift 键，单击"图层"面板上的蒙版缩略图的作用相同）、"反相"和"从蒙版中载入选区"等，如果你忘记了快捷键，使用这些按钮也可以实现相应功能。

5. 双击这个新图层，打开它的"属性"面板，然后将"饱和度"滑块向左移动到－46，这是最适宜的数值，它能够减少之前由于"曲线"调整图层产生的鲜黄色（图7.16）。单击蒙版的缩略图，可以再次启动"兔子"图层的蒙版，然后对其他玩具和飘浮的对象进行逐个检查。除了个别地方还需要一点调整外，其他的地方都已经完成得非常好了！

提示 我经常将"曲线"调整图层和"色相／饱和度"调整图层一起使用，或者以组的形式共同使用一个蒙版。这两个调整图层配合使用效果特别好，它们不仅能够互相弥补各自的不足，而且还能够快速地进行调整。

图7.16 使用"色相／饱和度"调整图层能够快速调整饱和度。由于使用了"曲线"调整图层，因此对饱和度的调整变得更加必要。

创作过程

当调整完蒙版和调整图层后，在深入细节前先花点时间对整个作品进行思考。从观看作品、受众的角度进行评估，也就是说受众的视线会在图像中进行移动，好像正在阅读它，从而发现它的细节和含义。为了寻求视觉上的平衡，以《可爱的猫咪》为例，我需要进行以下调整。

- 焦点应该集中在宝宝的周围，任何杂乱的东西都会使焦点分散。
- 垃圾箱和其他元素之间的空间有点

挤，为了平衡画面，对垃圾箱的位置重新进行安排。

- 部分尤克里里已经超出了画面框架，从视觉上来讲这个场景看起来就像是飘浮的状态。如果所有的元素都在框架内，看起来可能会有点假。
- 我故意在画面的框架中添加了一个不完整的对象，而其他对象都分散在各个区域。有一两个不完整的对象，会让画面显得更加具有真实感。

修复

无论计划得再周密，在拍摄的过程中还是偶尔会出现差错，而且这些错误是用蒙版和调整图层无法解决的。对于重的对象，例如猫爬架，经常需要另外的支撑，因此手和道具总是不能在相机前隐藏得很好，这个时候就需要使用"修复工具"。具体来说就是在一个新的空白图层上进行内容复制，"仿制图章工具"会以无损的方式对手和其他不需要的对象进行修复。例如，在修复划痕时，可以使用"仿制图章工具"在原始图层上方的空白图层中进行修复。

1. 在"图层"面板上单击"创建新图层"按钮，创建一个新的空白图层，在这个空白图层上进行仿制操作。先将图层命名为"新仿制"图层，然后将它移动到"猫"图层组中"猫"图层的上方。在这个新的图层上使用"仿制图章工具"，如果操作有误的话，可以删除重来，或者使用"橡皮擦工具"擦除重做。

2. 按住 Alt/Opt 键，在两个图层间单击，将"新仿制"图层剪贴给"猫"图层，让所有的图层都使用猫爬架的蒙版（图 7.17）。

3. 使用"仿制图章工具"，在选项栏的"样本"下拉列表框中选择"当前和下方图层"，使工具作用于需要的图层。现在可以在当前

图层（这个空图层）和下面图层中进行复制修复了，尽可能让复制修复的图层与其他图层分离开来。

图 7.17 为了能够进行无损编辑，可以在新的图层（"新仿制"图层）上使用"仿制图章工具"进行复制，然后将它剪贴给原图层（"猫"图层）。

注意 在剪贴蒙版图层上使用"仿制图章工具"会很麻烦，因为你只能在剪贴蒙版图层上看到仿制的内容。如果遮盖的范围太大，甚至看不到"仿制图章工具"需要作用的区域。为了解决这个问题，可以先取消修复图层的剪贴蒙版，或者扩大剪贴图层的蒙版。

4. 按住 Alt/Opt 键，对与问题区域近似的区域进行取样，能够很好地进行仿制修复。例如，我直接在手抓着的猫爬架区域上单击，因为这个区域与无手抓印的区域近似（图 7.18）。

图 7.18 选取一个采样点（标记为＋号），该采样点要与修复区域（标记为圆圈）非常近似才能实现无缝衔接的效果。

5. 用采样点开始对猫爬架上手的部分进行修复。我使用的是易控制且不会出现意外的很小的画笔。（使用大的画笔可能会出现同样的手，或者更严重的后果！）随着画笔的移动，观察采样点的位置变化。取样复制完成后，可以重新取样继续修复。

> 提示　如果想让"仿制图章工具"的采样点与复制区域的位置保持一致，那么就在选项栏中勾选"对齐样本"复选框。如果想要在复制时让采样点位置保持不变，那么取消勾选"对齐样本"复选框。对小的区域进行复制修复时，这个复选框很有效。不勾选"对齐样本"复选框，就不会进行重新采样。

细节调整

在修改猫爬架下边手的部分时，需要一些技巧（图 7.19）。下面就是解决这一类问题的方法。

● 频繁地改变采样点，然后将它们拼合在一起。

● 当你找到一个空白区域，且其周围有足够大的画笔空间时，设置采样点，然后在选项栏中取消勾选"对齐样本"复选框。（这里不能进行随意切换，所以在使用这个工具时要注意检查）。当取消勾选"对齐样本"复选框时，画完每一笔后采样点都会回到原位置。

● 为了能够看到直接修复的效果，尤其是使用了剪贴蒙版的图层，可以将下面图层的蒙版进行扩展。通过切换画笔，在需要的区域涂画白色以实现蒙版的扩展。

● 对于看起来不均匀的区域，可以试着将"仿制图章工具"的"不透明度"更改为 20%，然后对一个区域反复使用一个采样点，这样仿制出的效果会比较均匀，甚至可以仿制出喷枪的效果。

图 7.19 使用小号画笔进行复制修复时，即使采样点在不断地移动变化，修复效果也并不明显。

微调光线和效果

对合成进行最后的润色——对光线进行微调使画面更加具有吸引力。通常只需要微调下光线，就能够让乏味的图像变得很醒目！为此，你将要为最后的"效果"图层组创建6种不同的效果。这些效果对比强烈并且色调温和，操作如下（图7.20）。

1. 调整暗部以增强对比。为"效果"图层组（图7.21）创建一个新的"曲线"调整图层，对不需要改变的区域用黑色在"曲线"调整图层的蒙版上进行遮盖，如猫、阴影和宝宝的裤子。这些地方已经很暗了，这些细节也很丰富，不需要再暗。在曲线中间的位置上创建一个控制点，然后将它向下拉动。

图7.20　在作品中我经常使用这种方法设置图层的光线和效果。

图7.21　使用"曲线"调整图层调整明暗，我一般都是先从调整暗部开始。

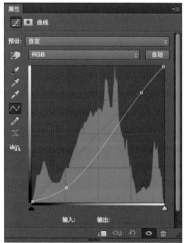

2. 重复步骤1调整亮部。对不需要变亮的区域依旧使用黑色在蒙版上进行遮盖。对过亮的区域用黑色进行涂抹,例如猫爬架的高光、窗帘和小的插图还是要保持暗的效果(在步骤1的基础上再暗一点)。人们总是被亮的元素所吸引,因此我总是将中心区域变得更亮些,四周变得更暗些,这样能够更好地将视线集中在主体和飘浮的对象上。将曲线中间靠右的控制点向上拖动。

3. 在"效果"文件夹中,再创建一个新的图像图层(不是调整图层),将混合模式设置为"叠加"。使用这个图层可以自定义图像中的光线。在这个图层上使用白色和黑色绘画就可以实现无损的减淡和加深操作(详情请见下一章)。这种中心亮、四周暗的效果更加吸引观众注意(图7.22)。但缺点是有时颜色会发生严重的改变,所以需要配合一些颜色上的控制。给这些效果图层添加蒙版也是我操作过程中很重要的一步,因为有时候效果影响的范围会过大,蒙版可以帮助你得到想要的效果。

图 7.22 将图层设为"叠加"混合模式,再用黑色或白色在图层上绘画,可以对下层图层起到减淡或加深的作用,该操作是无损编辑。

4. 用"黑白"调整图层控制颜色,将这个图层置于前面的效果图层的上方。使用这个调整图层能够消除之前由变亮产生的色斑,将调整图层的"不透明度"调整到20%以下融合性会更好。当前这个场景的颜色过于平淡,还需要更丰富些。因此在步骤6中会完成着色部分,场景的色调会变得更暖一些。

5. 在调整好明暗后,有时还需要细微地进行手动调整(即使是中间调区域也可以提高饱和度)。方法是在新的图层上使用"色相"混合模式,这样就可以画出任何想要的色相(详情请见第八章)。使用吸管吸取适合的颜色(如白墙),为需要调整颜色的区域重新上色。

6. 最后再添加一个自定义的暖色滤镜（图 7.23），使用"油漆桶工具"将新图层填充为橙黄色，混合模式设置为"叠加"，图层的"不透明度"更改为 15%，这就是最终图像中显示出的效果。我觉得这种方法比 Photoshop 自带的滤镜好用得多，因为它不仅能够控制颜色，还能够提高亮度，并且不会产生任何色斑。

接下来是裁剪，让布局看起来更加完美。这是最后一次润色，为了使画面更加平衡，一定要明确内容对象。这个场景是使用广角镜头进行拍摄的，所以有足够的空间进行裁剪。在图 7.24 中可以看到我是如何裁剪出最佳构图的，包括主体物的裁剪和被裁断的飘浮对象，被裁断的飘浮对象暗示着在超出框架外还有更大的场景。这就是所谓的"开放式设计"，能够让观众进行空间的想象和推测。无论你选择的是哪种效果，画面都要协调——虽然结果可能会完全不同。

图 7.23 我喜欢使用自定义的暖色滤镜，方法是将图层填充为橙黄色，混合模式设置为"叠加"，降低不透明度。

（a）　　　　　　　　　　　　　　　　　（b）

图 7.24　图（a）中黑色的部分是计划被裁剪掉的地方，图（b）是裁剪后的效果。

小结

　　完美合成的核心源于对各种变化的把控，无论是对颜色、光线的把握，还是对使用各种蒙版技术进行拼接的把握。在第一个教程中，你已经学会了所有的核心技能：使用剪贴蒙版、调整图层、制作选区和蒙版遮盖，还有光线控制和色彩控制。这些功能不仅限于此案例，在后面的 3 个案例和第三部分的案例中也会大量地使用。不断地练习和扩展这些技能能够创造出新的奇迹，相信我，一定要继续学习下去。

第八章

火焰的混合

每个人从心里都或多或少有一点喜欢"玩火",所以用火学习混合模式是再好不过了。在 Photoshop 中塑造火焰比塑造真实场景简单得多,使用混合模式控制透明度和图层间的相互作用是替代蒙版的快速而有效的方法。在这个案例中,使用混合模式对透明度进行控制,创建出了许多神奇的火焰效果。这种蒙版的替代方法,不仅能够节省大量的时间,而且能够消除挫败感。事实上,没有明确轮廓的物体,如火焰,是很难勾勒出完美轮廓去做蒙版的,稀薄的烟雾也是如此,对这种模糊和对比度低的区域制作蒙版会很难。相反,使用混合模式,例如"滤色"混合模式,黑色背景就会变透明。

火和烟雾经常使用这种方法,因为它们的明暗对比非常复杂,很难使用传统的蒙版来完成,图 8.1 所示的火焰合成图像就找到了创造性的解决方案。在完成整个图像的再设计的过程中,你可能会发现很多创新的方法。

图 8.1 在《火焰》这个案例中，你可以学习到如何通过混合模式来处理火和烟雾！

创作前的准备

《火焰》这个案例是由许多来自不同图像的小的选区构成的，将它分成两个文件更易于管理：一个是主要的合成文件，另一个是拼合元素的文件，就像是图像板。还记得在第六章中创建的图像板（图 8.2 中的"火焰图像板 .psd"文件）和合成文件（图 8.3 中的"火焰 .psd"文件）吗？现在是使用这些文件的时候了。在 Photoshop 中打开这两个文件，准备进行合成。

图 8.3　合成中的每一个图层都要有明确的名称和颜色标注。

如果在第六章中没有完成这些准备工作，那么现在就花一些时间来完成。在"创建图像板"部分，你会找到下载资源文件的说明和如何进行文件准备的详细内容。或者直接从"火焰 .psd"文件开始，在第八章资源文件夹中包含相应的素材文件。

手的处理

要先有一些元素在合成文件上，才能使用混合模式。最好先把手置入"火焰 .psd"文件中，因为它的位置决定了作品中其他元素的位置。在开始时，试着想象下烟和火该如何使用。例如，我想让火焰看起来更大些，所以烟雾的模糊部分和手中向上的火苗都需要一定的空间。如果你还是犹豫不决也不用担心，因为这个编辑是无损的，你可以根据

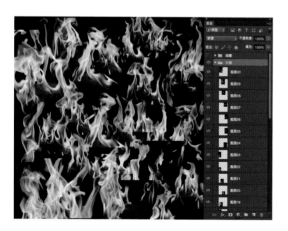

图 8.2　图像板是为了便于查找而把所有的源图像都放在一起的地方。

作品的需要进行调整。

    1. 如果不使用准备文件，就在 Photoshop 中打开 "Fire_Play.psd" 文件。

    2. 在 Bridge 中浏览第八章资源文件夹中手的文件，打开 "Hand1.jpg" 和 "Hand2.jpg"（图 8.4）。

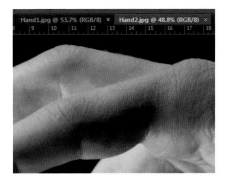

图 8.4　在把手置入合成文件之前，先将所有的手以单独文件的形式打开。

烟雾和火的拍摄

    用自己拍摄的照片完成练习获得的进步会更大。如果你乐于接受挑战，下面就是一些关于拍摄烟雾和火的技巧。

- 一定要使用黑色的背景，让火焰和烟雾能够对比强烈地显示出来。
- 快门速度快、光圈小同样可以充足地曝光。快的快门速度可以减少运动模糊，小的光圈（也就是说大的光圈值）能够捕捉到更大的景深。如果场景太暗不能同时使用，那就先使用快的快门速度。一定要反复检查焦点，保证至少能够清晰拍摄到一个火焰。
- 将火焰和烟雾分开进行拍摄。例如烟，可以使用台灯、灯泡或者太阳光进行照射，但是一定不在背景太亮的情况下进行拍摄。在暗色背景

下从侧面拍摄火焰的效果最好，尤其是晚上拍摄效果最佳。
- 要想拍摄清晰的烟雾运动效果，可以用香进行拍摄，另外还可以通过挥动让它产生想要的形状。
- 拍摄烟雾的时候最好使用三脚架。无论使用哪种闪光灯，光一定要照射在烟雾上而不是背景上（例如使用管状闪光灯）。

图像越清晰越好。在这个案例中，除了黑色背景中的火焰和烟雾之外，还需要其他的一些元素。

- 在黑色背景中造就"魔法"的手。
- 生锈的金属或其他类似的东西。
- 在太阳光下流动的水 。
- 开裂的树皮。

3. 按 V 键，切换到"移动工具"，向上拖动手的图像到"火焰"文件的标签上，打开合成图像的窗口，不要释放，继续向下拖动并在新打开的图像中释放，将手置入火焰的合成文件中，第二只手重复此动作。这种方法比同时打开多个文件更加高效，另外标签打开的数量是有限的，这样更加便于管理和操作。

4. 将手置入合成文件后，要在"图层"面板上将它们归纳到"手"图层组中。

5. 给手的每个图层重命名，使图层的名称与文件的名称保持一致。使用"移动工具"将手移动到图 8.1 所示的位置上。

使用混合模式去除背景

现在手后面大块的背景也被添加到了合成文件中。在这里只需要更改手图层混合模式的设置，就可以像传统蒙版一样将背景去除。这种方法不仅能够节省大量的时间，而且还能够制作出更细致的边缘，如头发、阴影和其他很难获取边缘的元素都可以使用此方法。因为手的背景几乎是纯黑色的，更换的背景也没有手亮，所以可以使用"变亮"混合模式为手做一个快速蒙版。

1. 在"图层"面板中，单击"手1"图层，然后从面板上面混合模式的下拉列表框中选择"变亮"混合模式（图 8.5）。对"手2"图层重复此步骤，将混合模式也改为"变亮"。

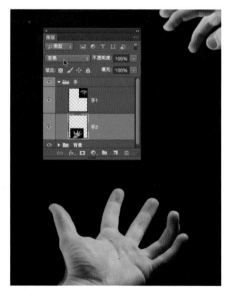

图 8.5 将混合模式更改为"变亮"，图层中与下方合成文件的深色背景相混合的黑色背景就会被消除了。

2. 从资源文件的"纹理"文件夹中将黑色的"生锈金属.jpg"文件置入主要的合成文件中，给背景添加生锈金属的纹理。把它放在"背景"图层组的底部，黑色背景图层的上方（我之前提供的准备文件，全黑的图层也在"背景"组中），并将其重新命名为"背景纹理"。黑色生锈的金属纹理使背景与火、烟雾和手形成了对比（图8.6）。

使用混合模式能够节省大量的时间，尤其适用于黑色背景中、内容的亮度又很低的时候。使用这种方法可以不用制作选区和调整边缘。注意这种方法要求背景足够暗，这样亮的部分才能通过上面的其他图层显示出来！

图8.6 "变亮"混合模式使手和黑色生锈的背景形成了良好的对比。

提示　如果发现有部分背景没有完全被去除，那就将混合模式改为"正常"，使用传统蒙版去除背景。还可以在"变亮"混合模式下添加"曲线"或"色阶"调整图层，然后将"调整图层"剪贴给被作用的图层，去除图层中的黑色区域和其他色调。

提示　"混合颜色带"的另一个功能就是可以去除图层的黑色背景（或者白色背景）——不需要更改混合模式或剪贴"调整图层"。双击图层的缩略图打开"图层样式"对话框，在下面的"混合颜色带"区域，将"本图层"左边的滑块更改到10，最暗的部分将会消失不见。

绘制火焰的草稿

背景和手都已经完成了，现在开始塑造火焰。在开始前需要先绘制一个草稿。在进行无限创意时构建视觉流程是非常必要的。用"画笔工具"和"外发光"图层样式能够模拟出火光的效果，可以在合成文件中勾勒出大概的创意草图（图8.7）。使用火焰的类似效果勾勒草图可以让创意更加直观。然后就可以根据草图将适合的火焰元素拼合在一起——这样比毫无头绪地开始容易得多。

在使用"画笔工具"之前，可能需要花费一些时间在图像板中寻找灵感。我看到图

图 8.7 使用"外发光"图层样式模拟火焰效果勾勒草稿，能够使创意更加直观，这也是合成开始的第一步。

像板中图像的形状，发现用这些能够创造出一个有点像恶魔的生物。总的来说我希望火焰形状在开始时很不规则又很酷，然后逐渐成形，就像是在手不断上下拉扯的情况下产生的效果。也许你会有不同的创意，但构思的过程是一样的。

1. 在空白图层上勾勒草图，将它拖动到"图层"面板的最顶端，位于其他所有元素的上方，将这个图层命名为"草图"。

2. 选择"画笔工具"，将"前景色"设置为白色，"不透明度"为 100%。

3. 添加"外发光"图层样式模拟出火焰的发光效果。在"草图"图层的缩略图上双击，打开"图层样式"对话框，勾选"外发光"复选框。

4. 单击"外发光"名称就会显示出效果选项（图 8.8）。

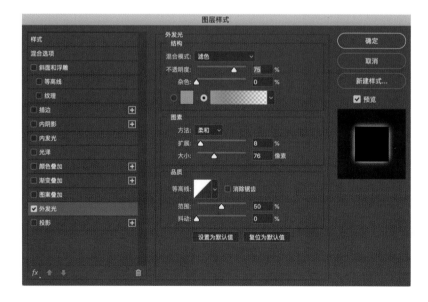

图 8.8 必须勾选"外发光"复选框，单击"外发光"名称才能打开"外发光"效果的属性设置面板。

这里要注意的是，默认的"滤色"混合模式能够更加强调出光的光晕效果，在火焰混合时要使用相同的混合模式。

5. 自定义渐变颜色从橙黄色到红色，当颜色消失到透明时会产生类似于火光的效果。在"外发光"的属性设置中，将"扩展"设置为8%，"大小"设置为76像素，然后在"结构"部分单击渐变色块打开"渐变编辑器"对话框（图8.9）。

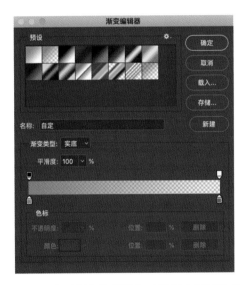

图8.9 在"渐变编辑器"对话框中可以改变两个色块的颜色值，创建自定义的渐变样式。

6. 在"渐变编辑器"对话框中，单击左下角的颜色按钮将颜色调整为黄色，单击右下角的颜色按钮将颜色调整为红色。你可以根据图8.9所示调整渐变颜色。单击"确定"

按钮，关闭"渐变编辑器"对话框，然后再单击"确定"按钮关闭"图层样式"对话框。

7. 白色画笔绘制的火焰在添加了渐变的"外发光"效果后，看起来就像是没有火心的火焰。在绘制草图时我会多绘制出几个版本，但都不会过于细化。舍弃掉细节后，就能够把精力更加集中在火焰的形态上。

选择火焰

在图像板中有很多燃烧着的火焰，寻找一些能够拼合成火龙形象的火焰碎片，尤其是那些能够以有趣的方式相互拼合的小碎片，如两个扭曲在一起的火焰或者有波动曲线的一缕火焰。这些碎片可以以不同的形式进行组合（有时可能会图层叠用），可以尝试对其进行翻转、缩放、扭曲、操控变形和旋转等操作，直到组成适宜的形状为止。拼合图像就像搭积木，重要的不是碎片元素本身，而是如何进行组合。因为从图像板中调取样本，这个过程是无损的，所以你可以尽可能多地进行尝试。

单独显示

所有图层可见便于元素的查找，而有时单独图层可见会更便于元素的查找。所谓的单独显示，就是只显示一个图层内容，在合成的过程中这种方法非常实用。现在选择第一个火焰图层试试看。

1. 打开图像板文件"火焰图像板.psd"。默认状态下，在最后保存时每个图层的可见性是一样的，很多时候是所有的图层都可见。不用担心，现在你不必为了单独查看个别图层的效果而手动关闭各个图层的可见性（逐一关闭各个图层非常烦琐）。

2. 例如，要单独显示"图层25"图层，只需要按住 Alt/Opt 键，单击此图层的"可见性"按钮（眼睛图标）即可。现在只有当前的图层可见，其他图层都不可见了。按住 Alt/Opt 键再单击一次此图层的"可见性"按钮，即可还原其他图层的可见性。

如果单独显示一个图层后，又更改了其他图层的可见性，这时按 Alt/Opt 键并单击即可还原图层可见性的功能就不可用了。在这种情况下只能单独单击各个图层的"可见性"按钮，让其可见。所以，当图层单独显示时，记住在操作其他图层之前用同样的方式先让其整体还原。

3. 在火焰的图层上，使用"矩形选框工具"勾画出将要使用的火焰选区。例如，试着如图 8.10 中显示的那样，在"图层25"中截取选区内容，这部分看上去有点像颅骨。（当然，如果你有其他创意的话，也

可以选择其他图层。）

为了使无缝拼接效果更好，尽量留出充足的空间。因为除了使用"滤色"混合模式外，通常还会在蒙版上使用柔边画笔消除虚边，所以还需要留出羽化边缘的空间。并且若想根据火焰渐变的效果模仿出这种过渡，则应仔细观察火焰边缘的柔光，确保选区能够有足够的空间进行羽化。

4. 在复制前，检查选择的图层是否正确（我们时常在这个上面出错）。复制（Ctrl+C/Cmd+C）选区内容，然后回到合成图像中，选中"火焰"图层组进行粘贴（Ctrl+V/Cmd+V）。

5. 如果要粘贴的内容被粘贴在了其他图层的位置上，将它（在本例中是头骨的形状）拖动到"火焰"图层组中，然后使用"移动工具"将火的图像移动到合适的位置（图 8.11）。

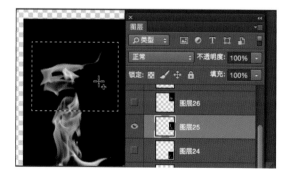

图 8.10 这块火焰可以用作火龙的头。

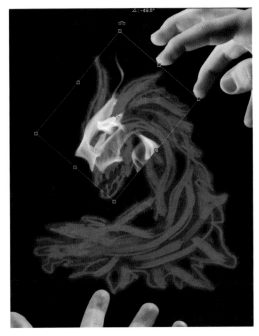

图 8.11 使用"移动工具"将截取的第一个火焰移动到草图上并进行旋转。

蒙版和混合模式

确定好火焰的位置后，下一步就可以进行无缝拼接了。只需两步：更改混合模式和创建蒙版。

1. 选中第一个火焰图层，在混合模式下拉列表框中选择"滤色"。后面的火焰图层也都使用此模式。

在第三章中讲过，"滤色"混合模式能够让光穿透图层，暗部区域（像这个背景）会变得透明。对于火来说使用"滤色"混合模式是再合适不过的了，因为我们只想让发光的火焰可见，而让其他的黑色像素变得透明（图 8.12）。

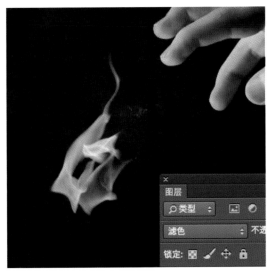

图 8.12 "滤色"混合模式能够让光穿透，黑色的部分变得透明。

2. 为了去除掉火焰不需要的部分，单击"添加图层蒙版"按钮添加蒙版，用黑色画笔直接在不需要部分的蒙版上进行涂画。我使用的是默认的圆头柔边（"硬度"为0）画笔，它能够模仿出火焰光滑的渐变效果，随着画笔的移动逐渐地塑造出形状。通过调整画笔的"大小"而不是"硬度"，模仿出火焰的渐变效果。

在蒙版上进行遮盖时，涂画的颜色一定是黑色，"不透明度"为100%；否则想要遮盖的部分不会被完全遮盖住，而且还会出现脏兮兮的效果。如果"不透明度"设置为90%的话，不需要的火焰部分看起来好像已经被遮盖住了，但是实际上还有10%的部分没有被完全遮盖住。尽管这有点微不足道，但它最后会成为污点，并影响到其他图层。不要给自己添加层层查找删除污点的麻烦，将"不透明度"和"流量"都设置为100%就可以避免此问题的发生。在图8.13中，你可以看到我在当前图层蒙版上绘制的部分——红色的部分（按\键蒙版可以显现出来，和使用"快速蒙版"模式制作选区时一样）。

提示　在图像上拖动能够快速改变画笔的大小和硬度。在 Windows 操作系统中，按住 Alt 键并右击可以打开"画笔预设"选取器（macOS 用户需按住 Control+Opt 键并右击），上下拖动可以改变画笔硬度，左右拖动可以改变画笔大小（向左拖动画笔越来越大，向右拖动画笔越来越小）。为了在重设画笔大小时硬度保持不变（"硬度"为0），沿着水平方向进行拖动即可，画笔大小随着移动方向的远近在不断改变，或者沿着略微向上倾斜的直线移动也可以。

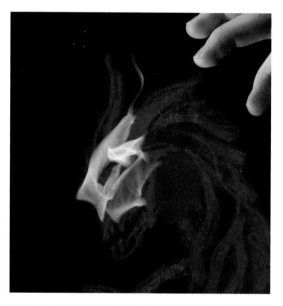

图 8.13　使用 100% 黑色在想要隐藏的火焰图层的蒙版上进行绘制。按 \ 键可以看到我在蒙版上绘制的部分，就是红色叠加的部分。

"变亮"混合模式、"滤色"混合模式、"正片叠底"混合模式和"叠加"混合模式的使用

混合模式就像是一盒巧克力。当你对它一无所知时，无法进行猜测；但当你了解它之后，猜测就容易多了。在图层进行合成时，刚开始你不能很容易地预测出图层改变混合模式后混合出的效果，但是当你对它们有所了解后就容易多了。

在以下情况使用"变亮"混合模式。

- 可见部分比背景亮，图层位置位于背景图层的上方，并且背景颜色非常暗。
- 想要黑色背景不可见，亮部完全可见。
- 黑色的部分很难用蒙版去掉，或者没有时间使用蒙版时。

在以下情况使用"滤色"混合模式。

- 需要得到渐变的效果而不是变暗的透明效果，就像这个例子中的火焰。

- 和其他亮的图层混合出更亮的效果。在以下情况使用"正片叠底"混合模式。
- 想让暗部拥有纹理质感，例如浸进去的污点。
- 可以同时看到两个图层叠加的效果，但只有暗部可见，如擦痕、油浸、阴影或者其他具有暗色纹理的效果。

在以下情况使用"叠加"混合模式。

- 当既想要"正片叠底"的混合效果又想要"滤色"的混合效果时，就使用"叠加"混合模式，图层中的暗部会变得更暗、亮部会变得更亮。
- 在这个模式的图层上使用黑白画笔可以进行减淡和加深的无损编辑。
- 在着色或自定义照片滤镜时，可以使用图层的不透明度进行控制。

复制和变形

当发现可使用的火焰时，复制出一个作为备用。使用"移动工具"，按住 Alt/Opt 键并拖动想要复制的火焰图层。无论将这个图层拖动到哪个位置，系统都会复制出一个单独的图层。最好立即进行移动、旋转和缩放（图 8.14），这样能够很好地对火焰区域进行填充，并且塑造出形状，但是不要复制过多——无论怎样你都不会希望观众能够轻易地看出火焰有重复使用的迹象。在合成时，可以将原图层隐藏，在复制的新图层上进行修改，以便于让它看起来不像是副本。想象一下乐高玩具：虽然所有部分都非常相似，但是当它们组合到一起时就变得完全不同。

为了更好地进行拼合，可以在上面进行各种旋转、缩放和添加蒙版操作。

对火焰进行
复制并旋转

图 8.14 复制火焰很有趣，但也很麻烦，图层复制得太多，看起来会很假。使用变形和蒙版能有效地进行调节。

如果复制的是已使用过的火焰，为了让无缝衔接的效果更好，一定要进行再次调整。使用"移动工具"对这个图层进行变形，试着对图像进行缩放、旋转和翻转操作，以便得到更好的效果。火焰重复的地方可能会比较明显，使用"画笔工具"在复制的图层上将这个部分进行遮盖，让它更好地和其他的火焰进行融合。添加的图层越多，重复的部分就越不明显。

提示　在选项栏中将"显示变换控件"复选框勾选，可以打开"移动工具"隐藏的功能。详情请参阅第二章，在使用"移动工具"时可以找到这个选项。

记住，缩放的比例不要过大。如果不小心缩放得太过，会让火焰看起来像是火灾。因此，尽量在同比例上进行变形。

使用"操控变形"对火焰进行调整

使用"操控变形"编辑图层能够有效地对火焰进行调节。"操控变形"不仅能够对形状进行精细的调整，而且还能够使火焰产生完美的曲线。

不要把"操控变形"理解为提线木偶，最好理解为一种带有弹性的材料。当选择"操控变形"时，图层就像被覆盖了一个网，这个网的质地是一种柔软的、有弹性的材料。在这个网上，你可以对钉有图钉的地方进行随意的拉伸、扭曲和移动。"操控变形"的主要功能也是它的最大缺陷：在弯曲和扭曲时会连同像素一起进行弯曲和扭曲（包括背景）。所以需要将对象进行复制，将它从背景中分离，因为背景不需要被网覆盖，也不需要变形。为了加强对"操控变形"的理解，试着用它对火焰进行变形。

1. 从图像板中复制一个长火焰，然后将它粘贴到"火焰.psd"文件中（图 8.15）。

在图层名称上右击，从快捷菜单中选择"转换为智能对象"，将此图层转换为"智能对象"。

2. 将图层的混合模式更改为"滤色"，并将这个图像放置到火焰的文件夹中（或者放到一边），以便后续使用。我一般都会将其他火焰图层的可见性关闭，不过这根据个人喜好而定。

3. 在使用"操控变形"时，最好先将火焰的背景去除掉，让网只覆盖在火焰上。使用"色彩范围"选中背景中的黑色，给使

用"操控变形"的图层创建一个蒙版。在添加蒙版前先双击图层的缩略图在新的标签窗口中打开"智能对象"。

4. 执行"选择">"色彩范围"命令，然后在"色彩范围"对话框中勾选"反相"复选框（图 8.16）。因为在此图层中，黑色是比较易于选择的，所以你可以先选择不需要的黑色部分。单击火焰边上的黑色背景，将"颜色容差"设置为 100。这样就会将所有近似于黑色的区块都归入背景的蒙版中。剩下的部分就是要创建的操控变形网的区域，尽可能地将无关的区域去除掉。"使用色彩范围"的选项设置完成后，单击"确定"按钮。

图 8.15 选择长火焰进行操控练习，例如图片"Fire007.jpg"。

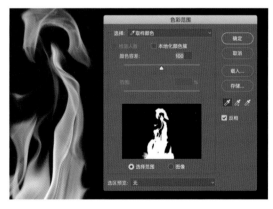

图 8.16 "色彩范围"能够根据图层中的颜色取样制作蒙版进行遮盖。在这个案例中，取的样是所有的黑色背景。

5. 单击"添加图层蒙版"按钮添加蒙版，使用黑色 100% 不透明的圆头画笔，将火焰中不需要变形的部分遮盖掉，只保留长的伸展部分和火焰的头部（图 8.17）。按 Ctrl+S/Cmd+S 快捷键，保存此"智能对象"，然后关闭标签，合成文件中的图层会自动进行更新。

6. 现在可以把"操控变形"当作"智能对象"滤镜使用了（图 8.18）。这样不仅可以对图层无损地进行扭曲变形，还可以反复多次地对扭曲网格进行修改。执行"编辑">"操控变形"命令，创建操控变形网格。如果网格不可见，检查一下选项栏中的"显示网格"复选框是否勾选。

网格牵连着每一个像素的拉伸和移动。在网格的关键点上添加图钉，这些图钉主要有两个作用：一是作为控制网格的控制点，二是用于定位网格。拉动时图钉点周围区域的拉力最大，离图钉点越远的区域拉力越小。

7. 在添加操控图钉之前，最好让网格大于当前可见区域，否则可能会产生切口边缘，当你对火焰进

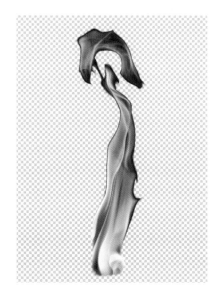

图 8.17 将不需要变形的部分遮盖住。

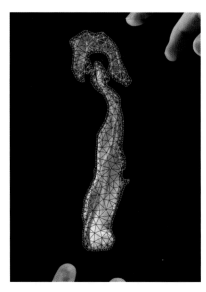

图 8.18 "操控变形"网格显示出了图层张力的分布情况。

行扭曲时就会穿帮。使用选项栏中的"扩展"控件扩大扭曲空间，最好为 12 像素～ 14 像素。为了避免产生网格泡泡，网格当前只能扩展到这种程度——因此在这之前为了防止边缘溢出，要将滑块向右移动。

8. 沿着火焰均匀分布的网格单击以添加图钉（图 8.19）。新添加的图钉点是用来操控的点。

9. 单击拖动图钉对火焰进行操控（图8.19）。少即是多，做任何事情都不要太极端，适中地调整才能获得最好的效果。可以先尝试着试验一下它的极限在哪，知道了极限的临界点，才能更好地进行调整。

> **提示** 如果对扭曲的效果不满意，可以修改吗？"智能对象"最棒的地方就在于它容许更改和调整！在"图层"面板上双击"智能对象"下面的"操作变形"按钮，再次进入"操作变形"工作区，可以继续进行编辑。

> **提示** 选中一个图钉，按住 Alt/Opt 键，鼠标指针悬停在其上方，图钉周围就会出现一个旋转的圆圈选项，这时就可以进行旋转操作。但是要小心，按住 Alt/Opt 键时千万不要单击图钉，因为这样图钉会被删除。

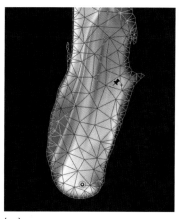

（a）

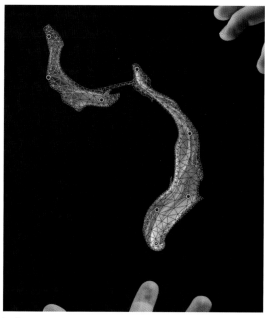

（b）

图 8.19 图钉是"操作变形"用来控制网格变形的控制点。

使用"操控变形"的技巧

"操控变形"的功能有点像可扭曲的"液化"。它不仅具备弹性面料的性能,而且还有其他的功能。谨记下面这些技巧能够提升作品的品质。

- 对对象使用"操控变形"时,若想要让其边缘平滑,则应在中间区域添加图钉。外侧添加的图钉,在拉伸时会向外拉伸边缘,而不是通常的弯曲变形。

- 选中图钉后点按一下 Delete 键可以将图钉删除,如果图钉太多可以使用此方法。

- 按 Alt/Opt 键可以删除选中的图钉(类似 Delete 键),也可以在图钉外部单击变成旋转图钉(而不是移动)。注意,此时鼠标指针变成了旋转图标。

- 在选项栏中能够对网格进行调节,既可以在选项栏中增加网格的密度(有助于精度的调整),也可以更改网格的模式和网格对图钉移动的反应(可以由纤维效果切换成水球的效果),还可以扩展或者收缩网格边缘(使用"扩展"滑块)。

10. 为了能够获得完美的火焰效果,我建议你将"智能对象"蒙版关闭,你可能已经注意到火焰中一些小的暗部细节被蒙版遮盖住了。双击"智能对象"缩略图,将它在另外一个标签窗口中打开,然后按住 Shift 键并再次单击蒙版的缩略图,禁用蒙版。现在保存(Ctrl+S/Cmd+S)这个"智能对象",合成文件会自动进行更新。

现在可以看到火焰中更多的细节。请务必将"智能对象"中不需要的部分进行遮盖。在合成文件中给"智能对象"添加一个新蒙版(单击"添加图层蒙版"按钮),和图层蒙版的使用一样,使用黑色和白色进行绘制。

使用"液化"对火焰和烟雾进行调整

和"操控变形"一样,"液化"滤镜能够很好地自定义创造出烟花效果。使用"液化"对火焰和烟雾进行调整,开始时和使用"操控变形"的前两步一样,再次选中图层并转换为"智能对象",然后执行"滤镜">"液化"命令(Shift+Ctrl+X/Shift+Cmd+X),进入"液化"工作区。下面是使用"液化"滤镜的一些技巧和方法:

- 使用"向前变形工具"将火焰向四周

推拉，要使用大号（200 像素～500 像素）画笔。因为如果使用小号画笔，要想达到效果，则可能推拉操作会过于频繁，会产生涟漪的效果，使用大号画笔可以避免此情况的发生。你不会希望创造出来的东西看起来太假吧！

- 勾选"显示背景"复选框，将"不透明度"设置为 50%，可以看到合成作品中的其他部分和其他火焰（图 8.20）。在"使用"下拉列表框中选择"所有图层"，确保在进行扭曲变形时可以看到整个合成画面。
- 当"液化"和"操控变形"一起使用

时，有两种方法可以对结果进行优化。一种方法是先使用"液化"再使用"操控变形"。由于算法的不同，这样往往可以得到干净整洁的边缘。另一种方法就是在使用完"操控变形"后保留"智能对象"中的蒙版（详见"使用操控变形对火焰进行调整"的步骤10）。保留的蒙版可以使边缘干净整洁，缺点是无法看到阴影中更多的细节。

火的塑形

继续置入其他火焰图层，就像雕刻一样，使用对象自然的倾斜方向进行创作。火

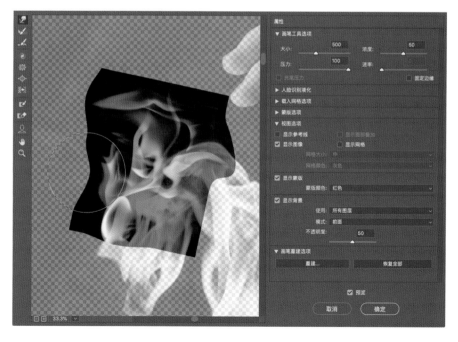

图 8.20 "液化"滤镜是合成创作中进行物理拉伸的一种很好的方法，一定要勾选"显示背景"复选框，选择"所有图层"。

图 8.21　从抽象的形态中选取火焰，很大程度上取决于火焰的方向和形态（或者至少要有一些可用的部分）。

图 8.22　注意边缘的同时还要让火焰的内部具有质感和纹理。

的形态有很多，有流线型的，也有复杂运动和扭曲型的，还有漂亮的其他形态，可以使用它们进行创作。然而变形得太过会显得假，而且还会破坏它的美感，所以要在火焰自然移动的方向上灵活地进行调整。例如，我想象的龙头和我的创意草稿中的龙头不太一样，但是有一小块扭曲的火焰有点像下颌线，于是我就直接使用了，其他的火焰构成了牙，一些像鬃毛的火焰正好适合放在脖子的位置上（图8.21）。总之，根据直觉进行拼合，但不要太过！

　　这听起来好像很复杂很难，但是当你把这些火焰放在一起时，就会发现实际上很简单。塑形时，请把以下这些技巧牢记于心。

● 时刻观察塑造出的形状，寻找能够补充边缘的部分。内部填充内容的多少不需要都相同，用火焰本身去塑造形态（图 8.22）。

● 如果火苗只向着一个方向，看一下是否能够用另外一个边缘中合火苗的方向。这个方法能够很好地中和火焰闪烁的方向性，不会让它看起来波动太大。

● 层层增加的火焰图层不仅能够增大密度，还能够创造出 3D 效果（相对于扁平的形状而言），能够模拟出更好的层次感。

● 火焰中的黄色不会在黑色中完全消失，这样会让黄色看起来有点脏脏的感觉。所以不要试着遮盖火焰中亮黄色的部分——我们的眼睛能够分辨出它的不同，而应该尽可能地遮盖红色和橙色的部分（否则你不得不对边缘的颜色做一些调整）。

● 为了能够创造出更强烈的效果，要对图层进行复制。按 Ctrl/Cmd+J 快捷键，复制图层，增强图层的发光效果。使用"滤色"混合模式（如果原图层使用这个混合模式，那么复制的图层也会默认使用这个混合模式），能够增强光亮感，让火焰效果更加突显，而颜色和渐变不会显得很不自然。

在创作时，我会快速地勾勒出形状，让形象更加简练。如果太沉迷于细节的话，可能到最后也很难绘制出想要的效果。

提示 当火焰的蒙版遮盖到了炽热的中心位置时，看起来会有些不自然，即使是"魔火"也是如此（图8.23）。为了解决当前这种从鲜黄色火焰直接到背景的不自然的过渡问题，首先对火焰进行观察，发现在火焰彻底消失之前会先有一些橙红色的过渡。然后创建新的图层，使用柔边画笔，选择一种介于暗红色与橙色之间的颜色，在蒙版上沿着白色的边缘进行涂画，以模拟出火焰的自然效果。蒙版一定要超过火焰的绘制区域。

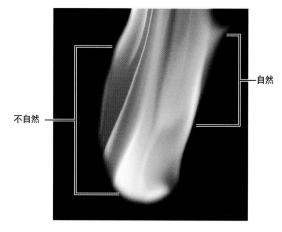

不自然

自然

图 8.23　与渐变到深橙色的火焰的自然状态相比，鲜黄色直接过渡到黑色，看起来会很不自然。

烟雾和手的混合

手中的火焰已经完成，现在再在手中添加一些烟雾。火焰中的烟不是从火中升起的，而是从手和手指中升起的。处理烟雾图像和处理火焰图像类似，只是稍微简单了一点，因为它们可以更随意些。另外，因为烟雾是在黑色背景下拍摄的，所以可以和处理火焰的方法一样，使用"滤色"混合模式去除背景并添加蒙版（图8.24）。

图 8.24　烟雾的处理方法和火焰的处理方法一样，同样可以使用"滤色"混合模式，但还需要配合缩放和"模糊"滤镜增加整个图像的深度。

1. 如果"火焰图像板.psd"文件没有打开，那么请把它打开。如果火焰可见，单击"火焰"组的"可见性"按钮将其不可见，只保留"烟雾"组可见。按照"单独显示"中所讲解的方法，将烟雾图层单独显示出来，以便进行修改和调整。

2. 使用"矩形选框工具"选择喜欢的烟雾部分，将它从图像板中复制（Ctrl+C/Cmd+C）下来，粘贴（Ctrl+V/Cmd+V）到合成的文件中，就和在火焰部分操作的一样，最后使用"移动工具"进行定位。（不要忘了将这个图层移动到"图层"面板的"烟雾"组中。）

在原火焰的基础上，我想让烟雾从手臂和手中升起，给图像和主题多添加一点神秘感。我发现了一些适用于放在手的位置的卷曲形态的烟雾，尤其是"Smoke011.jpg"和"Smoke013.jpg"，可以将它们放在手的下边并作为左边边缘。

3. 同"蒙版和混合模式"中对火焰图层的操作一样，从"图层"面板顶部的下拉列表框中将新的烟雾图层的混合模式更改为"滤色"，去除背景。

4. 和对火焰进行的操作一样，将不需要的部分进行遮盖。为了实现更加完美的遮盖效果，在蒙版上沿着烟雾的方向使用纹理画笔进行涂画（图8.25），这对于半透明元素的混合尤其重要。

如果画笔的方向与烟雾的方向相反，那么效果看起来会非常不自然。烟雾与火焰相

图8.25 使用纹理画笔在烟雾的蒙版上进行遮盖，要随着烟雾的方向从外往里进行涂画。

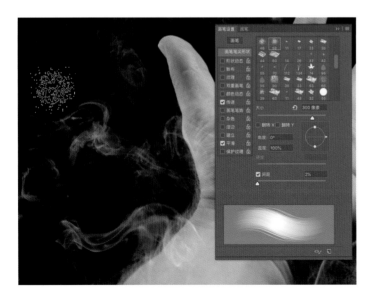

比，粘连的部分会更多，因此为了让它们看起来更加真实，需要小心处理。

给烟雾增加层次感

仅是手和火焰，画面会显得比较单调（图8.26）。相比较而言，层次丰富的图像会给人一种身临其境的感觉（对主观视角而言）。通过与烟雾拼合，能够为图像创造出更多的层次感。可以通过缩放来模拟透视角度（越接近主体，看起来越大）以增强空间感，也可以通过有意地创造空间的模糊感来模拟出由于景深而产生的对焦和失焦的效果。现在，你应该已经完全掌握了"移动工具"的变形功能了。要想用模糊的方法模拟出深度的层次感，可以尝试着使用滤镜。

1. 找一些垂直向上的长条状的烟雾，将它们放大，直到和观众的视线持平。（在这部分中，我使用的是"Smoke011.jpg"这个文件。）这样可以造就一种假象，好像烟雾源源不断地从画面外框中冒出，我们正在从一个窗口中窥视，看到了这个宏大的场景（图8.27）。使用"移动工具"，勾选选项栏中的"显示变换控件"复选框，按住 Shift 键并拖动控制点能够等比例地进行缩放。

图 8.26 未添加烟雾效果的图像看起来比较扁平，缺少层次感；添加一些前景对象能够为图像增加层次感，例如模糊的烟雾效果。

图 8.27 将烟雾的图层放大能够增加空间感，就好像它们与我们的距离更近了，而不再局限于同一个维度。

2. 除了缩放，更关键的是"镜头模糊"滤镜的使用。激活一个烟雾图层，执行"滤镜">"模糊">"镜头模糊"命令。这个模糊使用了一种特殊的扭曲方式，效果有点类似于照相机镜头大光圈下拍摄自然场景景深模糊的效果。

> 提示　在模糊前将图层转换为"智能对象"，这样可以对大多数的滤镜进行无损编辑了。在图层的名称上右击，从快捷菜单中选择"转换为智能对象"。这样就可以使用"智能滤镜"了，可以随时打开和关闭"智能滤镜"的效果。"镜头模糊"滤镜是唯一一个不能使用"智能对象"的滤镜。所以，如果你想不断地对效果进行修改，在进一步编辑之前应先对基础图层进行复制（Ctrl+J/ Cmd+J）。

3. 向左移动"模糊半径"的滑块，模糊减弱，向右移动模糊增强。使用这些设置，直到获得满意的模糊效果为止。在等待效果预览时要有耐心，因为计算机需要花费一些时间根据需求进行计算。

半径为 72 像素时烟雾效果看起来清晰可见，而不是失焦的效果（图 8.28）。

> 提示　对其他烟雾图层使用同样的滤镜和设置，只需要选择好新的图层，按 Alt+Shift+F/Control+Cmd+F 快捷键即可。除了可以节省时间外，还保证了滤镜设置的一致性，从而可以使图像整体更协调。

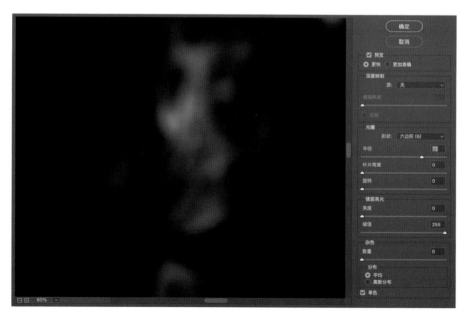

图 8.28　模糊半径能够为近处的烟雾创造出浅景深的效果。

增强混合纹理

第一个"火焰"效果总觉得还没有完成、不够完整，原因可能是手部的纹理太过单一。纹理和混合模式的组合应用能够创出更棒的合成效果，让效果提高到另一个高度。在这个案例中使用的是裂纹和脱落的纹理。具体来说，就是给树皮纹理使用"正片叠底"混合模式以增强黑色的部分，使得烟雾看起来像是从烧焦的手和前臂的底部冒出来的一样（图8.29）。为了能够得到最好的合成效果，最好多尝试一些纹理和模式，然后观察模式下的变化效果，找到最适合的混合模式。现在用"火焰"的合成进行练习。

1. 从本章资源文件的"其他纹理"文件夹中复制树皮纹理，再将它粘贴到合成文件中。我选择的是"树皮 .jpg"文件。

2. 在"图层"面板中选择"树皮"图层，将图层的"不透明度"更改为50%，将纹理覆盖在前臂较低的位置上（图8.30）。

降低树皮的不透明度能够清楚地看清所有的图层，易于定位。当定位完成时，一定要记得将图层的"不透明度"还原到100%。

3. 将混合模式更改为"正片叠底"，实现图8.29所示的效果。

我喜欢现在的效果，不同的混合模式会产生不同的效果，其他的效果也很棒。接下来试试其他的混合模式。

图 8.29 给树皮纹理使用"正片叠底"混合模式，能够创造出手臂断裂的惊奇效果。

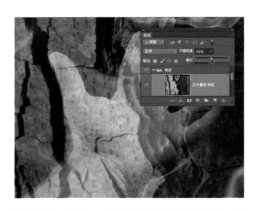

图 8.30 将图层的"不透明度"更改为50%能够更好地进行准确的定位。

4. 在下拉列表框中选择"颜色加深"混合模式（在"正片叠底"混合模式的下面），注意观察前臂效果的变化——不用担心树皮超出了区域，因为在最后的时候会被清理干净。按↓键，选择下一个混合模式（"线性加深"），图像会发生相应的改变。

> 提示 按住 Shift 和 + 键，系统会选择下一个混合模式；按住 Shift 和 - 键，系统会选择上一个混合模式。如果选中了"画笔工具"，系统会优先更改画笔的混合模式。如果你只是想更改图层的混合模式，使用这种方法就会出现问题。

使用快捷键循环比较每一个混合模式的效果（图 8.31），我通常会快速地浏览一遍，挑选出一些混合模式作为备选。

5. 对上面的手重复步骤 1 和步骤 2。（水纹文件同样在"其他纹理"文件夹中。）将水纹的混合模式更改为"叠加"，在增加元素亮度的同时还能够使暗的地方更暗，基本上与减淡和加深的效果相同。这个效果能够展示出"魔法"的理念，与另外一只附有树皮纹理的手形成很好的对比（图 8.32）。

6. 不要忘记对不需要纹理效果的部分进行遮盖，纹理边界更易破坏合成效果。当然，还要记得清除在操作过程中产生的杂点。

图 8.31 按快捷键选择混合模式是寻找最佳效果的最简单的方法。

图 8.32 将水纹的混合模式设置为"叠加"，使手产生不同的效果。

着色

元素和纹理都已完成，现在开始调整颜色的冷暖。你可能已经注意到了，除火焰以外，其他元素都缺乏强烈的色彩效果，尤其是灰色的烟雾。图 8.33 看起来很奇怪，不是吗？

火焰作为光源，散发出暖光，围绕着它的所有颗粒（如烟雾、手和其他反射面）也都应该能够反射出暖光。这种反射能够为图像创造出连续性和凝聚力，没有反射光的图像元素会产生一种分离感。

除了为图像的各个部分添加暖色外，还可以增强图像的对比，在这个案例中便增强了冷暖对比。这样的冷暖对比能够更好地增加空间的维度，因为从视觉上来讲，暖色会显得靠前、冷色会显得后退。在平衡色彩时，可以遵循下面的这些步骤。

1. 在主要的合成文件中，添加一个新的空白图层，将它放入"效果"图层组中。后面会使用它来控制暖色，所以将这个图层命名为"暖色"。

2. 在"图层"面板的下拉列表框中，将暖色图层的混合模式更改为"颜色"，现在在这个图层上所画的任何颜色都将作为着色使用。

3. 使用"吸管工具"从火的图像上吸取暖色，黄橙色比较适宜（图 8.34）。

图 8.33 这张图像缺乏凝聚力，但没有什么问题是"颜色"混合模式加上冷暖色的绘制后无法解决的。

图 8.34 使用"吸管工具"能够快速地找到和火焰颜色相类似的颜色。

4. 现在可以开始绘制了！但是下笔不要太重。相反,应该先使用低不透明度(先从 10% 以下)、"半径"为 800 像素(一般着色开始时都用大的画笔)的柔边画笔。只是需要稍微添加一点效果,所以不需要对所有的地方都着色。在下面的图中可以看到,我更多的是对前面的烟雾、手和前臂的位置进行着色(图 8.35)。

图 8.35 在绘制暖颜色时要注意场景中暖色的来源。

5. 创建第二个新图层,将其命名为"冷色",然后将它的混合模式更改为"颜色"。在"图层"面板上,将"冷色"图层拖动到"暖色"图层的上方。如果想要冷色可见的话,必须将它放置在"暖色"图层之上,因为设置为"颜色"混合模式的图层会取代它下方图层的所有颜色。我一般会先处理暖色,因为它是主要色调。"冷色"图层用于在不增加暖色饱和度的情况下,增强对比,突出暖色。

6. 从"色板"面板中选择浓烈的蓝色开始着色(如果找不到色板,可以选择执行"窗口">"颜色"命令)。为了给火的暖色添加足够的对比,在绘制的时候要尽可能谨慎,我把重点放在了手的后面区域和火光的周围区域。

使用"曲线"调节色调

最后阶段是对细节进行调整。在这个案例中,主要对明暗进行精细调整,通过调整营造出整个作品的氛围。调节色调和对比度的最好方法是使用"曲线"调整图层。当你想要暗的地方更暗一些、亮的地方更亮一些时，系统会根据曲线在原有数值的基础上按照比例进行调整，同时，它还可以进行自定义调整。

我想要火焰有一种神秘的真实的黑暗的氛围。尽管手看起来毫无生气，但场景的很多地方仍然看起来有些过亮，手的对比度也不够。如你所见，添加"曲线"调整图层能够进行有效的调节。

1. 使用"调整"面板创建一个新的"曲线"调整图层，将它直接放在"手 1"图层的上方（图 8.36）。

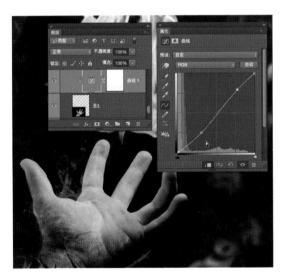

图 8.36 使用"曲线"调整图层能够对明暗进行精细的调整，在调整时曲线的变化不能太过强烈。

2. 默认情况下，调整图层都会对位于它下方的所有内容产生影响，所以按 Ctrl+Shift+G/Cmd+Shift+G 快捷键将调整图层剪贴给"手 1"图层。也可以按住 Alt/Opt 键并单击图层下方的线，还可以单击调整"属性"面板下方的"剪切到图层"按钮进行剪贴。

3. 在调整"属性"面板上沿着曲线的对角线添加两个新控制点（在线上单击即可添加控制点），以增强对比度。

4. 选择曲线下方的控制点（它会变成实心的黑色块），按↓键可一点点地将其向下移动。选择上方的控制点，按↑键可一点点地将其向上移动，让暗部更暗、亮部更亮。相较于其他的调整方法而言，使用"曲线"调整图层可以使调整更加精细。关于曲线的使用，请参照第四章中调整图层部分。

5. 调整好对比度后，按 Ctrl+J/Cmd+J 快捷键，复制调整图层，将它直接放置在另一个手的图层的上方，然后将它剪贴（Ctrl+Alt+G/Cmd+Opt+G）给另一个手的图层。现在，两个手的图层就有了同样的效果。

6. 给整个作品添加一个"曲线"调整图层，将新的"曲线"调整图层放置在"效果"组的上方，并将其命名为"全局曲线"。使用这个图层进行最后的对比调整，让亮的更亮或暗的更暗。在处理火焰图像时，画面已经被稍微提亮了一些。一般情况下，我都会在最后使用"曲线"调整图层对全局的明暗和对比度进行调整。同样使用步骤3中的方法，虽然调整得很少——这看起来可能微不足道，但实际效果却很明显。

使用"叠加"混合模式进行减淡和加深的处理

虽然"曲线"调整图层能够提高画面的亮度，但在最后润色时还需要使用混合模式。具体来讲，将一个新的图层设置为"叠加"混合模式，然后进行减淡和加深，就可以实现变亮和变暗的效果。这个操作过程是无损的，使用"叠加"混合模式进行最后明暗的调整是非常明智的选择。

有时即使在使用"曲线"调整图层调整后，有些局部区域的对比还是不够，所以我使用"叠加"混合模式去弥补这些缺陷。但要注意适度，如果发现有光晕或一些奇怪的东西出现时，就后退一步，然后重来，也许是新的图层和不用的旧图层之间产生了叠加（图8.37）。为了使画面平衡，我喜欢在降低图层的"不透明度"之前进行精细的调整。因为减淡和加深只会作用于单独的图层上，可以随时返回或通过图层的不透明度增强或减弱效果。你可以使用火焰的合成文件进行练习。

提示　直到所有元素的位置都确定后再进行最后的调整，因为这些调整不像之前那样只作用于单独的图层。它们位于顶部的组中，这个组在其他组的上方，因此它们会对整个画面产生影响。

1. 创建一个新图层，将它命名为"减淡和加深"，将它放置在"效果"组中"全局曲线"图层的上方，做最后的全局调整。

2. 将这个新图层的混合模式设置为"叠加"。

3. 在"减淡和加深"图层上使用"不透明度"为6%的白色对火焰中薄而透明的区域进行加厚。在"火焰"这个作品中，将脖子和头部周围等区域提亮，能够更好地实现我想要的效果。

图8.37　在"叠加"混合模式的图层上可以进行减淡和加深的无损编辑，但是谨记，轻微调整即可。最好使用低不透明度的画笔（低于10%）。

4. 使用相同的方法在手指和手掌上添加一些高光，离火越近光就越亮。此外，这些亮的区域能够让视线聚集在火焰上，并且引导视线构建出生物的形态。

5. 使用同样的方法将火焰和手指提亮（减淡），将手腕的阴影加黑（加深）。在"减淡和加深"图层上，使用低不透明度的黑色和白色分别进行加深和减淡（图 8.38）。

图 8.38　在"减淡和加深"图层上进行编辑会对整个画面产生影响，因为它们在"效果"组中，而这个组在其他组的上方。

如果想要对冷暖色调分开进行调整，可以为要加深区域再创建一个新图层。但是，要记得将新图层的混合模式设置为"叠加"。这是非常有效的一种方法，这样每个图层都有了可以单独控制的"不透明度"滑块，并且还是无损的。

小结

在这个案例中使用的混合模式有"变亮""滤色""正片叠底""颜色""叠加"。这些混合模式不仅能够创造出火焰恶魔，还能够创造出数以千计的创意作品！无论你是想去除黑色背景，还是想改变天空的颜色，或者是想提高物体的亮度，抑或是想用纹理增加物体的沧桑感，用这些混合模式都可以实现。当你在创作中遇到瓶颈时，试着根据你的作品效果改变混合模式看看。关于混合模式更多的创意使用请看第九章、第十章、第十一章和第十四章。

营造氛围，制作腐蚀和破损效果

本章内容

- 使用"自适应广角"滤镜修复镜头变形
- 大气透视效果
- 使用"选择并遮住"调整头发选区
- 调整颜色和光线
- 腐蚀的纹理效果
- 破损的建筑
- 分离景深
- 创建光线

生活即使再混乱，我们也必须面对！在创作中有时也是如此，尤其是在面对一些糟糕的场景时。使用滤镜、纹理等能够将干净的城市转换成衰败的景象。在本章中，你不仅可以学到如何使用"自适应广角"滤镜修复扭曲的背景，而且还可以学到如何使用纹理、布景、氛围、颜色、光线，以及拆除建筑物等构建出场景的时代感和氛围。在《自然法则》的创作过程中（图 9.1），会涉及影棚摄影的所有过程，以及在新的时代街区上种花的方法。

创作前的准备

看上去复杂的合成作品并不总是由很多图像组合而成的。第六章中《自然法则》只有 6 个主要图层。打开在第六章创建的《自然法则》的合成文件，回忆一下。如果在第六章的"事半功倍"部分没有完成准备工作，那现在就花一些时间完成它。你也可以跳过此步骤直接使用第九章资源文件夹中的"Nature_Rules_Jump-Start_File.psd"文件。无论是哪种方法，都要注意清除杂点。

图 9.1 你可能很难进入《自然法则》要表达的世界末日的剧情中，但如果有一把剑就容易多了——一定要做好头发的处理工作。该作品由 5 个核心图像元素构成：草地、模特、城市、山和一些云。

图 9.2 用广角镜头拍摄的蒙特利尔的城市景观透视角度变得扭曲和夸张，因此需要对透视角度进行调整，以便与其他图像更好地合成。

使用"自适应广角"滤镜进行修正

所需素材已经准备完毕：已经为合成的背景找到了完美的位置，拍摄好了广角图像。现在可以进行编辑了。等一下，相机好像自己进行了一些编辑？图 9.2 所示的透视就发生了变形，这是很常见的现象。使用"自适应广角"滤镜，就可以很好地修正透视变形了的照片。随着 Adobe Photoshop CS6 版本的更新，增加了可以修复镜头变形的"自适应广角"滤镜。"自适应广角"滤镜在"滤镜"菜单中，它能够修复摄影时产生的透视角度的变形。在使用蒙版前，一定要构建出基本的画面效果以便进一步进行细节的调整，这也就意味着为了能够和其他图像拼合，图像不能发生变形。例如我在拍摄图 9.2 所示加拿大蒙特利尔的城市风景时，使用的是 18mm 的镜头，使用广角镜头拍摄建筑物时，建筑物的边缘会弯曲变形。模特没有发生变形，所以在拼合前必须对城市进行调整——这是练习"自适应广角"滤镜的最佳机会！

1. 打开第九章资源文件夹，然后在"城市"文件夹中找到"City.jpg"文件，将它置入"Nature_ rules.psd"文件中。记住要把它放到命名为"城市"的组中，这个组中包含了所有城市的图层和调整后的城市效果。

2. 选择"城市"图层，按 Ctrl+J/Cmd+J 快捷键进行复制。它会产生一个全新的副本，如果无法复制的话（经常有此情况发生），将图层进行栅格化就可以了。

3. 为了让设计的流程保持无损编辑的状态，可以使用"自适应广角"智能滤镜，随时进行调整。首先执行"滤镜" > "转换为智能滤镜"命令，将"城市"图层转化为"智能对象"（图 9.3），然后执行"滤镜" > "自适应广角"命令，打开滤镜的对话框。在这里你可以找到很多非常好用的能够校正广角镜头和透视变形的工具（图 9.4）。

4. "自适应广角"对话框会随着新版本的发布有所不同。在 Photoshop CC 2018 版本中，在"校正"下拉列表框中选择"鱼眼"（默认选项）。然后将"焦距"和"裁剪因子"向右移动。在这个案例中，我将"裁剪因子"设置为 10，"焦距"设置为 7.2。你对"城市"图层的调整不必和我的完全一样，因为 Photoshop 版本的不同，这个功能操作也会有所不同，因此调整滑块的位置直到接近真实的状态即可。即使是使用广角镜头拍摄的图像，使用这些设置也可以得到不错的修正，因为它不是对变形进行挤压和修补，而是手动地根据视觉进行调整。每张照片的设置都不一样，所以最好的办法就是手动调整直到

接近真实的状态。下一步就可以修复角度和边缘曲线了。

图 9.3 "智能对象"和它们的"智能滤镜"都可以对图像进行无损的调整，图像质量不会受到影响。

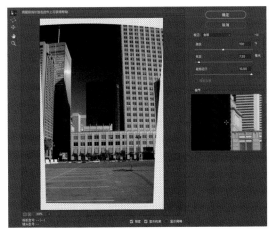

图 9.4 使用"自适应广角"滤镜可以手动调整边缘的角度。

图9.5 沿着边缘单击两个间隔较远的点，能够使边缘垂直。

5. 单击"约束工具"（左上角的按钮），使用"约束工具"沿着想要垂直的边缘画一条线。添加线时，会注意到线随着建筑物边缘的曲线进行了弯曲。（很酷是吧？）两点形成的线会对图像进行实时地调整。尝试一下，沿着边缘单击设置一个起始点，移动鼠标指针然后在此边缘再次单击设置一个终点（图9.5）。以图9.4为标准，在建筑物的边缘添加一些水平线和垂直线。

我一开始使用的是建筑物的外边缘，因为这样调整会将整个画面进行旋转和缩放。对线进行旋转调整能够更好地对变形进行修正（在步骤6中会进行详尽的讲解）——在对线进行手动旋转之前，线可以自由移动，并且会随着其他线的旋转一起旋转，改变旋转角度（即使是改变一点点），添加锚点的线或边缘会跟着一起移动。

6. 单击选中一根线将其进行旋转，注意小圆圈的出现。通过拖动这些旋转定位点（和"移动工具"的旋转定位点一样），能够改变垂直边缘的角度，可以使图像以精确的角度旋转（图9.6）。例如，调整向内倾斜的角度能够使图像变得垂直。

　　同图 9.6 一样，单击拖动旋转点调整所
有的线。进行适量的调整，保留一点透视角
度，以便使这个建筑物看起来更加高大——
有一点歪斜可以使高大的效果更加强烈。旋
转角度的多少一般都是由主观判定决定的，
直到满意为止。在这个案例中我旋转的角度
非常小，图像没有被过度地扭曲。

　　7. 当调整到满意的效果时，单击"确
定"按钮退出对话框。注意在"图层"面板
上已经转化为"智能对象"的"城市"图层
现在就有了一个相关联的"智能滤镜"（和
独立蒙版），你可以通过启动或禁用它来
观察前后的变化（图 9.7）。使用"移动工
具"将这个图层进行缩放，直到布满整个
画面。

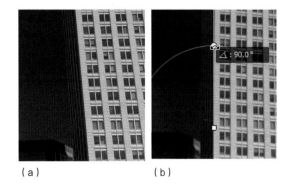

（a）　　　　　　　　　（b）

图 9.6　很明显（a）中的建筑物需要进行矫正。当
调整好线的角度时，系统会根据准确的角度将建筑
物旋转到（b）的效果。

图 9.7　"智能对象"应用"智能滤镜"后，
能更好地进行无损编辑。"智能对象"可以
随时应用、更改或删除"智能滤镜"。

给城市添加蒙版

在《自然法则》这个作品中，将城市图层中的建筑物拉直，可以让它看起来更加自然。先给城市建立蒙版，让它与周围的环境分离：使用"快速选择工具"快速地将天空选中，渐变的蓝色阴影比较易于选择；然后将选区进行反相，选区就转化为了建筑选区——这样比手动制作建筑选区简单得多；最后使用"选择并遮住"微调选区边缘，创建选区。

1. 使用"快速选择工具"从天空的顶部开始绘制选区，以你喜欢的方式向下和四周涂画直到整个天空都被虚线所包围。

2. 按 Ctrl+Shift+I/Cmd+Shift+I 快捷键，将选区反相，或者右击，从快捷菜单中选择"选择反向"。现在若添加蒙版，则只有建筑的部分可见。

注意 如果在使用"选择并遮住"之前忘记将选区进行反相，只需要在"选择并遮住"里单击"反相"按钮就可以了。

3. 按住 Alt/Opt 键使用"快速选择工具"，此时为减去模式，在中间较暗的低矮的摩天大楼上进行涂画以减去该部分，包括天空，要注意不能留下边缘。如果将高大建筑物的阴影减去了，那就放开 Alt/Opt 键，此时为添加模式，在阴影部分进行涂画，以将阴影加入选区。这会花费一些时间，需要在添加和减去之间不断进行切换才能得到更加精确的选区。

4. 注意城市的边缘要有一点模糊感。任何改变和镜头校正都会使图像产生一点模糊，模拟出这种模糊效果会让选区看起来更加自然（而不像是假的——切割出来的锋利的边缘）。为此，可单击选项栏中的"选择并遮住"按钮，在出现的对话框中，将"羽化"的滑块调整到 1 像素。为了让选区不出现虚边，将"移动边缘"设置为 -40%（图 9.8）。当微调到满意的效果时，单击"确定"按钮。

提示 在微调选区边缘时，要放大进行调整（在想要微调的区域按住 Alt/Opt 键并向上滚动鼠标滚轮或触摸板即可放大，按 Ctrl/Cmd+ 或 Ctrl/Cmd- 键也可以放大或缩小），以便能够看清所要调整的内容。否则当编辑完成后，表面上看效果很好，但实际上很糟糕。

5. 在"图层"面板上单击"添加图层蒙版"按钮，给选区添加蒙版。虽然可以直接从"选择并遮住"中执行此操作，但我更喜欢使用手动的方式添加蒙版，这样可以更加直接地对所要遮盖的部分进行选择——还可以随时调整选区。

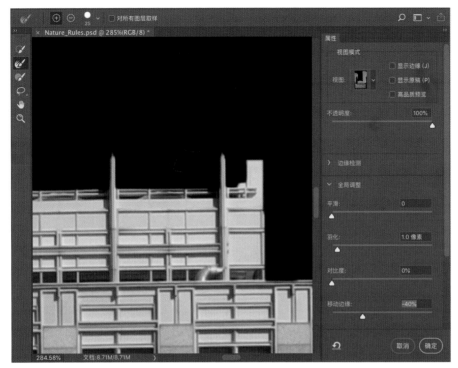

图 9.8 为了更好地进行无缝拼接，需要对选区边缘进行微调。调整"羽化"值能够让边缘模糊，使其更好地与其他图像进行融合。将"移动边缘"滑块的数值降低能够避免选区虚边的产生。

提示　在蒙版上绘制直线（建筑上经常使用）的方法：先单击边缘的一端，然后按住 Shift 键并单击边缘的另一端，系统会以当前"不透明度"的设置绘制出一条完美的直线。在使用手绘板绘制直线时，如果看到不透明度随着压力的变化而变化，可将压力感应关闭。

拆除前的准备

　　现在大的氛围已经构建完了，若在拼合前做好准备工作，则会使拼合进行得更加顺利。在这个案例中，使用蒙版可以很容易得到建筑破损的效果；另外，将大楼右边顶部的部分要去除掉，以添加新的天空；为了给山留出空间，还需要将小的背景建筑去除掉。提前做好规划，有助于后续工作的顺利进行。

　　对于所要去除的部分不用太过于精细，因为后面会对破损的效果进行细致的调整。现在先粗略地将建筑物顶部的部分去除，为后续合成留出空间。我想让建筑的角度稍微向右倾斜一点，以便视线向下能够沿着建筑物移动延伸到山、草地和其他的人物上。为了更好地控制视觉流程，可以给予画面细微

图 9.9 粗略地选择出将要去除的区域,例如右边摩天大楼上方的区域。

图 9.10 对想要去除的城市区域进行遮盖,以突显出衰败的景象。

的方向暗示,如一条线、一个亮点、夸张的对比和颜色等都可以引导视觉的方向。

1. 使用"快速选择工具",将"大小"设置为 50 像素,先从右边的摩天大楼上选择想要去除的区域(图 9.9),然后再在这个区域上添加云的图案,使画面平衡。

2. 用不透明的黑色进行涂画,将不需要的部分从选区上去除。(涂画的部分就是被去除的部分。在此过程中,不仅获得了乐趣,同时还获得了很好的结果!)也可以使用 Alt+Backspace/Opt+Delete 快捷键用前景色填充选区(一定要使用黑色)。

> 提示 为了能够更好地查看蒙版区域,尤其是建筑物边缘,可以不时地更改背景图层。我提供的文件背景是黑色的,选中此黑色图层,按 Ctrl+I/Cmd+I 快捷键,将背景变成白色。在本章中你会不时地看到这种切换背景颜色的操作。

3. 对其他需要去除的部分制作选区,并对不理想的选区边缘进行调整。使用小号圆头的柔边画笔,用黑色在蒙版上需要遮盖的地方涂画,用白色在不可见但需要显现的部分进行涂画(图 9.10)。

4. 检查在"给城市添加蒙版"部分中是否已经将中间的黑色建筑物和小块的背景完全遮盖,将图像放大以确定没有多余的像素和杂点存在。虽然旁边蓝色发亮的小建筑物现在不需要去除,但是稍后还需要将它移动到山图层的后面以增强画面的景深。现在,只需要保证它不影响其他合成的进行即可。

给草地添加蒙版

城市已经准备得差不多了，下一阶段就是置入草地，将草地上的树进行遮盖（图9.11）。草地上的花和绿色形成了鲜明的对比，草地与城市合成能营造出一种生机勃勃与衰败并存的冲突感。并且草地还能很好地隐藏住女剑客的脚。当将在影棚拍摄的照片与环境相结合时，脚是第一个不可见的部分。更多内容将会在"让人物站在草地上"的部分进行详细的讲解。

1. 从第九章资源文件夹的"草地"文件夹中打开"Meadow.jpg"，置入合成文件的"草地"组中，让"草地"组在"城市"组的上方。图层的顺序非常重要，因为它会直接影响合成的效果。

2. 在"图层"面板中，将"草地"图层的"不透明度"更改成50%，这时城市的地平线和草地就会同时显现出来。然后使用"移动工具"，将草地移动到两个建筑物的下方并进行缩放以适应此区域（图9.12）。我将树木的水平线以最大建筑物为参考进行对齐。在草地位置确定得差不多时，将"不透明度"还原为100%，然后按Enter键确定。

图9.11 我拍摄的这张内华达山脉下的草地照片与城市场景的景深、明暗和透视角度都十分相似，非常适合合成。

图9.12 将"不透明度"更改为50%，使所有图层都可见，更便于草地合成。

3. 旱击"图层"面板下方的"添加图层蒙版"按钮添加蒙版，然后使用不透明的黑色圆头柔边画笔（如果之前使用的是一个硬边画笔，在完成使用后一定要记得将画笔的硬度设置成 0）对"草地"图层上的天空和树进行遮盖。另外，我还留出了一些树丛，以便图像能够与后面场景更好地进行融合。当然，这根据个人喜好来定。

提示　按 \ 键蒙版区域会显示出默认的红色，可通过反复按 \ 键来检查蒙版的覆盖情况。这个红色区域实际上就是蒙版区域，仍然可以通过黑色和白色的绘制进行隐藏和显现。如果发现应该覆盖但还没有覆盖红色的部分（或者不应该被覆盖的部分被覆盖了），就修正它。在工作中需要花些时间去检查那些零散的像素以避免产生大量的杂点。即使是具有杂质感的合成作品，你也会希望这种杂质感是由主观控制产生的，而不是意外产生的。因为，这两种结果截然不同。

4. 选择有斑点效果的纹理画笔，如"飞溅"画笔（图 9.13），用黑色沿着植物的自然轮廓上下移动。这样能够更好地模拟出草地、树和灌木丛的随机边缘，使图层更加自然地进行融合。

按 [键或按 Ctrl+Alt/Control+Opt 快捷键并向左拖动可以缩小画笔，找到适合的画笔大小即可。如果沿着灌木丛的浅绿色一直涂画，会使整个草地非常平整，效果却很糟

糕。根据图像进行涂画，这样效果才会比较自然。

提示　在涂画时，按 X 键可以切换油漆桶的前后背景色。如果黑色和白色不是默认的前景色和背景色，按 D 键可以还原到默认状态。

图 9.13　使用带有飞溅纹理效果的画笔能够为蒙版绘制出高仿真的随机边缘。

添加山脉

停车场区域已经完成，现在开始移动山脉。具体来讲，就是在破损的摩天大楼之间添加一张在美国的约塞米蒂国家公园拍摄的坚硬的花岗岩山脉的图像。添加山脉很简单，难的是制作选区和涂画蒙版，要让山顶后面新的天空和边缘的植被都显现出来。

1. 从源文件的第九章资源文件夹中复制 Mountain.jpg（图 9.14）文件，置入合成文件的"山和背景城市"组中。（如果对这步不清楚的话，请参阅第六章。）

2. 在摩天大楼间使用"移动工具"移动山，以便隐藏树的部分，但还是要给发光建筑物旁边的小型建筑物留一些空间（图 9.15）。

图 9.14 这个山最终将取代发光的摩天大楼，所以现在把它放入"山和背景城市"组中。

图 9.15 移动山的位置，对不需要的区域进行遮盖，在左边留出一部分城市背景。

3. 用"快速选择工具"将山的大部分选中（图 9.16）。如果不小心把天空也选中了，按 Alt/Opt 键将它从选区中减去（或者在选项栏中单击相应的按钮）。在下一步中，将对选区进行微调。

4. 在选项栏中单击"选择并遮住"按钮，在弹出的工作区中添加轻微的羽化效果（6 像素或者更少），将"移动边缘"设置为 -13%。

5. 在"选择并遮住"工作区中，将工具切换成"调整边缘画笔工具"，然后在山的周边进行涂画，以将那些参差不齐的灌木区域选中（图 9.17）。当选区完成后，单击"确定"按钮。

6. 直到得满意的选区后，在"图层"面板中单击"添加图层蒙版"按钮，将选区转化成蒙版。

7. 和对草地和灌木丛的处理一样，使用纹理画笔再一次调整山的边缘。一定要在完全放大的状态下，从外向内进行调整。

提示　如果蒙版中的某些区域羽化得太过，甚至还出现了光圈，你可以试试下面这种方法，将柔化的部分消减成锋利的边缘。这种方法是对蒙版进行选择性的锐化，在选项栏中将画笔的混合模式更改为"叠加"。在锐化的同时，还可以使蒙版沿着所画的边缘向内移动，这样可以避免由于没有调整选区边缘而产生的虚边。一定要记住，在完成操作后需要将画笔的混合模式更改回"正常"。

图 9.16　给山制作大致选区。

使用"调整边缘画笔工具"
沿着边缘进行绘制。

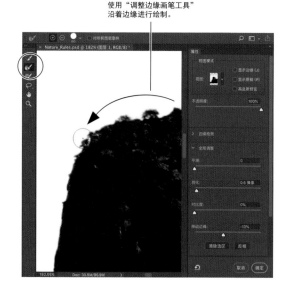

图 9.17　当需要精细调整边缘时，请使用"调整边缘画笔工具"。

8. 还记得那个被隐藏的小的建筑物吗？现在要把它找回来。在远近建筑物之间加入山脉会产生一种景深的错觉。在"主要城市"文件夹中，按住 Shift 键并单击"图层"面板中图层缩略图右侧的蒙版，将"城市"图层的蒙版停用。如果还没有选中"城市"图层，请先选中再操作。

9. 现在可以看到背景建筑了，用"矩形选框工具"将浅色的背景建筑选中（图 9.18）。按 Ctrl+C/Cmd+C 快捷键复制选区，使用 Ctrl+Shift+V/Cmd+Shift+V 快捷键进行原位粘贴，让其在合成文件中的位置保持不变。将这个图层向下移动到"山和背景城市"组中山图层的下面。文件夹名越长是不是越有意义呢？要提前考虑清楚，以免后续的不断修改。

图 9.18　选择小的背景建筑物进行复制并原位粘贴，然后将它移动到山的后面。

10. 使用之前遮盖主要城市图像的方法将这个图层的天空和其他建筑物遮盖住。

云层的添加与调整

添加一些云能够改变整个图像的氛围。作为一个云图像摄影爱好者，拥有云的图像库非常重要。在选择图像时，要慎重选择光线。如果云里含有光就不太适合当前这个场景的合成，因为这样会吸引受众的视线。他们未必能发现是云的问题，但是肯定会感觉到不舒服。你可能不会找到完全匹配的图像，但是在选择图像时要特别注意高光和阴影的方向。要知道，我们从不同的角度和视角看到的阴影的方向会有所不同（随着时间的变化，阴影也会发生明显的改变）。

在《自然法则》这个作品中添加云非常简单，因为在这之前已经给城市和山制作了蒙版。现在唯一要做的事就是调整对比度和其他元素，以便云的图层能够更好地与其他图像进行视觉融合。

1. 在第九章资源文件夹中的"云"的子文件夹中，将"Cloud1.jpg"以标签的形式在Photoshop中打开，然后使用"移动工具"将它移动到合成文件中。或者使用Bridge和"置入"功能（在图像的缩略图上右击，执行"置入">"Photoshop"命令）将整个图像以"智能对象"的形式置入。如果只会用到一部分内容而不是整个对象，那么仍然需要使用标签的方式打开。

2. 使用"移动工具"将云缩小，并且将其拖动到最后一个组——"天空"组中（图9.19）。关于缩放和"移动工具"的其他使用方法，请参阅第二章。

图 9.19 调整云的图层顺序，将它移动到"图层"面板最底部的图层组中。

3. 添加"曲线"调整图层以增加对比度。在"调整"面板上单击"曲线"调整按钮，然后将暗部变暗、亮部提亮，以增强对比效果，如图 9.20 所示。

4. 按住 Alt/Opt 键，在"图层"面板上的"曲线"调整图层和"云 1"图层之间单击（图 9.21），或者在"属性"面板上单击"剪切到图层"按钮。将这个"曲线"调整图层剪贴给"云 1"图层，无论是哪种方法，都只是对"云 1"图层进行的调整，只作用于"云1"图层。

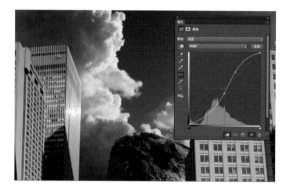

图 9.20 "曲线"调整图层能够对"云 1"图层进行有效的调整，因为它影响的是整个色调，同时，它还能够对最终效果进行精确的调整。

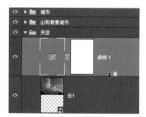

图 9.21 将"曲线"调整图层剪贴给"云 1"图层，如果后面给"云1"图层添加图层蒙版，调整图层的效果只会显示在"云 1"图层的可见区域上。

5. 现在从合成的效果来看,左侧太"重",失去了平衡。为了平衡画面,在右侧空的地方添加一些云。置入"Clouds2.jpg"文件,将它放置在"天空"组中"云 1"图层和调整图层的上方。

6. 接下来对"云 2"图层进行调整。"云 2"有一点点背光,比较适合放在靠近太阳的位置。为了更好地进行拼合,接下来对不需要的部分进行遮盖。单击"添加图层蒙版"按钮,选择一个大号的低不透明度的柔边圆头画笔,沿着边缘涂画到高光的部分,将所有的部分都遮盖住,只保留小块背光的部分。使用另一个"曲线"调整图层使天空的颜色过渡到高光,所以现在蒙版上只保留了高光以下的区域(图 9.22)。

图 9.22 要将云的四周全部遮盖,只保留高光以下的部分。

7. 创建另一个调整图层,将其放置在"云 2"图层的上方,并将其剪贴(Ctrl+Alt+G/Cmd+Opt+G)给"云 2"图层。

8. 单击调整图层打开调整"属性"面板,如步骤 3 中所做的那样沿着"曲线"默认的对角线添加两个控制点。把暗部稍微向下移动一些,亮部稍微向上移动一些。现在这个云层已经与天空背景和其他云层完美地融合在一起了——不再需要使用精细的画笔进行调整了(图 9.23)。

图 9.23 使用"曲线"调整图层调控整个云层的色调,让其与大片云层和天空相协调。

图9.24 使用"黑白"调整图层去除图像的饱和度，将图层的"不透明度"设置为63%，使画面整体具有一种沉闷感。

调整颜色

现在场景中的元素都已经准备就绪了，然而从整体来看，场景有一种轻松愉快的氛围——而实际上场景应该是一种腐朽衰败的景象（除了花以外）。现在对画面进行整体的调整，使后面纹理的添加和其他调整能够更好地进行，以达到无缝衔接的效果，并且颜色协调。

1. 单击打开"效果"组，添加一个新的"黑白"调整图层。这时所有的图层都会变成黑白效果，这看起来可能有点极端，但这只是起点。

2. 将图层的"不透明度"降低到63%左右，这有助于剩余部分的调整，并且能够让工作更加流畅（图9.24）。

室内和室外摄影的结合

在室外场景中添加室内拍摄的模型，可以形成有趣的光线效果和纹理效果，构建出大的氛围。这需要进行3个部分的操作：选择适合的模特（尤其是她的头发）；调整蒙版让模特看起来是站立在场景中（在《自然法则》中，模特站立在花中）；给纹理图层添加剪贴蒙版，使室内拍摄的模特与室外场景完全融合。为了能够更好地进行合成，最好准备多个姿势角度的模特图像以备选择。

选区

在《自然法则》中，在灯光师Jayesunn Krump的帮助下，我在室内为模特Miranda Jaynes拍摄了3组不同姿势的照片（图9.25）。我选择了最侧面的图像"Pose1.jpg"，因为我想让它引导受众的视觉方向。所有的图像

图 9.25 给人物拍摄的姿势越多，可选择的余地就会越大，选择出与创意最契合的图像的可能性就越大。

都有其特点，所以你可以根据画面需要进行选择。

1. 从第九章资源文件夹中的"人物对象"子文件夹中选择出最喜欢的姿势图像，把它置入合成文件中（也可以使用"置入"命令或者打开标签的方法），以及"图层"面板的"人物"组中。在创建图层时不要忘记给图层做好标注，这个图层应该被叫作"人物"。

2. 把这个图层转化为"智能对象"（在图层缩略图上右击，然后从快捷菜单中选择"转换为智能对象"），将模特缩小到适合画面的大小。

在这个例子中，我将模特缩小到整个画面一半的大小。这样能够让她足够接近观众，太远的话就会显得很孤立。

3. 使用"魔棒工具"（Shift+W）选中模特，将她从背景中分离出来。在选项栏中取消勾选"连续"复选框，将"容差"设置为 30，在模特后面背景的中心位置单击——这样几乎全部的背景都会自动成为选区的一部分。对于第一次还没有选中的部分，将"容差"更改为 10，然后按住 Shift 键并单击剩余部分进行选择。因为背景是均匀的，使用"魔棒工具"会非常有效（图 9.26）。如果背景很杂乱，你就需要使用不同的选择工具。

图 9.26 取消勾选"魔棒工具"的"连续"复选框,将"容差"设置为30,能够将整个场景的大部分背景选中。然后将"容差"更改为10,按住Shift键并单击剩余部分进行选择。

图 9.27 羽化选区的边缘但是要避免头发被羽化掉,这需要两个步骤。首先在"选择并遮住"工作区中对整个选区的边缘进行羽化,单击"确定"后,然后再次打开"选择并遮住"工作区,这次使用"调整边缘画笔工具"对头发进行选择。这样可以消除头发之前产生的羽化效果。

4. 按 Q 键,进入"快速蒙版"模式,选择大的白色画笔,在需要制作选区的部分进行涂画。(同样的,如果使用"魔棒工具"不小心选中了模特皮肤的部分,可以使用黑色画笔将多选的部分去除)。再一次按 Q 键退出"快速蒙版"模式,然后按 Ctrl+Shift+I/Cmd+Shift+I 快捷键将选区反相,这时模特就被选区包围了。

5. 为了获得最好的效果,使用"选择并遮住"工作区分两个阶段对选区边缘进行微调:羽化和移动选区边缘,然后再制作头发的选区。单击"选择并遮住"按钮,然后调整"羽化"滑块到0.5像素,让边缘稍微模糊一点,以便和清晰的图像更好地进行融合。将"移动边缘"设置为 -40% 以消除所有的虚边(图 9.27),当边缘完全与选区吻合时单击"确定"按钮(现在不要管头发的部分)。

6. 再次单击"选择并遮住"按钮，对头发选区进行微调。就像调整山上的灌木丛一样，用"调整边缘画笔工具"沿着头发的边缘调整细小碎发，让选区更加精准（图 9.28）。

7. 将所有的发丝都选中后，在"图层"面板上单击"添加图层蒙版"按钮，选区部分就会完全地显示出来，并且更换了新的背景。

图 9.28　使用"调整边缘画笔工具"会使建立复杂的头发选区变得非常地简单。

8. 为去除发光的虚边，使用"画笔工具"，在选项栏中选择"叠加"混合模式，用黑色进行涂画。这会使选区向内收缩并且能够起到锐化边缘的作用，所以在使用这种方法时要适度。完成后一定要将画笔的混合模式更改回去。

除此之外，我经常使用默认的"正常"混合模式的小号柔边画笔沿着边缘进行涂画，涂画时要非常精准。另外，还要将原来由"魔棒工具"制作选区时产生的虚边涂画掉。这些虚边主要会出现在较亮的区域，如剑、手或裤子的部分。

让人物站在草地上

怎样才能让拍摄对象的脚站在地面上呢？虽然站立在工作室的地板上看起来很稳，可一旦移动到合成文件中，模特不仅站在了草尖上，而且整个脚都能够被看到（现在的状态）。这会让画面看起来很奇怪，并且会破坏整个画面的效果。我的解决办法是将膝盖以下的部分全部去除，产生一种腿在草地和花丛中消失的错觉。如果觉得很难的话，也可以将人物放到足够大，让她的脚超过画面的底部，就好像她站在离你非常近的地方。以下是让物体在草地中消失的方法。

1. 在"画笔"面板中选择"喷溅"画笔或其他纹理画笔，如"圆头毛刷"，直接在"人物"图层的蒙版上进行绘制。使用不透明的黑色画笔从地面开始往上画，模仿出草和花的叶片，将脚和腿全部遮盖住。但是不要过于强调细节，除非已经非常确定人物在草地中的位置。每次移动人物时，由于腿的关系会使草地看起来不太对，这时就需要重新调整蒙版。当确定好最后的位置后，再对蒙版进行最后的修改（图 9.29）。

> 提示　还有另外一种更加灵活的遮盖脚的无损编辑的方法，就是创建一个组，将"人物"图层放置在里面，给这个组添加新的蒙版，在这个蒙版上进行涂画让腿消失（图层蒙版继续保留，以便后期再重新调整）。可以取消掉蒙版和组之间的链接，这样蒙版和组就可以分开移动直到得到满意的效果为止。

2. 根据整个场景的光线和变化添加阴影效果，在增强景深的同时还能增强其真实性。在"图层"面板上单击"创建新图层"按钮，创建一个空白图层用以添加阴影，将这个图层的混合模式更改为"叠加"，并将其命名为"阴影"。在"人物"组的上方创建一个新组，并且将这个组命名为"阴影"，将"阴影"图层移动到"阴影"组中。当你绘制的阴影越来越多时，最好将这些图层和组进行更为细致的标注命名。在我的最终版本文件中，你会看到我有一个标注了"脚上的阴影"的组。

3. 再次将画笔切换成柔边画笔，将"不透明度"降低到 10%，在主体人物的左侧和腿的周围轻轻地画一些阴影。在使用低不透明度的设置时，需要多涂画一些（图 9.30）。

图 9.29　将脚和腿全部遮盖住能够使人物更稳地站立在画面。

图 9.30　当将室内拍摄的人物置入自然环境中时，阴影是非常重要的。

在这个阶段，阴影不需要过于完美，因为可能还需要回到图层上，根据人物移动的位置再次进行调整。

给模特添加污点效果

添加一点污点纹理更能够烘托出画面的气氛。现在的画面太过于干净，和整个作品想要表达的世界末日的感觉不吻合，因此需要给人物添加一点野外生存的"粗野感"。只用在画面中添加一些纹理就能够改变整个画面的感觉。

1. 从第九章资源文件夹中的"纹理"文件夹中选择"Cookie_ Sheet.jpg"文件（图 9.31），将其直接覆盖在合成文件的人物上，位置位于"图层"面板"人物"图层的上方，将这个图层命名为"泥"。金属材质有很多种用途，像这种刮痕和颜色碎片都是很好用的素材——在下一章中就可以看到它们的作用。

2. 将"泥"图层的混合模式更改为"正片叠底"，这样会使人物变黑，并且会显示出纹理。

3. 按 Ctrl+Alt+G/Cmd+Opt+G 快捷键将"泥"图层剪贴给可见的"人物"图层（或者在"图层"面板的两个图层间按住 Alt/Opt 键并单击）。

4. 使用"移动工具"对纹理图层进行移动、缩放和旋转，让泥与所需区域对齐。在这个案例中，我想让手臂上显示出明显的擦伤，所以移动纹理图层，让它覆盖在手臂上（图 9.32）。

5. 划痕给画面增加了末日感，但模特还是

图 9.31 使用过的烘焙纸具有很好的金属纹理效果。

图 9.32 移动金属纹理直到人物的胳膊和脸上都布满了泥点。

过于干净了，尤其是她的浅色裤子。裤子应该更加接近黑色，有一种粗糙的感觉。将"Falls1.jpg"（也在"纹理"文件夹中）置入画面中，将裤子加深并且为其添加一些褶皱和泥。从花岗岩中寻找一个斑点，要和裤子褶皱的方向一致，但是要避开水的部分，我找的是位于约塞米蒂瀑布右上方的岩石部分（图9.33）。为该部分创建一个图层，命名为"加深裤子"，将它直接放置在"图层"面板中"人物"图层的上方。

6. 将"加深裤子"图层的混合模式更改为"正片叠底"，并剪贴（Ctrl+Alt+G/Cmd+Opt+G）给"人物"图层。

图9.33 从花岗岩中选取一个斑点，使用"正片叠底"混合模式使裤了变深。

注意 不要将过多的纹理相互叠加，因为这样会让斑点变得非常糟糕！不要想着将人物全部覆盖，要有选择地添加纹理。且应适当地对纹理使用蒙版，以避免过多的纹理相互叠加（主要是皮肤的部分）。也可以使用其他混合模式，只要能获得好的效果。

7. 在这个案例中，裤子、一半的胳膊和躯干都变黑了。如果你也遇到同样的问题，那就给除了需要变暗的裤子以外的部分添加蒙版（图9.34）。

颜色和光线的调整

当前画面让人感觉不舒服的主要原因是人物受光的问题（更不要提与画面的其他部分相比，人物太过阴暗并且充满了泥泞效果）。虽然模特是在中性的光线下拍摄的，但为了让其在合成中看起来像

图9.34 添加一点花岗岩的纹理，再配合一点蒙版的使用，裤子就变暗了，并且还添加了污渍效果！

是在自然光源中拍摄的，需要给"人物"图层添加来自太阳的更加强烈温暖的光线，阴影部分也需要一些冷色。具体的颜色和光线的调整需要根据位置的变化而决定，所以很难完全复制《自然法则》中的效果。但是，可以在开始调整时使用下面这些步骤。

1. 创建一个新的空白图层，把它放置在刚才给裤子使用的纹理图层的上方。将这个新图层剪贴给下方的图层，并且将它的混合模式更改为"叠加"，将其命名为"高光"。现在就可以无损地对受光部分和阴影部分进行减淡和加深操作了（图9.35），方法和第八章中对火焰和烟雾的操作相同。

2. 选择低不透明度的柔边圆头白色画笔，沿着裤子右边被阳光照射的部分进行涂画。将这个图层命名为"高光"是因为在这个图层上涂画的部分就是高光区域。

不要画太多的高光，因为画得太多看起来会非常假，尽可能让其自然。根据太阳的方向，在人物的身上绘制出一点点光，表明受光方向即可。

3. 创建第二个新的空白图层，这次把它放置在"高光"图层的上方，并且重复步骤1和步骤2，将其命名为"暖高光"。用温暖的黄橙色模拟出太阳光照射的效果，如果室内灯光不使用滤色片和色温，则拍摄不出这种效果的。

4. 在"暖高光"图层上，给阴影的部分添加一些淡蓝色以增加阴影的维度和对比度。莫奈（Monet）等大师一直都在研究自然界太阳光下的颜色——但他们无法给颜色使用"叠加"混合模式（图9.36）！

图9.35 将"叠加"混合模式图层剪贴给"人物"图层，就可以绘制出任何想要的受光效果。

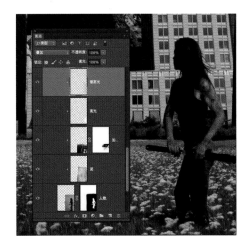

图9.36 暖高光和冷色阴影能够增强空间感，使画面产生大的视觉冲击力。

仔细观察《自然法则》的图层就会发现，我在人物的头发上也添加了一些纹理，使头发看起来有些脏脏的感觉；使用"曲线"调整图层将手变暗，让阴影更加真实。对这两个部分的调整同样使用了之前所讲的添加纹理和光线的方法，只是在细节上进行了调整（图9.37）。在进行合成时试着使用这些方法，看看哪些可以更好地增强画面效果。

> 提示　适当地休息一下也很重要。回来后以新的视角重新审视画面，能够更好地进行调整。

图9.37　对局部进行调整，能够让画面最终产生巨大的变化。

完善建筑物的破损效果

在"给城市添加蒙版"部分，已经将建筑物切割成了锯齿块。之后不仅需要回到原来的蒙版上将其他多余的部分涂抹掉，还需要在一个图层上涂画上黑色，作为破损建筑物的阴影，将这个图层直接放置在"城市"图层的下方。破损的建筑物配上破碎的窗户效果会更好，你可以使用"魔棒工具"进行少许涂画。使用花岗岩和锈铁皮这种砂质纹理可以产生非常棒的效果。你可以根据喜好制定场景，比如是要破损的效果还是要干净的效果。当然，叠加的纹理越多，破损的效果越强，建筑物显得越老旧不堪。

1. 同给人物添加纹理一样，从"纹理"资源文件夹中置入生锈的金属图片（Rust1.jpg），将它直接放置在"城市"组中"城市"图层的上方（图9.38）。

2. 为实现腐蚀效果，将这个新图层的混合模式更改为"正片叠底"。之后还需要将其稍微提亮一些，但现在需要这种污秽的混合效果。

3. 按住Alt/Opt键并在"图层"面板的两个图层之间单击，将"铁锈1"图层剪贴给带有蒙版的"城市"图层（图9.39）。

4. 从"纹理"资源文件夹中打开"Half_Dome.tif"文件，给右侧腐蚀破损风化的建筑物添加一些变化。我喜欢这个建筑物的半圆顶，因为它有漂亮的高光、黑色的污点，以及向下的条纹。再次将这个新图层剪贴给"城市"图层，并且将它的混合模式更改为"正片叠底"。

5. 纹理使建筑物看起来有点太暗了，所以添加"曲线"调整图层将画面提亮：在"调整"面板上单击"曲线"按钮。在调整"属性"面板的底部单击小的"剪切到图层"按钮，将这个新图层剪贴给"城市"图层。

6. 沿着默认曲线的对角线在高低两处添加两个控制点，移动上面的控制点能够将整个建筑都提亮，如同被阳光照射着的效果。我在案例中将光照效果调整到了最大限度，直方图的峰值都集中在中间区域，如图9.40所示。在下一步骤中，低的控制点能够在提亮中间色调的同时保持暗部不变。

图9.38 生锈的金属纹理能够让任何事物都变得老旧不堪。

图9.39 将"铁锈1"图层剪贴给"城市"图层的可见部分。

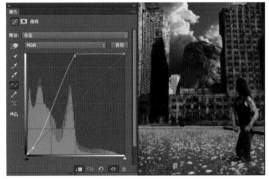

图9.40 使用"曲线"调整图层能够有效地将整个建筑物提亮。

7. 创建第二个"曲线"调整图层，同上一个调整图层一样，将它剪贴给"城市"图层。添加一个控制点将整个中间区域向上提升，如图 9.41 所示。在调整色调时，有时一个调整图层是不够的，需要多个调整图层才能更好地实现效果。

图 9.41 第二个"曲线"调整图层能够将所有的中间色调都提亮，以平衡建筑物中由于纹理叠加所产生的暗色。

8. 重复步骤 1 ~ 步骤 7，给后面的小的背景建筑添加锈蚀效果。

破碎的窗户效果

破碎的窗户可让整个建筑有一种神秘的恐怖感。使用"魔棒工具"制作选区并涂画上一点点黑色就可以实现这种效果，当然，破坏到什么程度由你自己来决定。在《自然法则》中，我想让大部分的玻璃都破碎掉。如果想让效果更加精准，可以逐个像素进行绘制，但使用"魔棒工具"更快，能够大大减少工作量。

1. 选中原始的"城市"图层（不带有蒙版，没有调整过的图层），然后选择"魔棒工具"。

2. 在选项栏中将"容差"设置为 20，取消勾选"连续"复选框。

3. 在窗户上单击。因为取消勾选"连续"复选框，所以现在所有的窗户都会被选中，放大后仔细检查选区（图 9.42）。这能够节省大量的时间。

图 9.42 当取消勾选选项栏中的"连续"复选框时，选择一个窗户的同时会将所有与窗户相似的部分全部选中。

4. 创建一个新的空白图层，并将其直接放置在包含有"城市"图层的剪贴组的上方——在移动位置前将这个图层命名为"窗户"。

5. 使用不透明的纯黑色画笔在所选择的窗户区域进行涂画。重复步骤3和步骤5，直到窗户破损到你满意的效果为止。注意不要将这些选区全部填充为黑色，而是要在这些选区上进行涂画，这样才能够更好地控制黑色的用量和位置。如果玻璃边缘破损得不够，还可以使用小号散点画笔进行绘制。

6. 对选区以外的部分进行操作时需要先取消选区（Ctrl+D/Cmd+D），放大近距离地观察。最后给窗户润色，记住一定要在"窗户"图层上进行调整。虽然使用"魔棒工具"很有效，但是绘制是微调和制作破碎玻璃效果的基础（图9.43）。

图 9.43 给所有窗户的选区涂画上黑色，会使整个建筑物产生一种恐怖感。

给破损的边缘添加阴影

在对建筑物进行遮盖合成时，适当的阴影能够增强整个效果的可信度。为了让效果更加真实，可以使用以下这些步骤。

1. 选中"城市"图层，将大型建筑物顶端的右侧放大，以便更加精准地制作杂乱效果。

2. 按 [键将画笔缩小到6像素，在蒙版上使用100%不透明的黑色进行涂画，让原本破损的屋顶边缘更加锐利和杂乱。以图9.44作为参考，制作出屋顶破损的效果。

3. 通过添加阴影，给粗糙的边缘添加立体感。

图 9.44 与图9.9中建筑物的破损效果相比，现在的效果更加精细。

创建一个新的空白图层,将它直接放置在"城市"图层的下方,并将此图层命名为"阴影"。

4. 以图 9.45 作为参考,同样使用 6 像素的画笔沿着边缘更加深入地进行涂画。如果它看起来很假的话,那就沿着边缘继续增加厚度。从地面的角度来看,应该可以看到底部和左侧厚墙的部分。随意添加的部分能够增强画面的凌乱感,使其看起来像是不规则的破裂。

图 9.45　在建筑后面再添加一点阴影和混乱效果,使画面更加真实。

添加大气透视效果

在空气中弥漫一些碎片能够增强整个场景的真实感,尤其是像《自然法则》这样脏乱的毁灭性的场景。厚实的灰尘和大气透视能够增强人物与背景间的景深。人物紧紧地盯着远方,添加一些朦胧的氛围能够营造出来一种不祥的感觉。这样做的目的是让观众好奇为什么她会看向远方,为什么她要拔剑。给观众留下更多的想象空间,使他们沉浸在场景中,使图像的叙事性更强。在这个部分中将创建出基本的氛围,之后会进一步进行细化。

1. 创建一个新的空白图层(单击"创建新图层"按钮),将其命名为"尘土",并将其放置在"草地"组中"草地"图层的上方。

2. 在场景中绘制出烟雾弥漫的效果。从"颜色"面板中挑选出中黄色(图 9.46)。使用白色会显得十分苍白,而中黄色更加适合此场景,不仅增添了颜色,也增添了颗粒感。选择柔边画笔,在选项栏中将画笔的"不透明度"设置为 5%,然后将画笔的"大小"调整到 400 像素 ~ 600 像素。

图 9.46　在"颜色"面板中选择一个自定义的氛围色彩,并使用这个色彩绘制出整个场景氛围。

3. 如果想要地平线周围模糊一些，可以多绘制一些笔触。在绘制时，尽可能地紧挨地面，然后慢慢地向上绘制，就好像尘土飘浮到了城市的其他地方（图9.47）。要添加足够的量使感觉更加自然，就像是羽毛充斥在各个地方。（在第十三章中对自定义画笔功能进行了深入的讲解，以便能够创作出更加自然的效果。）记住，距离越远，观众与物体之间的氛围物质积累得就越多，所以在景深的区域要画得更厚一些。

图 9.47 通过添加尘土，增强画面的神秘感。

最后的润色

尽管这一章的操作在有条不紊地进行着，但是任何时候都不会一帆风顺。我发现自己需要经常地从一个区域更换到另一个区域进行操作，然后重新调整一些东西，使之与后来的变化相协调，这就是最后阶段的主要内容，即使用调整图层将整个画面更好地融合在一起。

在这里有3个方面需要注意：颜色、阴影和光线。所有这些都位于"图层"面板顶部的"效果"图层组中，所以调整图层和效果会对整个合成文件都产生影响。

颜色的连续

虽然在"云层的添加与调整"结尾的时候添加了"黑白"调整图层，将整个颜色都减淡了，但这还不足以创造出场景所需的氛围。根据个人喜好，我比较喜欢在最后的时候添加暖色调。在这个案例中，我添加了一点暖色以强调尘土飞扬的感觉，并且让观众能够感受到照射的阳光。建立一个新的图层让整个合成文件都变得温暖起来。

1. 创建一个新的空白图层，将它放置在"效果"组中"黑白"调整图层的上方。我通常将这个图层命名为"暖色"。

2. 选择"油漆桶工具"，从"颜色"面板中选取暖的黄橙色。

3. 单击图层可将油漆桶的颜色"倒"在整个图层上。将混合模式更改为"叠加"，并且将图层的"不透明度"更改为11%，即可为图像添加轻微的暖色调（图9.48）。

图9.48 在"叠加"混合模式图层上添加暖色能够使整个合成具有连续和统一的色调。

阴影和草地

所有元素的位置都已确定，现在对阴影进行细节调整，让人物看起来是站立在草地上的。同时，还需要对整个草地进行调整，以便使人物能够在草地上站立得更加自然。

最好是在组中进行调整，这样如果组被移动，所绘制的阴影也会一起移动。

1. 在调整人物阴影时，打开"阴影"图层组。

在"叠加"混合模式下，使用黑色进行涂画会使暗部变得更暗，亮部依旧保持不变（因为它们不是太黑）。在使用"叠加"混合模式添加阴影时，不要将模特脚下亮的花遮盖住。

2. 为了让花不被遮盖，在第一个阴影图层的上方创建一个新的空白图层（命名为"暗部的花"，仅供参考），混合模式设置为默认的"正常"，使用低不透明度（10%不透明度）的黑色直接在这个新图层上进行涂画。目标对象是模特脚下阴影中亮的花束。再次查看案例文件会看到花的遮盖程度（图9.49）。

3. 在"暗部的花"图层上创建另一个空白图层（从这里开始每一个阴影图层都要放在后面建立的图层的上方），将其命名为"阴影区域"，并将它的混合模式更改为"叠加"。这个图层将作为整个草地的主要暗部区域使用，以便人物的腿和草地能够很好地进行融合。

　　4. 同样使用低不透明度的黑色画笔，这次将画笔"大小"设置为 400 像素。使用大号画笔能够创建出草地延伸至远方的效果，并且能够使阳光只照射在模特看向的边缘。图 9.50 显示了如何通过绘画塑造出整个图像的氛围。

图 9.49　在阴影中的亮的花也需要变暗。使用低不透明度的黑色在"正常"混合模式的图层上涂画是一种简单而有效的解决办法。

图 9.50　使阴影和草地形成对比，以创建出更加紧张的气氛，并且给图像底部创建出轻微的光晕效果。

(a)

(b)

图 9.51 使用斑点画笔（a）绘制出一个斑点，然后使用"动感模糊"滤镜进行模糊以模仿出光束的效果（b）。

强光和全局光

为了加强画面效果，除了在场景中添加尘土外，还可以加入强光效果和阳光。和"草地"图层组中的图层不同的是，这些图层会影响整个画面。如果还没有调整层级，先暂时这样继续下去，但最后仍然需要回来完成这些步骤。

1. 创建一个新的空白图层，将其命名为"强光"，把它放置在"效果"组"暖色"图层的上方。

2. 在"颜色"中选择黄色系里浅的米黄色。选择"画笔工具"，将默认的圆头柔边画笔的"大小"更改为 175 像素。

3. 对场景的氛围进行最后的润色，这次比在"添加大气透视效果"中第一次涂画得要厚一些。先使用 5% 甚至是更低的不透明度的画笔，从原来添加尘土的地方开始绘制，然后逐渐涂画到其他的建筑物上，这样能够使景深看起来更加自然。注意，草地边缘上的建筑物也需要被提亮，甚至黑色窗户的上方也需要添加一点烟雾效果，使建筑物看起来更加遥远、更加真实。在风景摄影中，只有当物体非常靠近观众的视角时，阴影才会是纯黑色。如果不符合常理，观众很容易会察觉到！

4. 淡淡的阳光能够让场景更加真实，增强整个场景的氛围。首先在"效果"文件夹中创建一个新的图层，将其命名为"光照"。选择类似米白色的大号（400 像素）的斑点画笔，将其"不透明度"设为 100%。在"光照"图层上，先绘制一个斑点（在场景中间区域单击一下）。

5. 选择"动感模糊"滤镜（执行"滤镜" > "动感模

糊"命令），使用 600 像素的画笔对刚才所绘制的斑点进行涂抹（图 9.51）。切换到"移动工具"，将刚才模糊的斑点拉伸成长形光束（为此必须勾选"显示变换控件"复选框），然后将这个图层移动并复制到它所需的位置，并且像其他图层那样使用蒙版进行融合。按住 Ctrl/Cmd 键并向外拖动变换控制点，可以使光束向外延伸（图 9.52）。

6. 给最后的光线效果添加两个"曲线"调整图层。第一个"曲线"调整图层会将整个建筑物提亮，使它有一种在光线照耀下的感觉。添加一个新的"曲线"调整图层，将

其命名为"强光曲线"，然后轻轻地往上提高一点，暗部依旧保持不变，如图 9.53 所示。按 Ctrl+I/Cmd+I 快捷键将蒙版进行反相，这样就可以使用大号的白色柔边画笔对需要突显的亮光区域进行精细的绘制。（请参照图 9.55"强光曲线"蒙版中绘制的白色区域。）

7. 创建第二个"曲线"调整图层将整个画面提亮，同时不要让云层消失。将这个图层命名为"最终曲线"，并且将其放置在"强光曲线"图层的上方。通过曲线的调整将画面的中间色调和暗部全部提亮，如图 9.54 所示。

图 9.52 在将光束移动到正确的位置后，按住 Ctrl/Cmd 键并向外拖动光束的一角，让光束向外延伸。

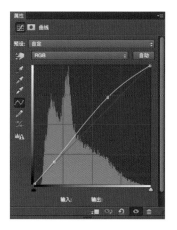

图 9.53 "强光曲线"图层主要用于将画面亮的地方提亮，而蒙版可让暗部保持不变。除了强光区域，其他部分都被蒙版遮盖住了，例如建筑物。

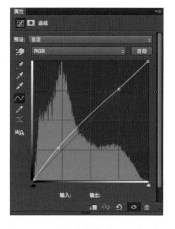

图 9.54 最后将整个画面深色的部分去除掉，让它看起来是在白天的状态，但这个恐怖主题依旧要保持强烈的对比——不要让它太亮了，因为那样看起来太美好了！

使用"强光曲线"图层和"最终曲线"图层的目的是对暗部和亮部分别进行精确的调整，两个"曲线"调整图层也就意味着有两个独立的蒙版。"最终曲线"调整图层会使整个画面的效果增强，并且不需要在蒙版上进行绘制。

在所有的调整图层上，对不需要受"曲线"影响的部分一定要使用黑色在曲线调整图层的蒙版上进行涂画，就像对云的操作一样。已提供的素材文件显示了我在合成中如何使用"最终曲线"调整图层的（图9.55）。建立"最终曲线"调整图层的目的是平衡画面（明暗作为一个整体），从视觉的角度进行完善。在《自然法则》中，我将人物周围的区域全部提亮以突显出人物。有时，我还会在这个组中再创建一个图层，将其命名为"光照效果"，以便调整整个作品的氛围。我特别支持你在最后根据自己的喜好和感觉进行具有自己风格的润色。

图9.55 在"最终曲线"调整图层上涂画上黑色能够使云不被打散。

小结

　　如果最后的效果和案例中的效果不完全一样，那也没关系！教程的目的是提高你的思维和技法。这个作品在光线和其他地方还有进一步提升的空间，但是作品之所以好是因为作者知道点到为止。《自然法则》是一个极有挑战性的项目，每一个部分都需要进行破坏和修复，在保证无缝合成的同时还要烘托出恐怖的氛围。无论怎样，你现在已经对如何创造出环境的景深、如何制作头发的选区、如何剪贴调整图层和如何改变广角镜头的透视角度有了深入的了解，这些都是解决合成问题的有效工具。

第十章

奇幻的世界

任何地方都可以获取灵感——日常的图片收集不仅能够补充素材库，还可以从中获得灵感。当你遇到两张或者多张视角、景深和焦距都能够匹配的照片时，合成会变得容易得多——但有时合成效果看起来也会有些荒谬。《蓝色风光》就是由我最喜欢的两张风景照片组合而成的，我将约塞米蒂国家公园（瀑布和山）和俄勒冈海岸组合成了一个新的世界（图 10.1）。添加蒙版、调整图层，使用修复工具和"仿制图章工具"，对整体进行调整，即可将两张风景照片融合在一起。也许最具有挑战性又有趣的地方就是使用"智能对象"制作月球的部分：我使用饼干和生锈的金属素材进行合成，制作出月球的效果。

图 10.1 这幅作品的灵感来自我最喜欢的两张风景照片。《蓝色风光》中的蓝色世界是由两张照片素材拼合而成的，在这个世界中有两个月球。

创作前的准备

　　和上一章的《自然法则》一样，这个合成需要 4 个文件夹。如果还没有创建好 Blue_Vista.psd 文件，请跟随第六章"事半功倍"中的步骤完成准备工作，或者打开第十章资源文件夹中的"Blue_Vista_Starter.psd"文件。在这个文件夹中，还可以看到这个项目低分辨率的最终版"Blue_Vista_Complete_Small.psd"文件，可以用它作为效果参考。

（a）

将场景设定在山脉和地平线上

　　奇幻的场景总是非常引人入胜，因为它们可能前景或主体非常突出，或者背景非常真实，而这两者在《蓝色风光》中都没有。山脊、瀑布和海洋的地平线是使这个场景看起来更加真实的原因。在这个奇异的外太空场景中，这些合成的图像是我所说的中景（因为背景更远）。起初在筛选素材获取灵感时，有 3 张图片触发了我的想象力（图 10.2）。这些图片的选景位置都很好，即使是来自两个不同地方的山脉和海岸，也可以很好地融合在一起。幸运的是，这 3 张图像的透视、视角和焦距也都非常匹配，除此之外还有什么可求的呢？

　　当这些照片被合成在一起时，你可能已经注意到了它们的光照方向并不一致，幸好这是

（b）

（c）

图 10.2　这几幅图像来自几个截然不同的环境，有的看起来很有冲击感，有的很梦幻，有的很有史诗级大片的感觉。如果你想要让创作的图像具有震撼力，这些图像正合适。

奇异景观，所以光照方向其实无所谓。如果你想让画面看起来更像是地球上的场景，而不是外太空拥有多个月球（或者可能是太阳）的蓝色星球，那么就不能忽视光照方向不一致的问题。《蓝色风光》的构想已经脱离了地球，图像的合成具有很大的余地。虽然收集的每一张素材照片不可能会完全匹配，但有时它们却能很好地表达出你所想要的概念和情感。在这个场景中最重要的是纹理的无缝衔接、景深和亮暗的过渡，而不是颜色和光线。这毕竟是一颗蓝色的星球，它上面可能会有很多个太阳。虽然我们对这些一无所知，但我们可以大胆地进行创造。

1. 打开 Photoshop 文件并设置好组。使用 Bridge 打开第十章资源文件夹中的"Yosemte.CR2"文件，使用之前学习的方法，将图像置入合成文件中，并将它放置在"中景陆地和海"组中，将这个图层命名为"约塞米蒂"。

> 注意 因为很多合成图像都是 RAW 文件，所以可以使用 ACR 编辑器进行编辑。（大多数情况下，我会直接在案例中进行讲解，有必要时我会另作说明。）在 ACR 编辑器中将图像打开，单击"打开图像"按钮，将图像置入"Blue_Vista.psd"中（使用复制粘贴或者移动工具都可以将图像置入合成文件中）。无论你在 ACR 编辑器中如何进行编辑，请务必让它们具有一致性，以便后续合成的顺利进行。

2. 打开"Ocean1.CR2"文件（在"海洋"文件夹中），将它直接放置在"约塞米蒂"图层的上方（图 10.3），将这个图层命名为"海洋 1"。

3. 你可能已经注意到，在最后的合成效果中，"约塞米蒂"图层被水平翻转了。首先，选中"约塞米蒂"图层，切换成"移动工具"。单击"约塞米蒂"图像的边缘启动变换，然

图 10.3 接下来会添加蒙版，所以图层顺序非常重要。将"海洋 1"图层放置在"约塞米蒂"图层的上方，并且这两个图层都要放置在"中景陆地和海"组中。

后右击打开变换的快捷菜单，选中"水平翻转"，按 Enter 键确定，此时这座山就被翻转了。

4. 在对场景进行重新布局时，将山移动到适合的位置。同样选中"约塞米蒂"图层，使用"移动工具"将这个图层移动到左下角。"约塞米蒂"图层决定着海平线的位置。

5. 选中"海洋 1"图层，移动这个图层直到与"约塞米蒂"图层部分重叠，将它放置在与海平线平齐的位置上（图 10.4）。

6. 添加海岸线（Ocean2.CR2），将它放置在"图层"面板中其他两个图层的中间，将这个图层标注为"海洋 2"。

7. 重复步骤 3，将"海洋 2"水平翻转，然后在"图层"面板中将"不透明度"更改为 50%。使用"移动工具"，将"海洋 2"与瀑布对齐，当前瀑布在到达海岸线之前直接进入了树丛（图 10.5）。现在把"海洋 2"图层的"不透明度"调整回 100%。很完美！现在这些完全不同的图像被无缝地合成在一起了。

图 10.4　通过"海洋 1"图层和山顶的重叠可以获得海平线的位置。

图 10.5　将"海洋 2"图层的"不透明度"更改为 50%，并将其放置在适合的位置上。我将海岸线与瀑布和山的下边对齐。

使用蒙版进行无缝衔接

在放置其他海洋之前,需要先将海岸线有序排列。现在看,整体可能有些混乱。为了让海岸能够平滑地衔接,可以不使用选区,直接在蒙版上进行绘制。

1. 选择"海洋 2"图层,单击"添加图层蒙版"按钮。

2. 选择"画笔工具",选中"海洋 2"图层的新蒙版。在合成中,大多数的过渡效果都可以使用柔边的圆头画笔完成,这个案例中的过渡也是如此(你也可以自由地进行尝试,起初在处理树和山的边缘时可以使用"喷溅"画笔)。将柔边圆头画笔的大小设置为 400 像素,在蒙版上进行绘制,让瀑布和左边的山脊能够显现出来。

3. 使用小号画笔在蒙版上绘制细节。

图 10.6(a)所示是蒙版绘制的情况(按\键,绘制过的区域会以鲜红色显现出来),图 10.6(b)所示是使用蒙版进行无缝衔接后的效果。

在处理瀑布右上方的山峰时,一定要使用小号画笔(仍然是柔边画笔)对细节进行绘制。图 10.7 所示是这部分蒙版后放大的效果。按\键,绘制过的区域会显现出红色。增加画笔的硬度和大小,将残余的像素清除掉。在操作时,将手指放在 X 键的位置上以便对前景色和背景色进行自由切换,按 D 键还原成默认的黑色和白色。在绘制新的蒙版时,不要忘记将画笔设置为柔边状态。稍后会给山脊做选区以快速地将天空删除,但现在修整好形状更重要(不包括天空的部分)。

(a)

(b)

图 10.6 在蒙版上使用小号的柔边圆头画笔沿着边缘进行过渡(a),最终完成的效果(b)。

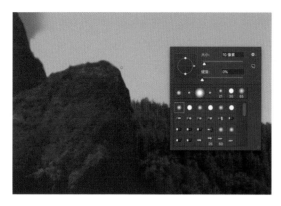

图 10.7 使用小号（10 像素）的柔边圆头画笔可以更加精准地绘制出山峰的边缘。

> 注意 时刻注意清除残余的像素，尤其在绘制这种蒙版时，很容易会遗留下没有完全被擦除干净的像素，在第三章的"数字垃圾和遮盖"中提供了一些可以避免此情况发生的方法。

4. 切换到"海洋 1"图层，单击"可见性"按钮将此图层的可见性打开。选中"海洋 1"图层，单击"添加图层蒙版"按钮给这个图层创建一个空白蒙版。

5. 使用黑色画笔对左边缘进行涂画。如果你的 RAW 文件和我的一样还没有调整，可先暂时忽视图像的暗度，集中处理那些需要显现和遮盖的地方。图 10.8 所示是我绘制蒙版的区域，但是我更鼓励你能够自己进行创造。这毕竟是一个奇幻的星球——没有什么是一定的！

使用剪贴图层调整明度和颜色

虽然使用蒙版是至关重要的第一步，但还不足以实现完美的无缝拼接。接下来对明度（明暗）和颜色进行调整。这就像给乐器调弦，音高需要一致。现在"海洋 1"图层和画面非常不协调，因此需要添加调整图层并将其剪贴给各个部分，使画面的色调保持一致。

1. 在"图层"面板上选中"海洋 1"图层，单击"曲线"按钮，创建一个新的"曲线"调整图层。仔细检查这个新图层是否位于"海洋 1"图层的上方——否则会出现混乱的效果（这的确有可能发生）！

图 10.8 将图像的边缘用蒙版遮盖住，将图层中想要显现的部分绘制出来。记住白色是显现，黑色是隐藏。

2. 按住 Alt/Opt 键并在两个图层中间单击，可以将"曲线"调整图层剪贴给图层，或者在"属性"面板中单击"剪切到图层"按钮。

3. 在对角线上添加 1 个控制点，向上提将"海洋 1"图层变亮。再添加 1 个或 2 个控制点，向上提直到使用蒙版的图像的边缘消失不见，画面色调一致（不用担心天空，只要海洋与画面中的色调一致即可）。图 10.9 中只使用了 2 个控制点，1 个为了保证暗部不会被提亮太多，1 个增强中间色调，让海水更加突显。

（a）

（b）

图 10.9 添加"曲线"调整图层，将其剪贴给"海洋 1"图层，以便使其与后面图像的色调协调。

以"智能对象"的方式对 RAW 文件进行编辑

为了让 RAW 文件（.CR2 和 .ARW）保留灵活性，将它们以"智能对象"的方式在 Photoshop 中打开。当文件转换为"智能对象"后，即使图像在 Photoshop 中变成了图层，原 ACR 编辑器中调整的数据依旧存在。以下是使用方法。

1. 在 ACR 编辑器中打开 RAW 图像，进行调整。

2. 在 Photoshop 中打开图像之前，按 Shift 键将"打开图像"按钮变成"打开对象"。单击"打开对象"按钮，图像就会变成"智能对象"在 Photoshop 中打开。

3. 图像会在一个新的标签窗口中打开（或新的窗口，这取决于工作区的设置），接下来将它置入合成文件中。复制粘贴无法保留原始数据，也无法进行编辑，所以要将这个"智能对象"直接拖动到"图层"面板中。在将"智能对象"从标签窗口拖动到合成文件的标签窗口的标头时，需要等待几秒直到切换到了另一个文件中，然后将图层拖动到合成图像的"图层"面板上。如果是单独窗口打开的图像，将"智能对象"直接拖动到合成文件的窗口中即可。还可以在"图层"面板中右击"智能对象"，在快捷菜单中选择"复制图层"（在 Photoshop 中有很多种方法可以实现复制），在"复制图层"对话框中的"目标"区域选择合成文件。

4. 将"智能对象"（RAW 文件）放置在适合的图层位置后，双击"智能对象"会再次打开 ACR 编辑器，可以再次进行编辑——并且所有的编辑都是无损的！

使用这种方法，可以以智能对象的方式对 RAW 文件的原始数据进行无损编辑（当文件使用其他方式置入 Photoshop 时，原始数据就会被消减），并且还可以反复地进行修改，这样就省去了对图层和组进行多次调整的麻烦。这两种方法各有优势（使用 ACR 编辑器进行调整和剪贴调整图层），可以根据需求选择使用。在遇到以下这些情况时可以考虑使用"智能对象"这种方法。

● 整个图像（不是局部）都需要置入合成文件中时（ACR 编辑器中也可以进行裁剪，在后面的"开花的树枝"部分会详细讲解）。

● 图像的颜色和明度需要进行大幅度的调整时。通常使用一个调整图层是无法解决问题的，在图像需要进行大幅度调整时，原始数据文件中的信息更易于调整，可以获得高质量的调整效果。

● 将图像复制到其他图层和组中，不需要使用剪贴调整图层进行调整时。

添加岛屿和细节

　　好的合成作品不仅画面气势宏大，而且细节精致，布局合理。正如之前所说的，你不必和我创作的完全一样，你可以通过添加一些小岛屿，使用之前讲解的蒙版和剪贴调整图层的方法使画面更加和谐。将小岛屿进行合成也是一个挑战，因为图像文件（Ocean3.CR2）与其他文件的格式完全不同。将不同的图像拼合在一起的诀窍就是找到能够将它们紧密联系在一起的元素。在图 10.10 中，可以移动水平线使它与合成场景的水平线一致，因为两张照片拍摄的高度是一致的。以下是添加岛屿的制作过程。

　　1. 打开"蓝色风光"合成文件，在"中景陆地和海洋"组中创建一个新组：单击"创建新组"按钮，然后将这个组移动到最上方的位置，这样岛屿就会显现在水面之上。将这个组命名为"岛屿"（图 10.11）。

　　2. 在 Photoshop 中以新的窗口或新的标签窗口打开"Ocean3.CR2"文件。使用"矩形选框工具"，圈选三分之一的图像，然后复制（Ctrl+C/Cmd+C），将它粘贴（Ctrl+V/Cmd+V）在合成文件中。像其他图像一样，使用"移动工具"进行水平翻转。接下来将这个图层放入步骤 1 创建的"岛屿"组中，并将这个图层命名为"海洋 3"。

图 10.10　"Ocean3.CR2"是图像拼合的一个很好的例子，虽然这个图像与其他图像看起来有很多不同的地方，但其中一些重要元素是一致的（例如水平线和拍摄高度），所以可以通过在场景中添加岩石的方式使画面融合得更加自然。

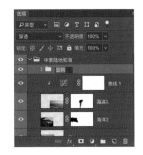

图 10.11　在中景中让所有的岛屿图层都在一个组中，将这个组命名为"岛屿"。

3. 按住 Alt/Opt 键，单击"添加图层蒙版"按钮给选中的图层创建一个新的蒙版。这样会创建一个纯黑色的蒙版，并且图层中的内容会被全部隐藏。现在使用白色绘制出需要显现的部分。

4. 在蒙版上绘制岩石时，最好能清楚其位置所在。技巧就是：临时更改蒙版的浓度以便能够看到白色画笔绘制的位置。双击蒙版的缩略图打开"属性"面板，将"浓度"降低到 70%（图 10.12）。

5. 使用白色的柔边圆头画笔进行绘制，现在可以看到绘制的部分显示了出来。图

10.13 中红色的部分就是我绘制后的蒙版，使用 7 像素的画笔绘制岩石边缘，使用 30 像素的画笔绘制海浪周围（可以使用 [、] 键更改画笔的大小）。

6. 当岩石的形状确定以后，将蒙版的"浓度"调整回 100%（在蒙版的"属性"面板中进行调整）以便查看绘制的效果。现在给它们添加调整图层并剪贴。

7. 在"调整"面板中单击"曲线"按钮，创建一个新的"曲线"调整图层，开始调整暗部。调整图层一定要位于"海洋 3"图层的上方。

图 10.12 当蒙版全部是纯黑时，可以使用"属性"面板更改浓度。这样就可以临时查看图层中需要绘制成白色显现的区域。你在绘制时可以把我绘制的效果作为参考。

图 10.13 使用 7 像素的画笔在蒙版中沿着岩石的上边缘绘制出更多的细节，使用 30 像素的画笔在海浪的周围进行绘制。

8. 在调整"属性"面板中单击"剪切到图层"按钮将调整图层剪贴给"海洋 3"图层。

9. 在曲线上创建 2 个控制点，1 个用于增强暗部（左侧），1 个用于限制高光强度，避免过亮（图 10.14）。

10. 接下来单击"色彩平衡"按钮，添加一个"色彩平衡"调整图层，并且将这个调整图层剪贴给"海洋 4"图层，使其只作用于"海洋 4"图层。

11. 将第一个滑块向"青色"拖动（拖动到 −8 的位置），第二个滑块向"洋红"拖动（拖动到 −1 的位置），第三个滑块向"蓝色"拖动（拖动到 +7 的位置），使色调更蓝（图 10.15）。

12. 现在颜色差不多了，但水的颜色饱和度还不够，与周围图层的颜色不协调，所以单击"自然饱和度"按钮，添加一个"自然饱和度"调整图层。

13. 将"自然饱和度"滑块拖动到 +73 的位置，"饱和度"滑

图 10.14 在曲线上使用 2 个控制点既可以增强"海洋 4"图层的暗部，又可以限制高光的强度。

图 10.15 使用"色彩平衡"调整图层使岩石和海洋的色调更蓝。

块拖动到 +2 的位置，使水的颜色一致。

此时，画面的色调基本一致。如果还有些许的差异，不用担心，因为后面还会进一步调整。现在回到"海洋 4"图层蒙版中绘制细节。我用白色进行涂画，让一部分海岸显现出来，如图 10.16 所示。如果调整的效果太过，别忘了调整图层自己就带有蒙版，因此可以使用黑色将调整过度的部分减弱。

还有一些零碎的地方需要进行调整和清理，如有些地方需要单独进行调整，有些地方需要使用其他的海洋素材进行修复（为此我在资源文件夹中还提供了一些其他的海洋图像）。现在，你可能已经注意到了有一根木棒漂浮在海浪的中间（如果你绘制的蒙版区域和我相同的话）——画面有一些穿帮，让我们把这个东西去掉。

提示 有时，即使蒙版进行了无缝衔接，明度和颜色都进行了精准调整，但角度可能还会让人感到有些不太对劲。这时，将海洋图层转换为"智能对象"，使用"变形"（执行"编辑">"变换">"变形"命令或者在图像上右击）或"液化"命令将边缘向上或向下弯曲。在源文件上进行变形，可以随意地进行推拉，这样能够使合成更加自然。

（a）

（b）

（c）

图 10.16   "海洋 4"图层放置的位置如（a）所示，添加了蒙版后的效果如（b）所示，调整图层剪贴后的效果如（c）所示。

修复海洋

在数字的奇幻世界里，通过单击按钮就可以将海洋和海滩清除。你需要根据自己使用的软件版本和具体情况，选择不同的清除方法。

1. 单击"创建新图层"按钮创建一个新的图层。将这个图层直接放置在"岛屿"组的上方，在默认的图层名称上双击，将名称更改为"修复"。

2. 找到需要修复的部分（这时合成中的主体部分已完成），将工具切换到"污点修复画笔工具"，在选项栏中勾选"对所有图层取样"复选框。这样当在修复图层上进行绘制时，拾取样本会拾取合成中所有的像素。

3. 将画面放大，使用比修复内容大一些的画笔进行绘制。图 10.17（a）所示是需要进行修复的区域，图 10.17（b）所示是使用"污点修复画笔工具"进行修复的过程。

4. 创建新的图层，将这个图层命名为"仿制"。

5. 选择"仿制图章工具"，找到需要进行仿制修复的问题区域，还需要找到另一块适合修复的好的区域。在进行修复前，选择选项栏"样本"下拉列表框中的"当前和下方图层"。

6. 按住 Alt/Opt 键并单击样本点（需要

（a）

（b）

（c）

图 10.17 蒙版遮盖后还遗留了一根树枝需要修复（a）。沿着茎秆进行绘制，随着画笔的每次涂画，茎秆开始逐渐消失（b）和（c）。放大后会发现还有一些需要修复的部分，继续使用"污点修复画笔工具"修复左侧的海浪（c）。

仿制的区域部分），然后在需要修复的区域进行绘制。记住在绘制时，要选择多个样本点并且使用小号画笔。图 10.18 所示是海洋清理后的效果，图像合成的效果十分自然。

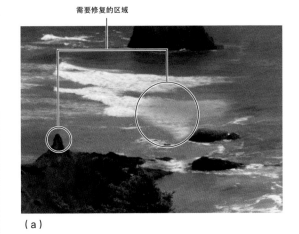

（a）

修复技巧

使用另一张图像内容可以对合成图像进行仿制修复吗？当然可以，使用"仿制图章工具"就可以实现。在图像标签或窗口中按住 **Alt/Opt** 键并单击用于仿制的区域（样本点）。然后回到合成文件的仿制图层，在需要修复的区域进行绘制。当你掌握了这个功能，就会发现它超级棒。我建议在进行此操作时，最好能够将两个窗口并排打开（执行"窗口" > "排列" > "双联垂直"命令）。虽然图像中的采样点没有十字线，但可以把它当作仿制的参考。

无论是使用修复工具还是"仿制图章工具"，在开始前一定要注意选项栏中的"对齐"复选框。如果需要对这些工具和功能的作用进行巩固，可以回到第二章中进行复习。"仿制源"面板（执行"窗口" > "仿制源"命令）中还有很多"仿制图章工具"的其他功能和选项，例如旋转仿制源、水平翻转仿制源，甚至可以在 **5** 个仿制源之间随意切换。这里的功能真的很棒！

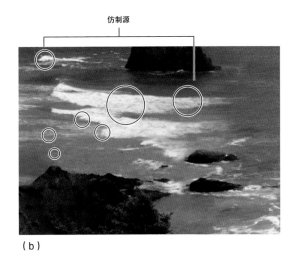

（b）

图 10.18 "海洋 1"图层和"海洋 2"图层之间的融合不是很自然，使用"仿制图章工具"和其他海浪图像的仿制源，可以使融合更加自然。

使用蒙版将画面统一

现在，基础部分已经搭建完成了，接下来就是添加超自然的元素。但是在此之前，要确认蒙版遮盖到了地平线的位置，以便后续天空的添加。因此，可以创建一个单独蒙版，以遮盖地平线以上的位置。

1. 使用"快速选择工具"，勾选选项栏中的"对所有图层取样"复选框，这样就可以对所有图层都进行取样了。在天空的部分进行绘制，直到所有天空的像素全部被选中。

2. 切换到"魔棒工具"（按 Shift+W

快捷键会循环切换"快速选择工具"组中的工具），依旧勾选"对所有图层取样"复选框，在黑色或透明的方格区域单击。图 10.19 所示就是单击后的效果，如果你的黑色背景可见，可以像我一样将它关闭。我不断地切换背景的可见性以便查找出遗漏的部分，并且我还可以借此重新审视整个场景。

> 提示　在添加选区时，很多时候不需要在选择工具之间来回切换。在处理复杂选区时，有时需要使用不同的选择工具。通常在使用"快速选择工具"选择物体时，我会再搭配使用"魔棒工具"对选区进行添加。

图 10.19　使用"快速选择工具"和"魔棒工具"将整个天空选中。

3. 选中"中景陆地和海"组，按住 Alt/Opt 键并单击"添加图层蒙版"按钮，给新的天空创建一个蒙版。

4. 双击蒙版缩略图打开蒙版"属性"面板，单击"选择并遮住"按钮进入"选择并遮住"工作区。

提示 当选区中包含多个图层或者给组做选区时，使用"选择并遮住"工作区并不能直接生成选区，因此可以先创建蒙版再使用"选择并遮住"工作区，务必勾选顶部的"对所有图层取样"复选框。

5. 使用"调整边缘画笔工具"沿着山脉的地平线将遗留的天空像素清除。不要过多地将树和岩石的边缘线进行消减。当地平线修剪到图 10.20 所示时，单击"确定"按钮。

图 10.20 在"选择并遮住"工作区中，使用"调整边缘画笔工具"沿着地平线进行绘制。

提示 添加天空后如果出现色圈（后面的内容），可以随时回到"选择并遮住"工作区中对"中景陆地和海"组蒙版的边缘进行调整（移动边缘到 −100% ～ −30%）。如果还需要羽化，可以在蒙版"属性"面板中使用"羽化"滑块进行无损编辑。正如第九章所讲的，像这样大幅的合成作品需要反复地进行调整。

天空的变换

很多科幻场景往往都是奇幻中蕴含着真实。这个时候天空就变得很重要。通常在合成时，所有用以合成的素材的透视和视角最好一致。但是有时创造出一种奇异感也很重要，只要图像之间融合得很好。图 10.21 中的细缕云很有趣，是我在路上拍到的，在拍摄时我就知道以后可能会用到它。它们很容易与其他图像进行融合。

1. 打开"Clouds.jpg"文件（在资源文件夹中），将它放置在合成文件中。将这个图层向下移动到"天空背景"组中。在移动之前先将这个图层命名为"天空"。

2. 如果这个天空图像还不是"智能对象"（这跟图像置入的方式有关），则在"天空"图层名称上右击，从快捷菜单中选择"转换为智能对象"，就可以随意地、无损地对内容进行移动和缩放了。

3. 切换到"移动工具",按住 Shift 键,向外拖动角的控制点,将图像等比例放大。将天空这个图层放大到边缘与其他图像边缘对齐为止(或稍微大于其他图像)。

4. 将天空的图像放置到适合的位置,可以看到细缕的云从海中升起(图 10.22),使画面有一种超凡脱俗的神秘感——至少不能看到有拼贴的痕迹。

塑造氛围和景深

陆地和天空的效果还不错,但是之间的过渡却还有点不够。奇幻的场景通常都会有一个很大的景深,并且还会塑造出一种氛围。这就要求有一个大景深,因此这被称作"大气透视"。虽然这部分在第九章讲过,但是在本章中会更加详细地讲解。需要谨记的是距离越远,雾就越厚。这就意味着要降低对比度,暗部和中间色调都要被提亮一些。同时,受空气中的水蒸气的影响,蓝色色调会更重一些。以下是绘制的方法。

1. 创建一个新组,将其命名为"氛围",将这个组直接放置在"中景陆地和海"组的上方、"前景花"组下方的位置上。

2. 在这个组中创建一个新的图层,将其命名为"氛围 1"。(毫无疑问这是用于添加或调整氛围的图层。)

图 10.21 奇怪的云会引发人的联想,尤其是以意想不到的方式使用时。

图 10.22 在这里即使是常见的云也使地平线看起来很奇怪。

3. 使用白色柔边圆头画笔沿着地平线、天空和水进行绘制。开始绘制时，将"不透明度"降低到10%，"流量"为10%。如果你使用的是手绘板，务必在画笔"传递"属性中选择"钢笔压力"。

先使用大号画笔进行绘制，例如使用1300像素的画笔可以绘制出颗粒感，创造出景深。水面是最厚的（最大景深），要将其柔和过渡到天空（图10.23）。然后在更接近地平线的位置上使用小号画笔（300像素）增加密度。

注意 如果水面上的白线（由于阳光反射到水里或天空反射到海浪中而产生的）过于明显，可以在"中景陆地和海"组中添加一个新的空白图层，在上面绘制较暗的蓝绿色。也可以使用"吸管工具"从水里拾取适合的颜色进行绘制。或者直接选取（使用选框工具）地平线下海洋的一部分，然后将"氛围"组的可见性关闭，对所有可见图层进行复制（Ctrl+Shift+C/Cmd+Shift+C），然后沿着地平线进行粘贴（Ctrl+V/Cmd+V）（粘贴的图层依旧位于"中景陆地和海"组的顶层）。最后使用蒙版遮盖边缘，进行无缝拼接（也可以使用图层的不透明度进行无缝衔接）。

图 10.23 在"氛围1"图层上使用大号（300像素～1300像素）的低不透明度的白色柔边画笔塑造出氛围和景深。

4. 为了让氛围图层更好地融合，对其进行模糊。选中"氛围1"图层，然后执行"滤镜" > "模糊" > "高斯模糊"命令，在弹出的对话框中将滑块移动到50像素。由于不是智能对象而是直接作用于图层，所以现在滤镜的应用是有损的（这是一个例外，但这样做是有益的，会使效果更好）。除此之外，还可以直接在这个图层上进行绘制，不需要脱离背景在智能对象的标签（窗口）中进行编辑。

注意 当画笔"大小"大于300像素时（即使"硬度"降低到0，"不透明度"和"流量"都降到很低），可能会出现色阶。这是由于绘制的大小超过了柔边圆头画笔起初创建的尺寸。最有效的解决方法就是使用"模糊"滤镜对其进行模糊。位深的增加也可以增加暗度和明度间的层级。很多专业人士为了保证画面的清晰，会选择12位、16位和24位的图像，然而在这个案例中，模糊一些效果会更好。

"智能对象"和饼干月球

正如之前所说的，最有趣的部分就是使用饼干和生锈的纹理制作月球的部分。这极具挑战性，因为要在合成中对"智能对象"进行合成的高级编辑。想想《盗梦空间》，你就会明白。以下是基本的操作。

1. 创建一个新文件（Ctrl+N/Cmd+N），大小为4000像素x4000像素，在"背景内容"中选择"透明"，将其命名为"月球"。将这个文件保存到第十章资源文件夹中。

2. 使用你自己习惯的方式，将第十章资源文件夹里的"纹理"文件夹中的纹理图像置入文件中。图10.24中，饼干只使用了一部分纹理（"纹理1"图层在最下方），还需要使用另外两个纹理图像，另外还需要使用修复和仿制工具去除一部分斑点。如果你不熟悉此操作，可以重新阅读"修复工具和图章工具"部分。

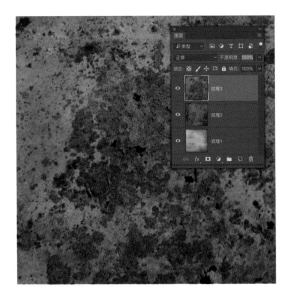

图 10.24 在金黄色的饼干上添加一些纹理。

3. 现在更改纹理图层的混合模式。对于"纹理2"和"纹理3"图层，"叠加"混合模式是最适合的（图10.25）。这是因为饼干本身是中色调的，"叠加"混合模式会使叠加的两个纹理图层的暗部变得更暗，亮部变得更亮。

4. 接下来降低黄色色调，因为当前黄色色调有些过于强烈。创建"黑白"调整图层，将"不透明度"设置为70%。现在就出现了凹凸斑驳的效果，很完美。

5. 选择"椭圆选框工具"，按住Shift键并从图像的一角向对角拖动，会形成一个圆形选区。如果有偏差的话，最好是向内1像素。

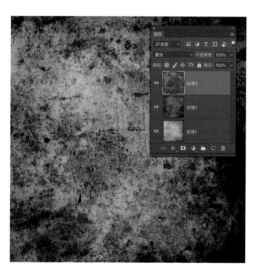

图10.25 将"纹理2"和"纹理3"图层的混合模式更改为"叠加"。

提示 你是否有过知道所要使用的工具就在工具箱同一个工具组里，但记不住快捷键的经历呢？下面有一个技巧：按住Alt/Opt键，单击工具箱中的工具，每单击一次就会循环切换到同一个工具组中的下一个工具。不用担心，这不是偷懒，而是为了让工作更加高效。

6. 在"图层"面板中，选择最顶部的图层（"黑白"调整图层），然后按住Shift键并单击"纹理1"图层（"纹理1"图层位于"图层"面板的最底部）。将"图层"面板中3个纹理图层全部选中，然后按Ctrl+G/Cmd+G快捷键将这3个图层编成一组。

7. 单击"图层"面板上的"添加图层蒙版"按钮，将圆形以外的部分切除掉。将这个组命名为"纹理"（图10.26）。

8. 将"智能对象"提高到一个新的层级。右击"纹理"组，选择"转换为智能对象"。当你想对纹理和混合模式进行更改时，只需要双击"纹理"智能对象，在另一个标签或窗口中进行编辑修改，完成后保存即可。

9. 现在画像看起来有些平，可以使用"球面化"滤镜让月球更加立体。在"月球.psd"文件中，选择"纹理"智能对象，然后执行"滤镜">"扭曲">"球面化"命令。在"球面化"对话框中，将"数量"滑块移动到 100% 的位置（图 10.27）。可以多次重复此操作（Alt+Ctrl+F/Control+Cmd+F），让球体效果更加突显。

> **注意** 如果"球面化"滤镜使用后没有获得图 10.27 所示的效果，那么可以向后返回（Ctrl+Alt+Z/Cmd+Opt+Z）一二步，使用"裁剪工具"进行裁剪，在裁剪时比例为方形，并且勾选选项栏中的"删除裁剪的像素"复选框。在单击"确定"按钮前，裁剪的边缘一定要紧挨着月球的边缘。裁剪后再继续步骤 9。

10. 开始进行锐化。你可能已经注意到了这个滤镜在"扭曲"滤镜组里，特别是向外扩展和扭曲后，中间像素会变得特别模糊。执行"滤镜" > "锐化" > "智能锐化"命令，对其进行修复。在单击"确定"按钮前将"数量"滑块设置为 450%，"半径"设置为 1.8像素（图 10.28）。

图 10.27 给"纹理"智能对象使用"球面化"滤镜，将"数量"设置为 100%。

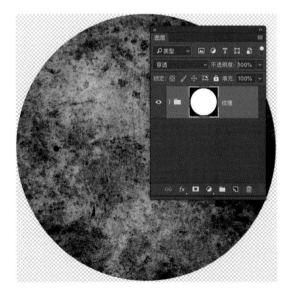

图 10.26 对纹理图层和调整图层进行编组后，根据月球的形状添加圆形蒙版。

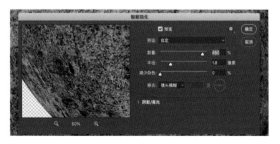

图 10.28 使用"智能锐化"滤镜是解决"球面化"扭曲产生模糊的最有效的方法之一。

11. 在"图层"面板上，将"智能锐化"滤镜向下拖动到"智能滤镜"堆栈的最底部。将"智能锐化"滤镜放置在最底部的原因是滤镜会按照从上到下的顺序作用于图像（模糊前图像本身是清晰的），在使用了"球面化"滤镜后画面才变得模糊。就像图层顺序一样，滤镜的排列顺序也很重要。现在对"月球.psd"文件进行保存（Ctrl+S/Cmd+S）。

12. 合成的最后一步：将这个文件置入《蓝色风光》合成文件中。是的，这是个"智能对象"。在《蓝色风光》合成文件的标签或窗口中，执行"文件">"置入嵌入对象"命令，然后选择置入"月球.psd"文件，置入后按Enter键确定。将"智能对象"移动到"背景天空"组中，并将它放置在该组的顶部，这样画面效果非常好（图10.29）。

> **注意** "置入链接的智能对象"命令可以让文件保持一个较小的体量，文件会以链接的方式置入文件中，并且外置文件要与合成文件打包在一起。"置入链接的智能对象"命令和"置入嵌入对象"命令不同的是，"置入链接的智能对象"命令更像是地址簿，如果有人搬迁的话，地址簿不会自动更新，同样链接的文件也不会自动更新。所以所有的链接文件一定要在同一个文件夹中（最好和合成文件在一起），要不就有可能出现内容丢失的情况。出于安全考虑，所有的资源最好内嵌到文件中。

让月球与画面进行无缝衔接

现在画面中已经有了一个布满了斑驳纹理的行星大小的球体——超级月球。无论"智

图10.29 现在"月球.psd"是《蓝色风光》文件中的一个"智能对象"。

能对象"中包含了多少个元素，现在看起来都像是没有完全完成的效果。为什么不对它进行修整，让它看起来更加完整呢？

1. 将"月球"智能对象的混合模式更改为"滤色"，"不透明度"降低到30%。这样较亮的部分就会显现出来，并且画面依旧是蓝色色调。

2. 使用"移动工具"，在选项栏中勾选"显示变换控件"复选框。将"月球"智能对象的左下角拖动到岛屿上方的位置，然后拖动右上角直到月球的大小，如图10.30所示。在合成的过程中可以随时进行调整，现在将它变大。

3. 添加"曲线"调整图层使月球局部变亮。在调整"属性"面板中单击"剪切到图层"按钮将"曲线"调整图层剪贴给"月球"智能对象。

图 10.30 现在的月球还不够大，还需要把它变得更大。

4. 在"图层"面板中，选择"曲线"调整图层和"月球"智能对象（按住 Ctrl/Cmd 键并单击图层名称），按 Ctrl+G/Cmd+G 快捷键将它们编入同一组中，将这个组命名为"大月球"。

5. 在"图层"面板中单击"创建新组"按钮，创建一个新组，将这个组命名为"小月球"，并将它移动到"大月球"组的上方——不是里面。

6. 按住 Alt/Opt 键并将"月球"图层拖动到"小月球"组中，创建出"月球"图层的副本。"智能对象"中的所有信息都会被复制，对其中一方进行更改（打开"智能对象"进行修改保存后），另一方也会发生改变。如果希望"智能对象"能够分开编辑，可以在图层名称上右击，选择"通过拷贝新建智能对象"。

7. 将"月球拷贝"图层的"不透明度"更改为 55%，这样颜色就减淡了一些（减淡的不是特别多）。接下来使用"移动工具"移动这个新月球并将其缩小。确定好大小和位置后，还需要旋转下角度，让刮痕倾斜一些（图 10.31）。

8. 接下来给月球添加投影以增加立体感。创建一个新图层，将它直接放置在"月球拷贝"图层的上方，并将这个图层命名为"阴影 1"。

图10.31 旋转小月球，使月球上的刮痕倾斜一些。

图10.32 月球的阴影被绘制在两个图层上，一个图层的混合模式设置为"叠加"，另一个图层的混合模式设置为"正常"。

9. 通常我会创建剪贴图层（按住 Alt/Opt 键并在"月球拷贝"和"阴影 1"两个图层间单击），或者将组的混合模式更改为"滤色"。在新图层上绘制阴影会使月球逐渐融入天空中（不要使用亮色进行绘制）。

10. 将"阴影 1"图层的混合模式更改为"叠加"，然后选择低"不透明度"（10%）、"流量"为 100%、颜色为黑色的 500 像素柔边画笔，在小月球的右下方进行绘制。如果在"叠加"混合模式的"阴影 1"图层上进行绘制，中色调和暗部会变得更暗，而亮部不会发生改变。因为组的混合模式是"滤色"，所以加深之后月球就会在蓝色的大气中消失。

11. 创建一个新的空白图层，将其命名为"阴影 2"，并将它直接放置在"阴影 1"图层的上方。不更改这个图层的混合模式，让其依旧是"正常"混合模式。在月球消失的部分（即使是高光的部分）涂画上黑色。可以根据感觉自己进行绘制，也可以参考图 10.32 中的效果。

最后的调整更有趣。将纹理直接剪贴给大的"月球"图层，让它更有立体感（图 10.33）；增强云的对比度，让它更吸引眼球。在添加完更多的素材后或者在最后完成时，还要对月球和云进行调整。现在做好标记，以便继续调整。

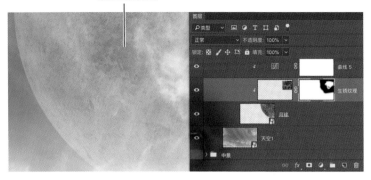

添加生锈的纹理

图 10.33 在添加细节时，可以将生锈纹理或其他纹理直接添加到合成文件中，然后将它们剪贴给"月球"图层，再使用混合模式、蒙版和不透明度创造出想要的效果。

添加前景创造立体感

接下来需要一些灌木丛，这里提供了一些我春天在俄亥俄州拍摄的阴天状态下的灌木丛图片，在第十章资源文件夹中，文件名称是"花"。原始图片的曝光不是很好，这也是学习如何使用这类图像的绝好机会。这些照片的拍摄角度与合成文件相当匹配，所以可以使用它们来完善画面。

1. 在 ACR 编辑器中打开 "Flowers1.ARW"

文件。在一开始，这些图像要以"智能对象"的方式置入合成文件中。按住 Shift 键，单击"打开对象"按钮。

2. "Flowers1.ARW"文件会在 Photoshop 中打开，将"花 1"智能对象图层拖动到合成文件中（如果"智能对象"以标签的方式打开的话，在拖动到《蓝色风光》的标签上时需要停留几秒才会切换到可编辑的页面），并将它移动到"前景花"组中（图 10.34）。

图 10.34 将 Flowers1.ARW 文件以"智能对象"的方式置入合成文件中，以便后续进行不断的调整。

3. 双击"花 1"智能对象，ACR 编辑器会再次打开。

4. 选择"裁剪工具"，将要保留的花的区域选中（图 10.35）。单击"完成"按钮，裁剪后的"花 1"就会被置入合成文件中。这将有助于下一步蒙版的创建（蒙版尺寸与文件尺寸有关）。

图 10.35　在 ACR 编辑器中，将除了花以外的其他内容全部裁剪掉。

图 10.36　使用"快速选择工具"将叶子和花全部选中，叶子和花将成为前景中的一部分。

5. 切换到"快速选择工具"，对叶子和花进行选择，如果选区过多可以按住 Alt/Opt 键对选区进行删减（图 10.36）。现在制作选区好像有些困难，那是因为这张绿叶的图片是在绿草地背景下拍摄的。使用 [、] 键，不断变换画笔的大小，通过添加或删减选区制作出完美的选区。这是很好的练习机会，并不是所有图像的选区都那么容易制作。

> 注意　记住"快速选择工具"画笔的尺寸越小，选择的精度就越高。随着每次对选区的添加或删减，Photoshop 层变得越来越敏锐，能够判断出哪些部分需要被添加或删减。

6. 制作好选区后，打开"选择并遮住"工作区（在选项栏中单击"选择并遮住"按钮），将"移动边缘"滑块移动到 −100%，"羽化"滑块移动到 1 像素（暂时不做过多的羽化）单击"确定"按钮。

7. 选区完成后，单击"添加图层蒙版"按钮将选区转换成蒙版。

8. 使用"移动工具"对花进行放大或旋转操作（图 10.37），让其更加自然。

9. 重复步骤 1 到步骤 8（将步骤 1 中的花换成其他花的图像），将其他的花添加到前景的左下角。记住左边靠近我们视野的花应该稍大一些，以增强沉浸感——灌木丛也是如此。

图 10.37　使用"移动工具"将一组花进行放大旋转。

用模糊增加景深

使用蒙版和"镜头模糊"滤镜可以为奇幻场景创造出景深，模拟出镜头模糊的效果（即使用浅景深拍摄物体时，背景会模糊）。

将"智能对象"的副本（如灌木丛）进行栅格化，添加一个空白蒙版，使用大号的柔边画笔在聚焦的部分涂画上黑色。乍一看，要突显的部分好像被隐藏了，但是滤镜会自动忽略掉图层蒙版中隐藏的部分，只会对剩余的部分进行模糊。

将其他的模糊滤镜，如"模糊画廊"，以像素为单位进行设置。"镜头模糊"通过蒙版的"不透明度"控制模糊的数量："不

透明度"越高（蒙版上白色的部分），模糊的程度就越大；图层越透明（蒙版上涂画黑色的部分），模糊的像素值就越小。如果蒙版全部被涂画上黑色，那就意味着模糊滤镜不会产生作用！使用该滤镜制作景深效果的技巧就是使用大号的柔边画笔在蒙版上绘制出渐变过渡以模拟景深的模糊渐变效果。

绘制好蒙版后，执行"滤镜" > "模糊" > "镜头模糊"命令，可以看到蒙版对模糊的影响。调整滑块以获得最佳的效果，单击"确定"按钮，然后将蒙版禁用（按住 Shift 键并单击蒙版缩略图）或删除，就获得了最终模糊的效果，是不是超酷？

开花的树枝

接下来在前景的左上角添加一些开满鲜花的树枝，幸运的是只需要一个图层和制作一些选区就可以实现。在进行合成时，可以将元素本身的颜色忽略掉，因为后续会添加鲜亮的蓝色。这部分的重点是制作好蒙版、调整好开花的树枝的形状。

1. 创建两个新组，将它们直接放置在"花 1"和"花 2"图层的上方。将下面的组命名为"下面的花"，上面的组命名为"上面的花"。将下面两个花的图层移动到"下面的花"组中。

2. 在 ACR 编辑器中打开"Top_Flowers.ARW"文件，将它以"智能对象"的形式置入合成文件中（详细操作请参阅上一节中的步骤 1 和步骤 2），并将这个图层移动到"上面的花"组中。

3. 在"图层"面板中双击"Top_Flowers"智能对象缩略图（在合成文件中），打开 ACR 编辑器。顺时针旋转图像，并对图像进行裁剪（图 10.38）。单击"完成"按钮，回到合成文件中。

4. 使用"移动工具"将图像移动缩放到画面左上角的位置（图 10.39）。

5. 使用"魔棒工具"，将"容差"设

图 10.38 顺时针旋转图像，并对其进行裁剪，只保留左上角树枝的部分。

图 10.39 使用"移动工具"将花移动到合适的位置并进行缩放。

置为 30，取消勾选选项栏中的"连续"和"对所有图层取样"复选框。这样树枝周围的天空就都可以被选中。

6. 先单击天空中较亮的区域，然后按住 Shift 键，单击天空中较暗的区域，将天空选中。单击这两个区域点，选区差不多包括了全部的天空。如果还有间隙，可以手动添加对其进行完善（或者检查下选项中的设置是否有误）。

7. 打开"选择并遮住"工作区，单击"反相"按钮（之前选择的是天空不是花，因此需要反相）。反相后，将"羽化"滑块移动

到 1.5 像素，"移动边缘"滑块移动到 −100%，然后再单击"确定"按钮（图 10.40）。

8. 你可能注意到了在花枝的下方还有一枝单独的花。按 Q 键进入"快速蒙版"，选择"画笔工具"，在那根单独的花枝上小心地涂画上黑色，不要涂画到主枝的花瓣上，完成后再次按 Q 键退出"快速蒙版"状态。

> 提示 不在"选择并遮住"工作区中也可以对选区进行反相，按 Ctrl+Shift+I/Cmd+Shift+I 快捷键即可。有时选择相反的部分制作选区会更加容易。

图 10.40 在"选择并遮住"工作区中，将"羽化"值增加到 1.5 像素，"移动边缘"滑块移动到最左边（−100%），可以去除花瓣的虚边。

9. 单击"添加图层蒙版"按钮给选区创建一个蒙版。如果花瓣的亮边还是太明显，有多种调整方法。最简单的方法就是在蒙版上使用低"不透明度"（10%）的柔边圆头画笔沿着边缘涂画上黑色，使边缘消失在背景中（图 10.41）。后面很快还要对颜色进行更改，所以不必担心色温问题。

图 10.41 在蒙版上沿着边缘涂画上低"不透明度"的黑色，使边缘能够与背景更好地进行融合。

提示　对于类似的选区（图像中的背景比内容亮或者暗），有时使用"混合颜色带"会更加简单。如果达到一定阈值（不同于"变亮"混合模式和"变暗"混合模式），使用图层样式也可以去除特定图像。选择图层，单击"图层样式"按钮，在"混合选项"的底部可以找到"混合颜色带"。可以将这些设置理解为"本图层的亮度范围（0 是黑色，255 是白色）和下一图层的亮度范围"。如果要去除亮部的像素（例如阴天状态），可以将"本图层"的滑块从右侧向左拖动，直到得到想要的效果为止。现在，天空中的亮部开始消失。在进行此操作时可能会留下明显的边缘线，所以接下来就要让这些边缘平滑过渡。按住 Alt/Opt 键滑块会分离，会拖动出同一个滑块的半个滑块。两个半个滑块之间的距离决定了过渡的变化，从不透明到透明，即从可见到不可见。

还可以使用其他的调整图层或样式效果，例如将"曲线"调整图层剪贴给亮的花瓣，以增强花的立体感。在加入蓝色色调后可能还需要返回到这部分中再进行调整。最后，我们会再次回到剪贴的"曲线"调整图层，所以先继续下去，马上就要完成了！

蓝色风光

现在主要元素都已就位，开始进行最后的合成。在这个部分将通过视觉流程、平衡感和细节的调整让画面更具有美感（虽然有一个组叫"特效"，但是并不是所有琐碎的元素最后都要放在这个组中）。我们先将这个星球变成蓝色！

1. 使用低"不透明度"的"黑白"调整图层降低合成图像的色调。选中在第六章中创建的"特效"组，然后单击"黑白"调整图层按钮。将调整图层的"不透明度"降低到20%，让画面的色调统一。

2. 在"特效"组中创建一个新的空白图层，将这个图层放置在"黑白"调整图层的上方。将这个图层命名为"蓝色"。

3. 使用"油漆桶工具"，选择纯蓝色（图10.42）。选中"蓝色"图层，鼠标单击的位置会立刻被填充成蓝色。是的，蓝色色调的添加还没有完成。

注意 还可以使用"色相/饱和度"调整图层实现上述效果，使用"色相/饱和度"调整图层不会将图像转换成灰色调（与"黑白"调整图层相比）。如果"黑白"调整图层"属性"面板中的颜色值滑块不需要调整的话，那么使用"色相/饱和度"调整图层也可以实现。我个人比较喜欢对颜色值进行最后的调整，但实际上这两种调整图层都可以实现需要的效果。

提示 "新建填充图层"添加纯色（"图层"＞"新建填充图层"＞"纯色"）是另一种进行颜色填充的好方法，它可以实时预览在"拾色器"中选取颜色后填充的效果。使用这种方法创建的纯色还可以随时进行更改，当图层创建好之后，只需要双击图层的缩略图就可以更换颜色。

4. 现在将这个图层的混合模式更改为"叠加"，"不透明度"更改为70%（图10.43）。效果好多了，不是吗？

提示 创建"色相/饱和度"调整图层，将它直接剪贴给"蓝色"图层，通过移动滑块对颜色进行更改。移动"色相"滑块可以获得蓝色色调的效果。很棒吧！

图 10.42 单击"前景色"打开"拾色器（前景色）"对话框，选择蓝色，在制作自己的版本时，颜色不一定要和我的完全一致。

图 10.43 将"蓝色"图层的"不透明度"更改为70%，混合模式更改为"叠加"，可以实现蓝色色调的效果。

最后的润色

因为每个人的喜好不同，最后润色的效果也会非常不同。这更多地取决于方法而不是技术本身。在现在这个阶段发现问题是非常重要的，因为它决定着调整的方向。在根据下面步骤使用调整图层进行细化之前，需要先考虑以下这些问题。

● 视觉流程。你希望观众的视线先集中在画面哪个部分？然后如何进行浏览？如何让观众视线顺着画面的布局进行流动（不让视线离开画面）？方法是确定一个视觉聚焦点，例如瀑布，通过亮暗的变化引导观众的视线集中到瀑布的位置，还可以通过添加暗角

或者重新调整画面中元素的位置对视线进行引导。毕竟合成中的每个元素都要被有效地利用。

● 平衡。哪些部分应该更具有吸引力？画面中哪些部分比较重要，是否应该被突显出来？如何让这些部分变得更突出或平淡？后续的调整都是有原因的。到目前为止，在这个合成图像中，花的部分有些过于突出，而天际线和云的部分却过于平淡。

● 立体感。画面中哪些地方看起来还是太过于扁平？如何通过调整增加立体感？如果颜色无法使画面的立体感增强，那么怎么使用明暗和大气透视能够更好地增强画面的立体感？

图 10.44 是使用了上述方法进行调整后的对比效果。具体地讲，前面花的立体感不够，所以添加"曲线"调整图层，将它剪贴给"前景花"图层组，并通过绘制使其更加立体。现在图像看起来还有一些扁平，将图像中亮的部分提亮，尤其是云和水的部分，使画面更加具有立体感。视线现在集中在画面的右边，所以添加一些细节，对部分区域进行加深，使画面更加平衡，将视线引导到月球前面的白云上。

下面是最后润色部分的具体操作，具体

（a）

（b）

图 10.44 （a）是使用了蓝色"叠加"混合模式后的效果，（b）是使用了各种调整图层，并且调整了视觉流程、平衡和立体感后的效果。

内容包括如何无损地对图层进行减淡和加深操作，如何使用"曲线"调整图层，以及如何对组使用剪贴蒙版。

创建一个减淡图层

使用这种方法可以有效地改善已提亮的画面仍然暗的问题。虽然这些步骤是对画面进行全面调整，但是减淡图层更具有针对性（将减淡图层剪贴给另一个图层或组）。在《蓝色风光》这个合成作品中，使用减淡图层可以增强画面的立体感。以下是具体操作。

1. 创建一个新图层，将它放置在"特效"组中（对全局画面进行调整的图层都在这个组中）图层堆栈的最顶端，将这个图层命名为"减淡"。

2. 将这个图层的混合模式更改为"叠加"混合模式。使用其他混合模式也可以获得类似的效果，但"叠加"混合模式是最好的选择。

3. 使用白色的（按 D 键会切换到默认的黑色和白色，按 X 键前背景色会切换成白色）圆头模糊画笔，将"不透明度"设置为6%。使用超大号画笔（在这里使用 2000 像素画笔）在整个图像上涂画（图 10.45），虽然涂画的痕迹不会很明显，但是会对画面的整体效果产生很大的影响。左半部分看起

来有些暗，所以先将这部分进行提亮，然后是瀑布、海浪和地平线。

> 注意　从现在开始，低不透明度的白色只涂画在这个图层上（否则不会产生减淡的效果）。减淡和加深不是一定要在两个图层，但是将它们分开有助于更加精准地进行控制，特别是当效果过多时可以使用蒙版分别对各个图层进行遮盖。如果你不能有效控制的话，在减淡和加深图层上反复涂画白色和黑色，可能会产生非常混乱的效果。

加深图层和暗角效果

和减淡图层一样，这个图层可以引导视线的流动——甚至可以引导视线离开画面。

1. 和"创建一个减淡图层"部分的前两个步骤相同，只是将图层的名称命名为"加深"。使用单独图层进行加深有助于后续的调整。将这个图层放置在"减淡"图层的上方。

图 10.45　使用大号的柔边画笔对全局画面进行调整——甚至可以使用 2000 像素的画笔。

2. 使用同样大小的柔边圆头画笔，"不透明度"为 6%，在需要加深的区域涂画上黑色。具体地讲就是创造出类似暗角的效果，即在边缘和四角进行涂画，尤其是右下角的区域，这样可以更加吸引观众的视线。如果加深的程度过多，可以通过更改图层"不透明度"进行调整。

3. 创建另一个空白图层添加暗角效果，将这个图层命名为"暗角"。将这个图层的混合模式设置为"正常"，使用黑色在 4 个边角进行涂画，从边缘开始逐渐向里延伸（图 10.46）。

全局曲线

在这里，我们需要使用 1 ~ 2 个"曲线"调整图层对画面进行全局调整，从而获得最佳的明暗效果。总之，现在已添加的这些效果使画面看起来有些暗——所以要将画面提亮一些！

1. 创建一个新的"曲线"调整图层，将它添加到"特效"组中。

2. 使用 1 ~ 2 个控制点将画面提亮，使画面中的高光能够突显出来（图 10.47）。

3. 在蒙版上使用同样的柔边圆头画笔对提亮过度的区域进行调整。

图 10.46　在绘制暗角效果时，涂画是从图像边角外缘开始的，所以边角的角尖部分颜色是最厚的。

4. 创建另一个"曲线"调整图层（将它放置在第一个"曲线"调整图层的上方），这个调整图层主要用于控制暗部和增强对比。如果调整得太亮，可以将图层的"不透明度"改为 28%，效果会减弱一些（图 10.48）。

图 10.47 创建一个"曲线"调整图层将整个画面提亮，尤其是高光区域。

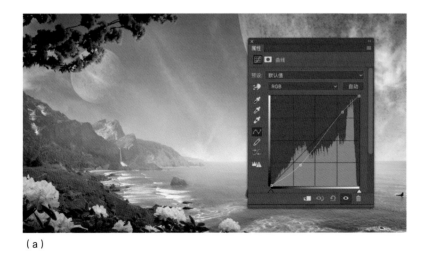

（a）

（b）

图 10.48 使用另一个"曲线"调整图层将画面加深，使画面具有一种神秘感（a），然后将"不透明度"降低，减弱暗部的强度，在这个案例中，"不透明度"降低到了 28%（b）。

局部调整

在完成全局调整后，我会通过添加一些剪贴图层对局部进行调整，例如，添加"曲线"调整图层、"色彩平衡"调整图层、减淡图层和加深图层使合成作品中的元素更加突显（如花、月球等）。在这里需要对"上面的花"和"下面的花"图层组进行局部调整（图 10.49）。进行了局部调整的图层与其他没有进行局部调整的图层不同的是它们使用了剪贴蒙版。将调整图层直接放置在需要产生效果的图层或组的上方，按住 Alt/Opt 键并单击两个图层（或组）间的间隔线即可，可以使用这种方法对画面进行局部调整以创造出需要的效果！

图 10.49　为了使画面平衡，将"曲线"调整图层或其他调整图层剪贴给组。

小结

　　此时你已经成为一个可以创造世界、具有超级能力的人了。你会发现本章中的方法在第三部分以及第二部分的其他教程案例中也被使用过。从 RAW 文件的处理到视觉流程的建立，在这里你学会了很多种技巧和方法。现在要做的就是将这些方法和技巧应用到自己的创作中去，可以使用资源文件夹中提供的小图作为最后作品完成的参考。

第三部分
创意篇

第十一章

掌握基本纹理

Photoshop 可以对纹理进行弯曲和变形，这也是 Photoshop 的魅力所在。在这个案例中，我将我妻子的脸和水相融合，给我在秘鲁拍摄的食人鱼图像添加了火的元素，并且借用了伊利运河边上蹦跳着的青蛙的眼睛（图 11.1）。虽然这听起来有点像科学怪人的组合方式，但颜色和纹理能够帮助我将一切进行很好的混合，以创造出一个由人类操控的、非自然的、超现实的世界。

这个项目也是一个很好的研究灵感创意的案例，它没有提前进行准备。有时在合成的过程中，可能还需要出去拍摄其他的素材（如我拍摄的这个脸），也可能会根据创意修改图像（如食人鱼）。在这个案例中，会看到我如何从这两个方面入手，得到最终满意的效果。

图 11.1 需要的元素有食人鱼、青蛙、火、生锈的纹理、水和我的妻子艾琳。添加纹理，使用混合模式和图层样式以创造出一个超现实的世界。

步骤1：鱼的创意

翻阅照片并从中获得灵感！我的灵感来自这张金色的食人鱼照片（图11.2）。

起初我想让这条鱼潜在水中，有一张脸靠近它，但是它们没有办法真正合成在一起，直到我看到了其他的图像和纹理，例如露营旅行时拍摄的花岗岩上的浅水的旧照片（图11.3）。看到这样的两张照片，我在想可以把水塑造成各种形状围绕在脸和手的周围。有了这个想法之后，画面中还需要一个良好的平衡元素，当然火的图像最合适。搜索存档图片，发现有一只青蛙可以应用到这个超现实的题材中（图11.4），腐朽的金属可以用作背景（图11.5）。

为了充实合成素材，仍然需要对脸和手进行拍摄。我想让光线看起来像是来自于超现实的世界，或者是发光鱼身上散发出来的光。我想让主光来自鱼的方向，以增强鱼发光的效果，并且可以和手、背景形成鲜明的对比，如图11.6所示。所以，我使用了超薄的可夹台灯和节能灯，并在我妻子的后面放了一张黑色的纸，让她的脸和手尽可能地靠近灯光，并且尽可能多地进行拍摄。

图11.2 在亚马逊源头拍摄的金色食人鱼是整个超现实创意的灵感来源。

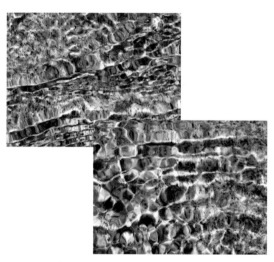

图11.3 在阳光下，花岗岩和岩石上的浅水能够塑造出很多有趣的形状。

图11.4 这个家伙动作很快，但是我的快门速度更快。在自然摄影中经常需要捕捉瞬间动作，所以当有机会时千万不要犹豫。

图11.5 金属纹理有很多种用途。无论是抽象的背景还是动态的背景，其中必然会有一个用到金属纹理。

（a）　　　　　　　　（b）

图11.6 这些照片的光线只需要跟发光的鱼的光线保持一致就可以了，不用担心无缝拼接的问题。

> 提示　像这样两个靠近但不需要显示出它们之间是如何联系的图像，可以分开拍摄，这样能够更好地根据需要分别进行调整。例如先调整好手后，再集中地调整脸。

步骤2：建立逻辑顺序

　　因为这个合成的源图来源不同，所以我想提前预览下这些图像拼合在一起的效果，以便更好地进行比较。同第六章和第八章中的步骤一样，我需要先编辑一个包含火和水的图像板，在这个图像板中，"水"和"火"分别是两个组（图 11.7）。我还将水复制了一个黑白版本，模糊掉原有的颜色，以便让形状更加清晰。水的黑白图像能够让我更加客观地看清事物的自然形态，对最后合成的形态能够有一个预判。对于其他的元素，例如背景纹理和人物，我会从 Bridge 中挑选出最好的图片，然后分别在 Photoshop 中打开。

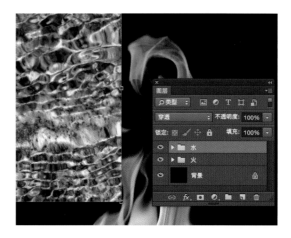

图 11.7　分类后，可以分别查看"火"和"水"这两类纹理，并且使我的工作区更整洁且也不需要对各个图层进行单独的标注。

> 提示　将图像板的标签从工作区域中拉下来放置在另一边。例如，我的图像板文件在一个显示器上，合成文件在另外一个显示器上。

　　在第六章中也讲过，我为合成的各个部分都建立了单独的组（图 11.8）。最后，我会从图像板中复制粘贴出主要元素，并且在合成文件中将各个图层放置在适当的位置上（图 11.9）。

> 提示　当需要对组内的内容进行细分时，可以在组中再创建组。这就相当于大的目录下的子集，例如水滴图像包含在水的图像中。

图 11.8　在准备合成的过程中，一定要建立好组和子组。

图 11.9 在建立组时，一定要注意不要把重要的图层放入错误的组中。

步骤3：转换为"智能对象"

　　在进行缩放和变形时要尽可能做到无损编辑，所以我决定将它们转换为"智能对象"。这样就可以在不改变原图质量的基础上进行微调和缩放，以便随时观察拼合的效果。在第三章中曾讲过在对"智能对象"进行变形和使用滤镜时能够获得更好的效果和灵活性。在完成变形和滤镜的使用后依然可以回到编辑状态进行调整——不会损失质量。在使用蒙版前一定要先将图层转换成"智能对象"，这很重要，因为Photoshop 在转换时会将蒙版嵌入"智能对象"中，从而会把所遮盖的内容全部清除掉——在合成创作过程中对蒙版进行编辑和调整就变得很麻烦，并且每次对蒙版进行编辑时，都需要打开"智能对象"。最好的方法就是将主要图层置入合成文件时尽可能快地转换为"智能对象"。正因如此，我在"图层"面板上右击图层名称，在快捷菜单中选择"转换为智能对象"，将手、人脸和鱼都转换为"智能对象"（图 11.10）。

图 11.10 　"智能对象"是使用变形和滤镜进行无损编辑的最佳方法之一。

图 11.11 "快速选择工具"能够让选择对象的边缘十分干净，例如这条鱼的边缘。

步骤4：给鱼使用蒙版

根据画面的布局，需要将元素之外的所有背景都遮盖住——好的开端是从好的选区开始的。我使用"快速选择工具"制作鱼的选区，因为这个工具能够得到干净的选区边缘，并且能够将所有的鱼鳞都选中（图 11.11）。然后，使用"选择并遮住"工作区（在选项栏中单击同名称的按钮）微调选区边缘。在这里我做了一些调整（图 11.12），让边缘羽化小一些，使选区向里缩进，以避免出现虚边。

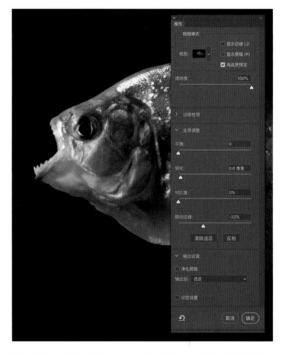

图 11.12 在选区上使用"选择并遮住"工作区能够减少选区边缘的羽化，避免虚边的出现。

接下来，在"图层"面板的下方单击"添加图层蒙版"按钮给鱼添加蒙版。蒙版很好地将鱼以外的其他部分全部遮盖住，如图 11.13 所示。但是在手握的地方还需要对鱼鳞进行修补，这项工作我们将在步骤6中完成。

其他的图像也是如此：制作选区、微调边缘、使用蒙版。

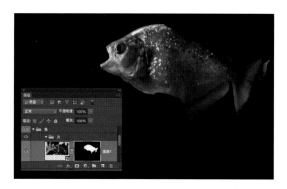

图 11.13　当为选区添加蒙版时，可以使用黑白涂画的方式进行调整。

步骤5：缩放"智能对象"

设想与实际之间总是存在着差距，所以需要不断调整。在操作的过程中，需要保持灵活性以便不断地进行调整和修改——这也是我在步骤3中将这些图层全部转换为"智能对象"的原因。

如上所述，将这些主要图层转换为"智能对象"就可以对这些图层进行无损编辑。因为当图层成为"智能对象"时，即使反复修改也不会毁坏原有图像的质量。如果想要对图层中栅格化的像素进行编辑，则会受到限制（最好不要使用栅格化，因为这是有损的编辑方式），需要多加一个步骤。在完此步骤后，"智能对象"就可以进行缩放、扭曲、拉伸，更改混合模式，甚至可以使用很多滤镜（在 Photoshop 最新的版本中）。另外，将图层转化成"智能对象"后，还可以不断地返回到编辑状态进行调整。总之，"智能对象"在合成中的表现是非常出色的。这个功能能够随时对图像进行无损编辑，并且还能够让项目的图像资源不发生改变。

为了给手和脸留出空间，我将鱼缩小了一点，并对脸和手进行缩放、移动和旋转，直到画面的构图达到了平衡（图 11.14）。在作品中发现视觉中心点是一个很主观的过程，但还是有一些东西需要有意识地去建立：视觉流程，在浏览的过程中创造出一种运动感和平衡感。这些细节的设置，在作品最后完成时一定会被观众所察觉。

步骤6：给鱼安上青蛙的眼睛

食人鱼的眼睛充满了强烈的希望，不像伊利运河上青蛙的眼睛充满了邪恶和恐怖感，所以这条鱼一定需要一只充斥着不满情绪的眼睛。除了眼睛需要挪动以外，事实上还需要更多的眼睛。我决定用 3 个复制的缩小版的青蛙的眼睛替换鱼原来的眼睛。

在替换时为了确保原始图像不受损坏，我对鱼图层进行了复制，并单击缩略图旁边的"可见性"按钮让原始图层不可见，这有点类似于给图层存储了一个数字化底片。鱼的基因突变，有了 3 只眼并且还被火包围着，如果这样的场景有点太过夸张，我们可以不断返回重来（图 11.15）。

图 11.14 当缩放的对象是"智能对象"时，可以随时进行调整，并且原有的图像质量不会受到损坏。

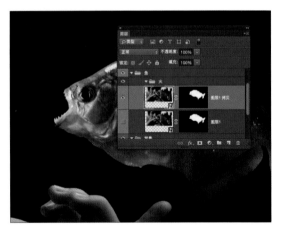

图 11.15 对要编辑的图层进行复制，一个用以编辑，另一个让其不可见作为备份。

因为已经将鱼的图层转换为"智能对象"，在"图层"面板鱼的缩略图上双击，在弹出的提示框中单击"确定"按钮，这个提示框显示的内容告诉我们可以在单独的文件上编辑图层。然后系统会为这个"智能对象"打开一个新的文件，现在就可以开始对眼睛进行操作了。当每次保存（按Ctrl+S/Cmd+S快捷键保存就行，不需要另存为）这个新文件时，系统都会自动更新显示出改变后的效果。这种操作方法绝对可以将项目的复杂度提升到另一个层级，因为你可以在"智能对象"中再添加"智能对象"，有时这也被称为"动态链接"，对某些案例而言，这种操作方法能够更有用。言归正传，我先复制图层（Ctrl+J/Cmd+J），然后使用"套索工具"在鱼原有的眼睛周围画一个选区。在选区上右击，在快捷菜单中（图11.16）执行"填充"命令，或者按Shift+Backspace/Shift+Delete快捷键进行填充。

在打开的对话框中，选择"内容识别"然后单击"确定"按钮。选区被填补得很好，并且为青蛙眼睛的添加做好了准备（图11.17），保存好后关闭文件。回到主要的合成文件中，可以看到复制的鱼的图层已经被更新了。

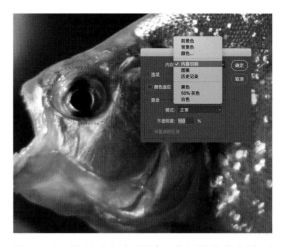

图 11.16　使用"内容识别"进行填充的方法对于那些需要替换内容的案例非常实用，"内容识别"能够基于选区周围的环境将其与背景进行无缝合成。

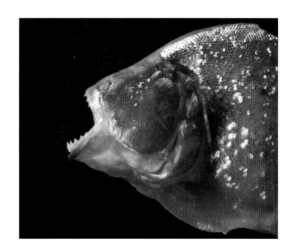

图 11.17　"内容识别"能够将选区内容和周围的鱼鳞进行很好的融合（这个基因突变的鱼即将被放入火中）。

现在的鱼没有眼睛，我需要从青蛙图像上摘取一只眼睛。快速地将其他的部分都遮盖住，只将凸出的眼睛保留出来，使用"选框工具"，按住 Alt/Opt 键，在画布工作区内拖动图像，复制出两个副本（而不是使用"移动工具"进行移动）。系统能够实时进行复制，这一点点的变化能够让画面立即变得不同（图 11.18）。

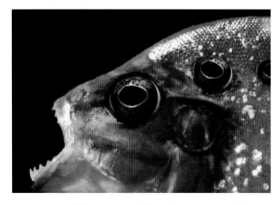

图 11.18 按住 Alt/Opt 键将图像拖动到新的位置上能够复制图像。

所有眼睛的色调要相同。因为在 Photoshop CC 中，组可以使用剪贴蒙版，所以我选中所有眼睛的图层，将它们放置在一个组中，然后创建一个"曲线"调整图层，将它剪贴给刚才创建的组。这样就可以对多个图层进行调整，而不需要使用 3 个"曲线"调整图层分别对 3 个图层进行同样的调整。在"曲线"调整图层上，我将亮部提亮、暗部加深（增强对比度），并在曲线上移动两个控制点直到每个眼睛都呈现出和鱼相同的对比度。

另外，还要在手指按压的位置添加一些鱼鳞。添加的方法和复制眼睛的方法一样。为了保证完美的修补效果，我先做好蒙版，然后沿着鱼的边缘从鱼的其他部分复制内容。我知道这条鱼很快就要被火包围，所以不会在鱼鳞无缝拼接上花费太多时间。

步骤7：火和水元素的使用

火和水本身就充满了魅力，虽然它们的形状和颜色很难被控制，但这个有趣的视觉元素却适用于任何场景。当使用火和水作为纹理时，不要忘记其物理特性。通过图像观察它们本身的形态：它可以将亮部的形状、暗部的形状、渐变、图案和随机的变化完美地融合在一起。在这里火或水的图像并不会十分突显，它会与合成中的主要元素相结合。这也就意味着脸和手将被流动的曲线所覆盖，并且鱼鳞也会闪闪发光。

先从鱼开始，我不知道怎样能让发光的鱼鳞看起来像在火中，所以我对火焰的图像板进行了研究，挑选出了一些看起来和鱼的形状相似的火焰（图11.19）。

水和火相同。在寻找水的图像时，我主要是从形状的角度进行查找，让它能够与涟漪的形状进行很好的结合。有时会发现水的某一部分可以作为向右弯曲的指尖或者关节的发光区域。这个过程需要眯着眼睛才能完成，它需要有巨大的想象力。我需要找到与鱼相匹配的水的形状，然后对这些图像进行完美的扭曲。最后我终于找到了一些带有三维立体感的涟漪图像，我使用了蒙版并将其扭曲成了主体的形状（图11.20）。

（a）

（b）

图11.19　鱼在火中的效果，我发现（a）比较适合放置在鱼的头部周围，（b）可以成为发光的外部元素。

图11.20　经过一番精心的查找，虽然所找到的涟漪的图像都是扭曲的，但将它们进行合成时效果非常好。

制作火焰效果的常用方法

当将火和其他对象进行结合时，可以使用以下这些技巧。

- 在选择形状时不要忽视拍摄角度——就像拼图一样，所选图像要与拼合的区域正好吻合，而不是强硬地进行拼合。在这里可以使用"旋转工具"，它能够有效地将图层旋转到任何角度并且不会发生变形。按 R 键，然后单击拖动鼠标指针，就如同用手旋转拼图一样。双击"旋转工具"按钮，就会回到默认的方向。

- 让其具有流动感。火和水很像，水就像皮肤一样能够覆盖任何形状。然而当我们看到一个主体并且能够感知到它的运动方向时，可以用拼合的火焰将这种方向性进行强化。在这个案例中，我发现了一些让火

焰具有流动性的方法。

- 试着把火焰作为填充物，但不要过多。为了让观众看到火的自然形态，火焰不能太过于完美。

- 尝试着使用同比例的火焰，让火焰看起来感觉是连接在一起的，而不是拼凑出来的。大的火焰边缘比缩小后的火焰边缘显得更加柔和。锐利的边缘会很快被我们的眼睛发现，从而将整个画面的感觉破坏掉。

- 将火焰中与主体对象无关的内容全部遮盖住。在这个案例中，将与鱼无关的内容全部遮盖。你可以将所有与主体对象相关的图层全部放置在一个组中，然后再给整个组添加一个蒙版。

关于火的更多内容请参阅第八章。

> 提示　花费时间寻找适合的纹理，然后用小尺寸进行拼合的效果更好。就像是拼图，使用 1000 块拼图比使用 100 块拼图的效果会好很多！

为了让水和火依然保留光照效果，我将水和火每个图层的混合模式都更改为了"滤色"。第八章曾讲过，在"滤色"混合模式下，图层中比合成文件暗的部分会消失不见，而亮的部分会更亮（图 11.21）。这种方法对那些物体鲜亮、背景是纯黑色的图像特别有用。

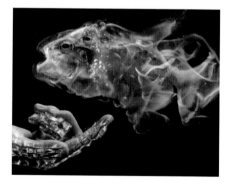

图 11.21　将混合模式更改为"滤色"能够消除暗部，让火焰和水变得更加闪亮。

步骤8："变形"和"液化"

在变形上 Photoshop 表现得十分出色，为此 Photoshop 提供了两种方式："变形"和"液化"。在使用"移动工具"进行缩放和定位后，我会反复使用"液化"和"变形"对水和火的选区进行变形，让手腕、下巴、手指和其他地方的曲线变得更加完美。"变形"可以对照片进行弯曲、挤压和扭曲。"液化"就像是在照片上进行手指画一样，可以进行挤压、扭曲和推拉。一个是通过扭曲塑造形态，另一个是通过精确的计算进行形态塑造，都可以根据不同的需求进行调整。

> 提示 "变形"和"液化"都可以以"智能对象"的方式进行无损编辑。如果"智能对象"已经使用了"变形"，可以再次回到"变形"的编辑状态进行精准还原。"液化"是以"智能滤镜"的方式被应用，这就意味着可以将它关闭、删除甚至对它使用蒙版。使纹理图层实现最大化的可编辑性是至关重要的，"智能对象"绝对能在很大程度上提高图层的可编辑性。

"变形"可以通过九等分网格和"贝塞尔"曲线对像素进行拉伸和弯曲（图11.22）。在需要变形的图层上选择"移动工具"，然后在边框的边缘单击激活变形模式。在图像上右击，弹出包含移动工具变形选项的快捷菜单（图11.23）。从快捷菜单中选择"变形"，

通过拖动"贝塞尔曲线"的手柄和拖动交叉网格对图像进行压扁和拉伸的变形。

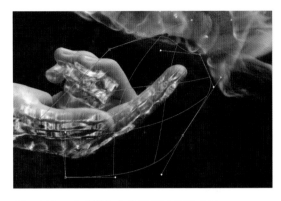

图11.22 "变形"非常适用于像素变形。

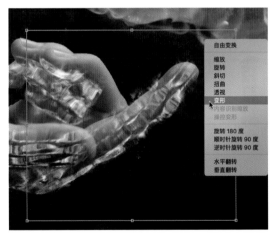

图11.23 使用"移动工具"单击图层的边缘，然后立即右击，会弹出一个包含变形命令的快捷菜单。

> 注意 在选项栏中必须勾选"显示变换控件"才能使用"移动工具"的变形和其他的变换功能。

像水这样的纹理最好使用"变形"，这里有几个使用技巧。

- 变形的拖动就像黏土一样。手指下的部分移动得最多，其余的部分移动得比较少，但它们之间依旧能非常好地紧密相连。
- 通过移动变形手柄调整外边缘的曲线强度和方向，以调整整个图层的形状。例如，将一个图层弯曲成手指的弧度，只需要向弯曲的方向移动手柄即可。
- 不要移动得太多！在变形的过程中已经发生了维度的变化，例如水的纹理，变形太过会导致图层变得扁平，并且丧失原有的纹理质感。

而另一方面，"液化"特别适用于夸张形态的塑形，例如脸部，尤其是下巴周围。你可以看到在图 11.24 中，我没有使用变形网格进行扭曲，而是使用了"液化"中"向前变形工具"进行扭曲。首先需要选中带有涟漪水波纹的水图层，然后执行"滤镜">"液化"命令，进入"液化"工作区。在这个工作区中可以同时显现多个图像，这样有助于整体的塑形，但是使用"变形"的话，就无法显现多个图像了。

使用"向前变形工具"，将"压力"设置为 40 进行拉伸。这样的设置，在对像素进行拉伸时不会产生混乱。这个界面中另一个重要的功能就是"显示背景"复选框，对合成创作而言，这个功能非常重要。我将"不透明度"

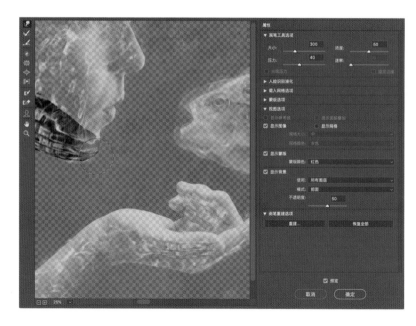

图 11.24 使用"向前变形工具"推拉像素，以便得到合适的外观效果，例如增强立体感，并且对形态进行细化。

设置为50%，在"使用"下拉列表框中选择"所有图层"，在"模式"下拉列表框中选择"前面"。使用小号画笔对水的图像进行拉伸——可以同时看到其与其他图层合成后的效果，直到获得满意的形态后单击"确定"按钮，然后使用蒙版对锋利的边缘进行柔化。

注意 "液化"（或多或少）能够很好地对面部和身体进行调整，并且能够产生惊人的效果，而且也能通过它很容易地用纹理和二维平面塑造形态。谨记：在使用这个工具时，无论任何图像，调整的太多都会看起来有些变形，所以适量是关键。

步骤9：将鱼的色调变冷

虽然现在火里包了一条鱼，但看起来仍然很普通，还是没有实现我想要的超现实的诡秘感。我决定无视观众的期望，让火焰的

暖色走向相反的极端：冰冷深海的蓝紫色调。"色相/饱和度"调整图层是我改变颜色的"魔法"工具。对我而言，场景中的单色调越多越具有梦幻感，并且整体感会更强。另外，当暖色突然变成了冷色，画面会变得更加迷人。

接下来，我决定同时给包含有鱼和火焰图像的组调整颜色。我选中"鱼"组，这个组中包含了所有与鱼相关的图层。在这个组上创建一个新的"色相/饱和度"调整图层（在"调整"面板上单击"色相/饱和度"按钮），向左移动"色相"滑块直到所有的火焰和鱼都变成冷的蓝色调。为了只使"鱼"组受到影响，单击调整图层"属性"面板上的"剪切到图层"按钮，将调整图层剪贴给下面的组（图11.25）。

注意 当你创建新的图层和组时，记住新的图层总会出现在当前所选图层的上方，除非选中组，那么新建的图层就会出现在这个组中。

图 11.25 观察色相的变化其实非常有趣。剪贴调整图层只会影响调整图层下方的图层和组。

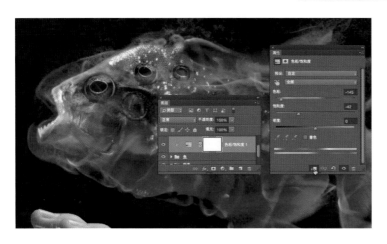

步骤10：调整颜色但让浓度保持不变

在将鱼的色调变冷后，还需要对整个组合的外形进行微调，让其有一种浑然一体的感觉。当然，最好是在元素完成修改、定位和细节的编辑后再进行此调整。在进行整体调整的过程中要保证整个画面的连贯性，这对合成来说非常重要。因此我决定创建一个新的图层，将合成中的剩余元素都变成与火焰鱼相呼应的宝蓝色和紫罗兰色。

为什么不一次性将所有的元素都变成蓝紫色呢？虽然看起来好像只是多了一步操作，但在进行整体调整和遮盖前最好将每个部分的颜色调整好，这样就不会让颜色在最后发生巨大的改变，并且不会因为缺少变化

而变得扁平。在火的这个案例中，最好先让火焰和鱼鳞使用自然色的渐变，然后再让颜色变成冷色调，而不是直接进行全局的颜色调整。改变颜色而不是用一种颜色进行替换。

为了丰富画面，并且与鱼的冷色调相呼应，需要对整个画面进行颜色调整。为此我创建了一个新的空白图层，并且将它放入了"效果"组中，然后使用"油漆桶工具"将整个图层填充为宝蓝色。就像是将一罐油漆全部打翻在画布上，第一次这样做时，可能会让你感到有些许的不安，但是只需要更改下混合模式就可以实现效果。确切地说，我将蓝色图层的混合模式更改为"颜色"，转瞬间其他的图像就都显现了出来，只是都变成了蓝色（图11.26）。将混合模式更改为

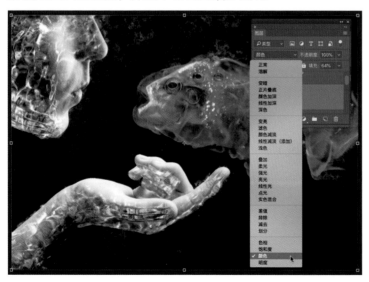

图11.26 使用"颜色"混合模式能够进行自定义颜色的添加，但效果会过于强烈，所以最好将图层的"不透明度"降低一些。

"颜色"就如同将这个图层的颜色添加到了画面中，即使这个图层没有颜色或者只有很少的颜色也可以，例如灰色调比较多的不饱和区域看起来就像是低饱和度的水的效果。在"颜色"混合模式的图层上添加颜色时，起初都太过于强烈，需要对"不透明度"和蒙版进行调整（如同这个案例），所以在一开始时我就将"不透明度"降低到75%。为了更好地进行控制，我将"填充"降低到64%。

> **提示** 还有另外一种给图层填充颜色的方法，即创建一个"颜色填充"图层("图层">"新建填充图层">"纯色")，颜色的选择可以更加灵活。使用这种方法创建图层时，会打开颜色"拾色器（纯色）"对话框，可以在此选择颜色进行填充，并且还可以实时地更新预览颜色填充的效果。它还会生成一个蒙版，不仅可以使用混合模式，还可以像其他图层一样使用剪贴蒙版。

通过火焰和鱼鳞色相的改变，鱼已经变成了冷色调并且颜色的变化也很微妙。所以我还要给这个颜色图层添加一个蒙版，将它应用于除鱼以外的背景、脸和手的区域。与移动色块改变色相（使用"色相／饱和度"进行调整）相比，使用混合模式填充单色会让画面看起来扁平并且不太自然，而我们希望火焰能够更加具有动感——即使是蓝色的火焰！

> **注意** 在合成时，应调整好每个主要元素的大小和位置后，再根据整个画面的需要添加蒙版，做整体效果的调整。或者，对组中的图层使用剪贴蒙版，再分别对每个图层进行调整，就像我在鱼的部分做的那样。

其他颜色的添加也是一样（使用蒙版，然后再改变混合模式），另外再添加两个图层，一个是鲜艳的深红色，另一个是神秘的紫罗兰色（图11.27）。将这两个图层的混合模式更改为"叠加"而不是"颜色"，"叠加"混合模式除了添加颜色之外还可以调整色调，因为"叠加"混合模式的颜色改变不会像"颜色"混合模式的颜色改变得那么强烈。关于混合模式的更多介绍请参考第三章。然后分别在每个颜色图层的蒙版上使用黑白画笔进行涂画（按X键可以快速地切换前景色和背景色，注意先按D键将前景色和背景色重设为默认的黑色和白色）。因为在这两个图层上会使用大量的蒙版，所以先对这两个图层的蒙版进行反相（在蒙版创建后按Ctrl+I/Cmd+I快捷键进行反相，或者按住Alt/Opt键并单击"添加图层蒙版"按钮），这样能够更好地保证每个颜色的位置，鱼的部分也不会被遮盖住。

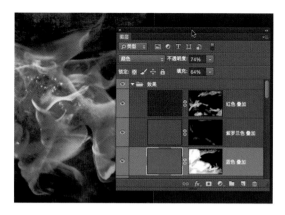

图 11.27 这 3 个图层主要用于控制整个画面的颜色。为了能够分别进行调整，每个图层都有自己的蒙版。

步骤11：幻光画笔

没有魔幻光点的超现实是不完整的。创建一个新的空白图层，为嘴和头部绘制流动光束，将它放置在"效果"组中，并且一定要放置在颜色图层的下方，这样使用白色画笔绘制的部分就会被上方的颜色图层着色。创建画笔的散布效果，使用基本柔边画笔，然后在"画笔设置"面板上勾选"形状动态""散布""传递"复选框（图11.28）。使用手绘板的话（或者其他压力敏感的平板电脑），可以通过改变钢笔压力、

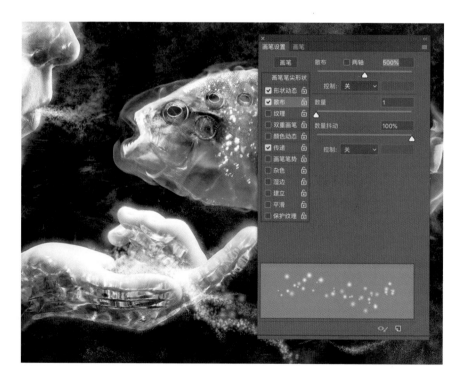

图 11.28 即使是一个圆头的柔边画笔，也可以使用"画笔设置"面板将其修改成有趣的动态画笔。

画笔的形状和不透明度获得相同的画笔效果，这种画笔非常适用于图像周围小的光点的喷绘。

> 提示　如果不用手绘板但依然想创建变化的动态画笔，可以在"画笔设置"面板中勾选"形状动态"复选框，然后在"控制"下拉列表框中选择"渐隐"，设置值为100，"最小半径"设置为20%。虽然这不会完全与手绘板实现的效果相同，但也会创建出一种从笔触开始的方向向其他方向渐变的效果。

　　这时再添加上"外发光"图层样式，效果会更加完美。给散布画笔绘制的白点添加上发光效果，能够增强作品的超现实感，并且还可以让画笔的笔触显得不那么平。在"图层"面板的底部单击"添加图层样式"按钮，添加图层样式。不要让"外发光"的效果太过夸张，要把画笔的颜色和厚度限定在一定范围内（图 11.29）。

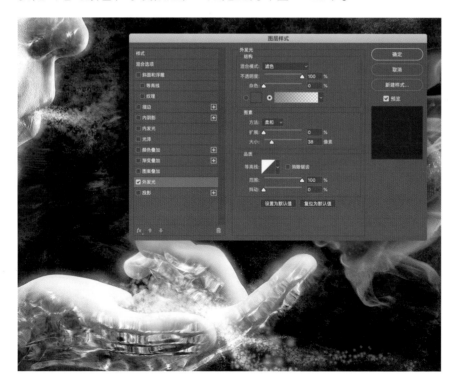

图 11.29　添加了"外发光"图层样式的画面效果充满了魔幻感。

步骤12：发光效果

将画面中锋利的边缘进行柔化，使得光芒看起来就像是源于发光的元素。

最后，我在"效果"组中再创建一个新的空白图层并将其命名为"发光"。将画笔切换成圆头柔边画笔（"不透明度"设置为5%～10%），在需要柔化提亮的区域进行涂画，例如头、脸还有水中亮的区域（图11.30）。这样不仅能够增强光的亮度，而且还能够柔化边缘给画面添加更多的梦幻感。

> **提示** 添加一点闪光效果能够使光看起来不那么均匀。光过于均匀的话，闪光效果就不会凸显，因为这样容易使所有的东西看上去都一样。

（a）

（b）

图 11.30 添加"发光"图层前后效果的比较——一个小小的图层就会产生如此大的影响！

小结

　　使用火和水这样的纹理是非常难的，需要小心谨慎，但结果还是值得的。这是一个用日常的照片进行创意想象创作的非常好的案例，在这个案例中只需要吹一口气，就可以完全控制一条奇怪的长着青蛙眼睛的着火的鱼。这个创意概念也可以使用在其他的案例中——用颜色控制纹理，从原图上寻找灵感，平凡的生活立刻会变得与众不同。要不断地尝试追逐创造超现实的梦想，一步一步地把它变成现实。

MARIO SÁNCHEZ NEVADO

Mario Sánchez Nevado 是西班牙的自由插画师和艺术总监。他的工作室主要从事封面的数字艺术设计、音乐包装设计和全球出版物的设计。Mario 是少数几个连续两次在国际权威 CG 年鉴 *Exposé* 中获得大师奖的插画师，他的作品在纽约时代广场进行过展览。虽然他的作品中充满了惊悚和超现实，但所传达的信息却具有启迪性。

在你的作品中，你是如何运用色彩的？它在你的作品中起到了什么样的作用？

在我的插画中颜色是非常重要的，我用它营造氛围。因为对我来说，第一视觉的情感影响是非常重要的。我通常会先创建出一个和谐的环境，然后把焦点元素变成补色或对比色。这样它们就能够吸引观众的注意，让观众按照我所预想的顺序阅览整个图像。我特别喜欢红色调，尤其是与蓝色形成对比时。

你是如何在这样小的平面图像上创造出如此大的景深的？

尽可能地使用中性的平光照片，因为没有强烈的影子投射，所以比较易于创作。然后在照片上手绘出光线的效果，直接在原图

垂死的愿望（2007）

背叛（2012）

沉思（2012）

伪装（2013）

冷漠（2011）

上添加，让它与环境相融合，就好像真实地发生在这个环境中。重点是时刻记住要有景深感。

你创意的过程是怎么样的？

有两种情况。大多数是自发的，我坐在计算机前，让想象力自然流入，然后在画布上添加一些东西看看效果。当我有了想法之后，就开始构建幻想的场景，对元素进行改变、添加新的内容或将部分环境删减掉。另一种就是用具体的方法进行构想，会有一系列的草图和需要的资源文件，然后选择出相关的图片在 Photoshop 中进行合成。

什么是你的秘密武器，是 Photoshop 中的工具还是 Photoshop 中的其他功能？

说出来可能会让你很吃惊，这么多年来我发现"画笔工具"能够实现我所需要的一切。当你进行高级润色时，最好一点一点地手工进行细化，例如绘制光线效果和粒子效果等。

你的作品通常会有多少个图层？

我的插画虽然创意简单，但是画面比较复杂，有点像巴洛克风格——通常简单的作品也不会少于四五十个图层。我经常使用很多调整图层，所以我想最复杂的大约有 500 个图层。

你的素材来自哪里？

我喜欢自己拍照或自己画。我经常旅行摄影，所以我有很多风景、纹理和其他照片。当然，我也会向许多朋友寻求合适的素材。但是很难找到所需要的，所以有时不得不去收版权费的素材库网站进行寻找，有免费的也有收费

涅槃（2012）

的，但是我会尽量使用自己的资源图片。

你对这个行业的其他从业者有什么经验和建议吗？

引自 Doris Lessing 的一句话，"做天才容易，难得的是坚持"。Charles Bukowski 说，"找到你所爱的，为它粉身碎骨"。没有比这两句话总结得更好的了。

作为一个艺术家，你最大的成功是什么？

能够以最喜欢的事情作为谋生的手段。同时，它还让我更深入地了解了自己和自己所生活的环境。

第十二章

求你了，快让爸爸下来！

许多家长都觉得自己的孩子很神奇，但是如果宝宝真的有了超能力会怎么样呢？

一天晚上，在将宝宝哄睡之后，我很快产生了一个很有趣的创意。第二天早上，我就把这个想法变成了现实。顺便要说的是，最好提前把你的计划告诉室友。在制作这个案例时，我真的应该提前把我的构想告诉妻子，当她从楼梯上下来时看到我正坐在我儿子的高脚椅上摆姿势，立刻露出一副震惊的表情……而且高脚椅还立在桌子上。

很快，我妻子也参与到了其中。一上午我们完成了所有的拍摄，并且当天就完成了《求你了，快让爸爸下来！》这个作品的创作（图12.1）。从表面上看，这是一个练习选区和蒙版的案例，但是它也显示出了创意的重要性。如果没有草图和前期的准备，这个作品是不可能完成的。

图 12.1　出现在《求你了，快让爸爸下来！》这个作品制作过程中的人、猫和宝宝都没有受到伤害，就是植物被弄得有点凌乱，不过现在已经完全恢复了。

合成前的准备

每一个合成作品都有自己的难点，但成功的关键在于主题、对象、背景之间的关系。以《求你了，快让爸爸下来！》为例，合成前应做以下准备。

- 使用三脚架。
- 使用大内存的存储卡，拍摄 RAW 格式的原片。
- 使用相机自带的定时曝光控制器（计时的远程控制器）进行自动拍摄，手机也可以用作定时曝光控制器。很多单反数码相机都有定时曝光控制器，即使是简单又便宜的定时曝光控制器在自拍时也可以省大量的时间（图 12.2）。

图 12.2 当摄影师同时兼任被拍摄对象时，使用定时曝光控制器能够节省大量的时间和精力。

- 设置好光线和曝光速度后，不要随意更改。反复地检查焦距，以防万一。

- 让道具场景保持干净。
- 在拍摄道具时，各种角度都尽可能地多拍。你永远不知道哪个适用，哪个不适用，到时后悔就太晚了！
- 在拍摄婴儿或儿童时，拍摄过程应充满乐趣，并且动作要快。可以拿一些玩具或者一些好玩的东西去逗他们，最好能有个伙伴在旁边帮忙。
- 做好再来一遍的准备。在第一次拍摄后，拍摄的效果可能会和想象的有所不同，可以研究已经拍摄好的照片，看看如何加以改进。如果需要的话就再来一次，最后你会发现获得了巨大的提高，因为在不断地练习之后，你能够更好地构想出整个场景。

步骤1：构思场景

不要低估构思的重要性。当天晚上我就绘制出了大概的草图（图 12.3），对灯光、合成、视角、玩具和很多细节进行了构思。

勾画创意草稿时，无论草图是粗糙的，还是细致到每个细节，都一定要包含以下内容。

- 光的位置和方向 。

图 12.3 在进行创意构思时既要考虑到角度，也要考虑到光线。虽然可以在拍摄的过程中进行调整，但要从一开始时就想好。

- 视角和镜头大小（不要使用微焦镜头、广角镜头或长焦镜头）。
- 场景的大致安排和氛围。

图 12.4 展示了"我们养育了一个超级儿童"系列作品的创意草图，另一张是最后的效果图（图 12.5）。

图 12.4　草图

图 12.5　虽然与原设想有些不同，但草图让我十分清楚我该如何开始进行拍摄、哪里应该放置灯光、宝宝应该在哪里。

步骤2：开始拍摄

加法比减法好做，所以开始时画面最好干净一些。虽然可以使用"内容识别填充"和"仿制图章工具"进行修复，但是为什么要花半小时进行修复，而不多花几秒钟好好设置一下再拍呢？应该将精力用在那些无法更改的地方，例如不当的开关位置和难看的地毯。以《求你了，快让爸爸下来！》为例，我提前清理了场景中的家具和道具（图12.6）。

在这个案例中，我花费了很多时间来寻找最佳的视角和广角角度（15mm的镜头采用的是APS-C画幅的传感器，而不是全画幅的传感器）以拍摄出完美的场景。我想让视角更低一些，让观众能与宝宝的视角一致。

曝光设置

在开始拍摄前，最后应检查曝光设置和定时曝光控制器，在必要时进行调整。在手动模式下锁定所有设置（包括白平衡），以免拍摄时发生改变。这张照片采用的是逆光拍摄，以早晨透过窗户的明媚光线作为主光。在拍摄这个场景时，我的想法是通过控制反差来形成剪影效果。我让窗户的曝光稍微过一些，但同时保留阴影部分的细节。使用RAW格式拍摄，可以为后期处理提供足够的像素支持。你会发现我的许多原片在拍摄时都会有些曝光不足（图12.7）。我当时好像有带其他的光源，但后来没用。如果使用我的光源设备会吵醒宝宝，所以我只使用了手里现有的器材。拍摄时总会遇到各种困难，因此要尽可能地发挥创造力。

图12.6 一定要先拍1～2张没有人物的空白图像作为背景以便与其他图像进行合成。

图12.7 想要在高反差条件下寻找光影之间的平衡并不简单，但还是可以做到。如果这些图像很重要的话，千万不要让高光溢出。

在拍摄照片时，设置每 5 秒定时曝光可以让我有足够的时间像个疯子一样跑过去，并且还可以找好位置。（宝宝觉得这很滑稽，在某种程度上，我也是这么认为的。）如果是给孩子拍摄，那么 5 秒可以发生很多事。给宝宝拍照时，我缩短了定时曝光的时间，设置为 2 秒。缩短定时曝光的时间，增加拍摄频率，可以更好地捕捉住孩子的精彩瞬间。

步骤3：摆设物体

摆设物体听起来很简单：只需要你在拍摄前跑过去拿着东西，让它悬在空中静止不动。但实际上并非如此，你要做的不仅是要对准位置，还要让物体所有好的一面朝向镜头，并确保最后合成时能够使用。下面也有一些技巧。

● 不要让自己出现在背景中。虽然使用 Photoshop 能够将你从物体的后面移除，但这并不意味着你可以出现在物体的后面。将自己抽离出去需要花费一些时间，即使这样做了但效果看起来也不会很好。总之，站到一边去！

● 拿道具时尽可能地从后面拿住，或尽可能地抓住它的边缘，用自己的余光查看对象。在拍摄时物体和相机之间的任何东西都会产生遮挡（这是非常显而易见的，但是在拍摄时你会惊讶地发现这非常具有挑战性）。如果能从后面或边上抓住道具，那最好。这样会得到很好的效果，并且清除起来会很方便。另外，多拍摄一些拿着物体不同边缘的图像也有助于问题的解决。进入后期制作时，就可以把最好的部分拼接在一起。

● 道具的摆放必须多样。当你在场景的周围悬空拿着物体，可能会认为这样已经让物体的显示有了很大的不同。事实上，可能不是这样的。如果每次拍摄时你不站在摄影机后面，就不会知道道具的位置是否正确——尤其是景深和方向——也无法预想出最后的结果和整体构图。最简单的方法就是多拍，直到你找到诀窍！这些场景即使已经重拍了无数次，也要继续拍。

步骤4：挑选最佳图像

将图像导入计算机后，登录 Bridge 开始整理照片——挑选适用于合成的图像。在这一步中，我使用的是"胶片"工作区（从选项栏中选择此选项）。在"胶片"工作区中能够将缩略图逐个翻阅并进行并排比较，按住 Ctrl/Cmd 键便能够同时选中多个缩略图。

在这个阶段不要删除任何图像，只使用 Bridge 的评级功能进行评级：选中一个图像，按住 Ctrl + 数字键（1～5），可标记出 1 星到 5 星不同的星级（图 12.8）。然后就可以按照星级进行分类，例如按 Ctrl+Alt+4/Cmd+Opt+4 快捷键或者在工作区名称的右侧单击星级筛选按钮就可以查看所有 4 星和 4 星以上的图像（图 12.9）。

下面是我的评级原则。

● 5 星：能够使用的最佳图像。

图 12.8 Bridge 是进行图像分类和评级的理想工具。

图 12.9 根据星级评级筛选出最佳图像。

- 4星：在最后合成时效果很好，但还不确定，需要尝试下才能知道。
- 3星：在找不到适合的图像时，可以使用的图像。

我从来不用3星以下的图像，所以也不会标记到最低等级（除非我确定这些图像是要被删除的）。在4星（Ctrl+Alt+4/Cmd+Opt+4）和4星以上的图像中进行最后的挑选，如果需要更多的选择，也可以将3星的图像包含在挑选的范围内。

步骤5：使用ACR编辑器进行编辑

整理完筛选的图像后开始编辑。全选（Ctrl+A/Cmd+A）整理好的图片，然后在图片上双击打开Photoshop内置的ACR编辑器进行编辑（图12.10）。

在ACR编辑器中，使用批量处理能够加快工作进度。例如，这些照片都太暗了，可以将它们全部选中（Ctrl+A/Cmd+A），然后使用Photoshop CS5中"填充亮光"功能将阴影提亮，现在该功能在Photoshop CC中叫作"阴影"（图12.11）。当阴影和高光分布均匀时，就是滑块所在的最佳位置。尽可能多地保留亮部和暗部的细节，同时还要有一个好的对比。

> 提示　如果拍摄的是JPEG格式，但依旧想学习如何进行RAW文件编辑（没有位深），则可以在选中的图像上右击，从快捷菜单中选择"在Camera Raw中打开"。因为JPEG文件已经被压缩，和真实的RAW图像相比，可用的滑块非常有限，尤其是高光和白平衡。

图12.10　使用ACR编辑器能够进行无损编辑，并且还可以批量处理。

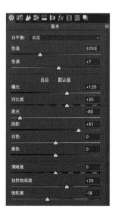

图12.11　当右边"胶片"工作区中的图像都被选中时，在ACR编辑器中进行的调整会作用于所有选中的图像。

当图像在 ACR 编辑器中完成编辑后，单击"完成"按钮而不是"取消"或"打开图像"按钮。单击"完成"按钮后编辑状态会被暂时保存，所有的图像不会立即在 Photoshop 中全部打开，而是可以在以后的时间里自主地选择要打开的图像。在 Photoshop 中打开太多的标签很容易乱作一团，因此要尽可能有效地进行控制。

步骤6：干净的背景图像

找一个干净、均匀的背景图像非常重要。照片上不能有道具、人物、宠物等，因为它是作背景用的。在《求你了，快让爸爸下来！》这个案例中，我将标有 5 星的图像放置在这个空的背景中（图 12.12）。双击图像将其在 ACR 编辑器中打开，然后单击"打开图像"按钮把图像置入 Photoshop 中进行合成编辑。

步骤7：整理

当你搬到一个新家时，会把箱子放到相应的房间，但当你要打开箱子拿出东西时，发现主卧中放的是装有厨房用具的箱子，那这样提前放置箱子就变得毫无意义。把你的构想想象成一个新家，下一步就是置入其他的对象和图层并进行编组，就像是把箱子

搬到相关的位置上。虽然每一个标注都不同，但在这一点上没有商量的余地：从一开始就要做好标注和整理！在这个案例中，我很快地为合成的各个部分建立了组（图 12.13）。有了这样一个结构关系，就可以根据景深安排元素的位置（前景、中景和背景）。记住 Photoshop 是根据图层从上到下的顺序显示的。如果想要把一个图层作为背景（在其他对象的后面），就要把它放在其他图层的下方（最底部的是背景）。

图 12.12 这是一张具有5星等级的空的场景图像。

图 12.13 当案例变得越来越复杂时，创建组能够让工作井然有序。

下面是对图像进行分组的一些技巧。

- 如果有图层要在其他图层的上方，那就把其他的图层都放置在组中。要知道，最先看到的是最上方的图层。如果图层间不会产生冲突和影响，那就不用管它们之间的前后顺序。

- "效果"组必须在所有组和图层的上方。这个组会影响整个画面，所有的整体调整命令都在这个组中，例如光线效果。

- 在第二章中讲过，尽可能给每个图层命名并做好色彩标记，或者至少也要给组命名。使用默认名称看上去好像节省了时间，但当你想知道"调整图层47"是什么内容时，只会花费更多的时间。

- 给 Photoshop 文件命名后，再把它保存到你能找到的位置。就像组和图层一样，如果你找不到你要找的内容，那就很糟糕了。

步骤8：再次选择

像这类合成，我比较喜欢在开始合成前将所有要用的元素都放置在一起，就像是在拼图前将所有的单片都面朝上放置一样。这样一来，我就可以看着它们，尝试把它们放置在不同的位置上。在这个案例中，我用 Bridge 作为我合成的图像板，在 Bridge 和 Photoshop 之间不断地进行切换，将这些单片置入合成文件中（图 12.14）。

图 12.14 从分好类的图像中再挑选出所有可用的图像，现在我已经将人物的所有最佳照片都挑选了出来。

在使用 Photoshop 把宝宝和我的图像打开前，我发现有很多可用于合成的图像。我不想把所有可用于合成的图像都放置在 Photoshop 中，因为标签太多的话会很混乱。可以先少量地打开同类图像（同样种类的图像），这样既能让操作变得井然有序，又能够更快地寻找到最佳图像。在将这组图像复制粘贴到合成文件中之后（步骤 9），关闭它们在 Photoshop 中的标签，回到 Bridge 中再寻找下一组图像（例如玩具的图像），然后也把它们置入 Photoshop 中，单独建组。

> 提示　可以置入更多的图层，然后在 Photoshop 中关闭它们的可见性。这样就能够随时调用它们，直到你确定它们的确毫无用处时再将它们删除。

步骤9："复制"和"原位粘贴"

在同一个视角上拍摄的照片会更加易于合成。使用"原位粘贴"（Ctrl+Shift+V/Cmd+Shift+V）功能，将复制的选区原位粘贴到与拍摄地点一致的合成文件中。注意，不是使用裁剪、粘贴、刻意地重新安排图像的方式进行合成。

以我为宝宝添加背景为例。我用"矩形选框工具"在他的周围框了一个大的矩形，

如图 12.15 所示。建立选区后发现有点脏，四周带有大块的背景环境，因此之后还需要使用蒙版进行无缝混合拼接。

按 Ctrl+C/Cmd+C 快捷键，复制出大致的选区，然后回到合成图像中；按 Ctrl+Shift+V/Cmd+Shift+V 快捷键将宝宝原位粘贴到背景中，粘贴后的位置和复制时的位置完全相同（图 12.16）。

> 注意　尽可能让你的工作区保持整洁：当你从原图复制完图像时，记得关闭原图标签。

图 12.15　我喜欢用矩形选区，因为人物周围多出的部分可以用于混合拼接。

图 12.16　使用"原位粘贴"将选区粘贴到所需要的位置上。

对剩余的元素重复此操作（在 Bridge 和 Photoshop 之间不断地进行切换），使用"原位粘贴"将所有需要的元素都置入合成文件中，然后保存。将所有内容都载入一个文件中，对此类合成非常适用。与那些使用不同图像、不同选区和不同对象进行的合成所不同的是，这个案例中所有的图像都是在同一个空间、同一个光源和同一个相机位置上拍摄的。正因如此，我才能快速地将可用图像全部置入背景中，然后开始对画面的整体效果进行修整。在使用蒙版进行遮盖时会花费一些时间，这可能会让你感觉有点不太习惯。

步骤10：调整选区

此时，你面临着两个选择：一是在使用蒙版前继续用选区工具调整边缘，二是直接在图层蒙版上使用黑色和白色通过绘制来调整选区内容。调整好的选区能够一直使用，而绘制蒙版能够更好地控制图像。在图像上直接绘制选区的缺点是要考虑到周围边缘的角落和缝隙，这样会花费很多时间——如果这个图像最后没有被使用就会浪费掉更多的时间。

这两种方法如何进行选择？以下是我选择制作选区的一些情况。

- 粘贴的图像需要四处移动时，例如在选出最佳组合前，你需要对各种组合有一个大概的了解。

- 其他图层要与这个粘贴的图层无缝地合成在一起，尤其是要叠加在这个对象的后面时。

- 需要制作的选区比较简单，比绘制蒙版节省时间时。

如果粘贴的图像不属于上述情况，可以直接跳至步骤11。

为图像制作选区，我会根据需要选择不同的工具。对于悬空的对象，我会使用"快速选择工具"（图 12.17）。这个工具对于查找物体边缘特别有效——如果这个工具不能很好地界定选区（选中了一些附属物），还可以使用"磁性套索工具"，它能够让选区更加明确（图 12.18）。

图 12.17 "快速选择工具"的速度真的很快。

图 12.18 "磁性套索工具"能够更好地界定选区。

使用边缘调整功能能够让选区更加均匀（这样在遮盖上能够节省一点时间和精力）。例如，我选中了一辆公共汽车，然后单击"选择并遮住"按钮（在选项栏中间的位置），打开"选择并遮住"工作区（图12.19）。

在调整边缘时，要注意以下3点。

- 羽化选区。重点是图像的焦点要与图像模糊的程度相匹配，以避免出现拼贴痕迹。如果图像大约有2个像素的模糊度，那么羽化也要有2个像素；如果模糊度有3个像素，那么羽化也要有3个像素。然后放大，近距离地进行观察，检查羽化大小是否合适。

- 将"移动边缘"滑块移动到负值，选区会内缩，这样可以避免产生虚边。在糟糕的合成中，虚边会很明显。即使我们的眼睛辨别不出是哪里错了，但还是能够感知到错误。通常不向里移动边缘的话，会产生很小的像素虚边。

- 它不一定需要非常完美。我的方法是在它的蒙版上再进行绘制，对选区图像进行调整，具体操作将会在下一个步骤中看到。

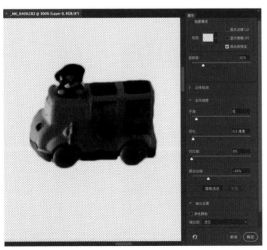

图 12.19　在"选择并遮住"工作区中能够对选区进行整理，对选区边缘进行调整。

步骤11：添加蒙版

在合成中，蒙版就是幕后的魔法。为了给公共汽车这个图像实施魔法，我在"图层"面板上单击"添加图层蒙版"按钮，给这个图像添加了一个蒙版（图 12.20）。

现在调整玩具选区，使这个区域可见，其他区域都不可见。这仅仅是个开始，因为需要通过手工绘制才能得到最后完美的效果。

> 提示　如果你对选区很满意，还可以直接在"选择并遮住"中创建蒙版。在"属性"面板的"输出设置"中，选择"输出到"下拉列表框中的"图层蒙版"，单击"确定"按钮会立即生成基于选区的蒙版。

图 12.20　单击"添加图层蒙版"按钮给选中的图层添加蒙版。

步骤12：绘制蒙版

在绘制蒙版时我有一个准则：总是使用柔边画笔。（也有例外的时候，但大多数情况下都是如此。）例如，在去除我自己飘浮的图像的背景时，我使用小号的柔边画笔（"硬度"设置为 0）将不需要的部分涂画掉（图 12.21）。

使用硬边画笔在蒙版上涂画会使效果显得很拙劣，看起来就像是用粗笨的剪刀制作的粗糙的拼贴画。相反，在蒙版上使用柔边画笔能够更好地进行无缝拼接。

柔边小号画笔

图 12.21　为了能够更好地融合，最好使用柔边的画笔绘制蒙版。

当需要绘制更多细节，画笔边缘需要更加锐利时（很多时候会有此要求），可以更改画笔大小。这样就可以更加灵活地使用画笔，但千万不要使用大号的硬边画笔。画笔越小，边缘就越清晰，涂画起来才会更加灵活。

下面是使用画笔的一些技巧。

● 按 \ 键，蒙版就会以红色显示出来。不要在蒙版上留下任何污点！按 \ 键后就可以非常清楚地看到经过长时间的涂画，留下的那些讨厌的像素杂点。

● 在绘制蒙版时，按 X 键能够切换前后背景色（默认为黑白色）。记住，黑色是无损擦除，白色是还原（黑色隐藏，白色显现）。

● 不要使用比原图的模糊度更加柔化或硬化的画笔半径，因为这样做的后果会使合成看起来非常假！对于不模糊的边缘，可以使用柔边画笔，改变画笔大小即可。

● 在遮盖大面积区域时可调整画笔大小。按] 键使画笔变大，按 [键使画笔变小。还可以按住 Ctrl+Alt/Control+Opt 快捷键，向右拖动使画笔变大，向左拖动使画笔变小。

我直接在宝宝和我的图像蒙版上进行绘制（图 12.22 和图 12.23），不用先做选区。当前最重要的任务就是使用画笔在宝宝的图像上轻轻地绘制出投影。因为其他的部分都与背景完全匹配，所以没有必要制作出具体的选区。这样可以节省时间！使用手绘板绘制会更加轻松（与鼠标绘图比较而言）。

图 12.22　给我自己绘制蒙版时，使用的是和照片模糊度相同的羽化半径的小号画笔。

图 12.23　宝宝的蒙版因为需要进行混合，所以可以使用稍大号的画笔（仍然是柔边画笔）。

增加画笔硬度

有时绘制蒙版的确需要增加画笔硬度。按住 Ctrl+Alt/Control+Opt 快捷键向下拖动，或者使用"画笔工具"在图像上右击，从快捷菜单中拖动"硬度"滑块即可增强画笔硬度。在创作的过程中，当出现以下这些情况时，我会增强画笔硬度。

- 在绘制完图层蒙版后，清除所有的痕迹时（柔边画笔会留下像素痕

迹，而且还很难查找）。

- 即使蒙版遮盖的内容的边缘清晰可见（没有角落和裂缝），我也不会将画笔的硬度增加到超出图像放大后的模糊宽度（根据边缘定义模糊的像素数值）。
- 在处理精细的细节时，例如绘制头发或其他细致的线条时。

步骤13：给调整图层使用剪贴蒙版

想象一下，当你不小心把拼图中的一个单片放在了窗台上，它经过阳光的照射褪色了。当再把它拼合到拼图中时，与其他的单片相比，它会显得很突兀。在合成时，有时也需要对一个部分、一个图层进行调整。剪贴蒙版就可以使剪贴图层只作用于需要调整的部分。

这类合成（同一个视角、同一个场景位置、同样的光源）中的大多数图层都可以完全融入原背景图像中，但是自然光线不仅会随着时间发生改变，而且会随着你和对象之间位置关系的变换改变得更多（更重要的是你的影子的位置）。为此可以使用剪贴蒙版

和一些细微的调整让每一个图层都能够更好地进行融合。

例如，我需要对宝宝图层的亮部和暗部进行调整。当把宝宝的图像放入背景图像中时，发现光线有所不同，似乎有点偏暗，又有点发蓝（图 12.24）。所以使用"曲线"进行调整。

图 12.24 注意宝宝图层的光线与背景图像中的光线有所不同。

先使用"曲线"调整亮部和暗部,但调整完对比度后颜色也发生了改变(除非将图层的混合模式更改为"明度")。在"调整"面板上单击"曲线"按钮,添加"曲线"调整图层(图12.25)。

只作用于一个拼图单片的秘密就是:添加剪贴蒙版!这样就可以使调整图层不对其他图层产生影响。按 Ctrl+Alt+G/Cmd+Opt+G 快捷键将选中的"曲线"调整图层剪贴给下面的图层(宝宝图层"凯伦")。除非对"曲线"调整图层的蒙版进行单独的设定,否则"曲线"调整图层会依旧使用下面图层的蒙版,只对下面图层中可见部分产生影响(图12.26)。一旦你掌握了这种方法,就可以将选择的调整图层和效果剪贴给任何场景。

在实际调整中,除非你想要非常强烈的变化效果,否则应让"曲线"变化的幅度小一些,少即是多(更多详细内容请参阅第四章)。与背景图像相比,宝宝的图像有点曝光不足,所以可以使用"曲线"轻微地进行调整。图12.27所示是调整后的结果。

接下来就是调整颜色。使用"曲线"调整完亮部和暗部后,我将"色彩平衡"调整图层剪贴给宝宝图层,使偏蓝的色调变得亮一些(图12.28)。但这并非是最好的效果,因为使用混合蒙版不宜于色调的均匀调整。为了对大区域进行调整,我暂时将蒙版停用(按住 Shift 键并单击蒙版即可停用或启用蒙版),以便于最后效果的查看。现在能够看到调整后颜色有点偏红,蓝色又有点少,为了能够与背景一致,需要再次进行调整。

图12.27 与使用"曲线"调整图层前的图像(图12.24)进行比较。

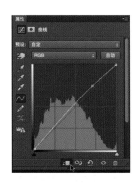

图12.25 将"曲线"进行轻微的调整就可以将图层提亮。

图12.26 在选择性调整方面,剪贴蒙版表现得非常出色。

仅需要几个小的调整，宝宝图层就已经非常好地与背景融合在一起了。这个调整的过程就是我所说的在合成中对图层进行的调整。

在示范的过程中，我禁用了蒙版，所以调整完成后要再次启用被禁用的蒙版——这样就可以无缝地进行融合了（图 12.29）！

图 12.28 第二个剪贴蒙版是为了去除蓝色调，它不会对其他剪贴蒙版产生影响——已经被剪贴的蒙版不能二次剪贴。

图 12.29 使用了这两个调整图层后拼合的痕迹几乎看不到了。

对合成中需要的图像，我都做了类似调整。有些图像可能还需要使用更多的调整命令，如露出的手的部分不仅需要遮盖，还需要使用"色相/饱和度"调整图层，甚至是"仿制图章工具"进行修复。

步骤14：使用"仿制图章工具"去除指印

无论你如何小心地抓住道具，都会有几个手指甚至是一整只手露出来，就算是使用了选区和蒙版，它们也依然可见。使用"仿制图章工具"（单击按钮或按S键）能够将这些露出的部分全部去除。

使用"仿制图章工具"的秘诀就是"小"。很多失败的案例中都有着相同的问题：仿制的区域太大，当不断重复后图像就变得很混乱，而且非常明显。使用"仿制图章工具"的重点是当仿制的多个部分拼合在一起时，拼接的缝隙要不可见。下面是使用"仿制图章工具"的一些方法。

● 使用柔边画笔。

● 让采样点和画笔尽量小一些。

● 不断更换采样点以避免出现明显的重复特征，从多个区域进行取样能够更好地进行融合。

● 一直使用小号画笔！这样能够避免仿制出的部分太过于一致，并且也可以避免采样点跑到不需要的区域去。

在《求你了，快让爸爸下来！》这个案例中，我需要把破坏画面的手从椅子下面去除（图 12.30）。

更多的仿制技巧请详阅第二章，在此我会进行简单的讲解。我将采样点放置在手之外的小的区域上，按住 Alt/Opt 键并单击，然后用小而细致的画笔一块一块地将椅背修复。我不断地移动仿制源目标，以避免出现明显的重复像素（图 12.31），餐桌椅下面的手最终被去除了（图 12.32）。

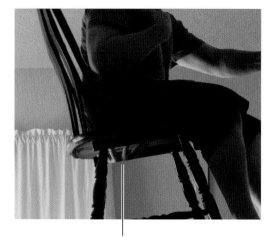

不需要的手

图 12.30　使用"仿制图章工具"能够将多出来的手和手指去除掉。

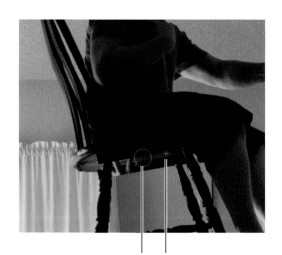

仿制图章工具画笔　采样点

图 12.31　仿制源越多效果越好，尤其是将两边混合到一起时。现在两个手指已经完全消失不见了。

图 12.32　我的手已经在椅子上消失了。

图12.33 去除我头上的阴影需要进行更多的操作，仅靠单一的"仿制图章工具"是无法完成的。

图12.34 头顶上的阴影由于透视角度不同，显现在天花板上的位置也不同。因此，需要根据悬空的位置对阴影做相应的调整。

步骤15：多种方法的结合

有时仅使用"仿制图章工具"或任何一种单一的方法都不够。下面以我头上的阴影为例（图12.33）。

我坐在桌子边的高脚椅上，拍摄了许多不同角度不同高度的照片（图12.34）。当我不断反复重新回到悬空的位置上时，阴影会随着我的位置变化不断地移动和旋转，即使是使用大量的仿制图章也无法解决这一问题！这时我就需要使用更多的操作。

按住 Alt/Opt 键将图层在"图层"面板上向下拖动，复制出一个我坐在高脚椅上的图像（或者选中原图层后按 Ctrl/Cmd+J 快捷键进行复制）（图12.35）。接下来绘制蒙版将我去除掉，然后使用"移动工具"根据正确的透视角度对阴影进行旋转（图12.36）。为了使画面融合得更好，我再次使用了"曲线"调整图层的剪贴蒙版对颜色进行调整。

图12.35 按 Alt/Opt 键，向下拖动图层或者按 Ctrl+J/Cmd+J 快捷键，即可复制图层。在这个案例中，我在原图层下方的位置上复制出一个新图层。

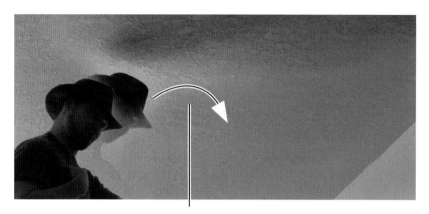

根据天花板的透视角度旋转复制的图层

图 12.36 使用"移动工具"旋转阴影。

步骤16：调整光线和效果

最后，完善光线效果。以下是制作光线效果的一些技巧。

- 吸引观者的注意力。人类和飞蛾一样，都喜欢亮的地方。因此可以在视觉焦点处添加一点微光效果。

- 添加一点对比或亮度可以吸引观者的注意力。如果从概念上讲的话，就是在进行视觉的调整。

- 微调。使用柔边的大号画笔将画面的边缘涂暗，使画面的中间区域变亮，以便吸引视线。人们不一定会注意到这些变化，但一定会感受得到！

- 要让光线和色彩保持连贯的整体性，通常需要降低叠加图层的不透明度，或对它们进行调整。一定要让它们与场景协调！

在《求你了，快让爸爸下来！》这个案例中，在编辑时我发现暗部过于分散，所以我自己添加了光线效果。通常我会将大致的光线效果先勾勒出来，在最后调整画面时再进行细化。

调整光线的秘诀是单击"创建新图层"按钮，创建一个新的空白图层。在单独的图层上添加调整图层和效果，这样可以在整个过程都进行无损编辑，在合成时这点非常重要。将新建图层的混合模式更改为"叠加"（图12.37），这是制作光线效果中很重要的一步。

在第四章中讲过，"叠加"混合模式具有多种功能。在"叠加"混合模式中，可以使用白色（减淡）和黑色（加深）无损地进行减淡和加深操作——使用其他颜色会发生颜色变化。因为我不想让这张照片中的图像都太暗，所以使用"叠加"混合模式，对图层进行有效的调整。

> 提示 首次在"叠加"混合模式的空白图层上进行涂画时，要把画笔的"不透明度"降低（有时要在10%以下）。在涂画时要小心，避免涂画出多余的虚边或让光线发生明显的改变。使用更低的"不透明度"能够更好地对效果进行控制。

还要使用其他命令对颜色进行调整，其中包括添加"不透明度"为46%的"黑白"调整图层。"曲线"调整图层的蒙版在很大程度上是用于给局部区域提高亮度、增强对比度。最后，我在"叠加"混合模式的空白

图12.37 选择"叠加"混合模式后，就可以用白色和黑色无损地进行减淡和加深操作了。

图 12.38 "效果"组中包含有最后光线效果的图层和其他的调整图层，例如"曲线"调整图层和用以进行减淡和加深等无损编辑的"叠加"混合模式的空白图层。

图层上使用白色和黑色对脸和阴影进行了提亮和调整，这相当于在进行无损的减淡和加深编辑。总之，我提亮了整个画面的中心——我的脸、我妻子的脸和宝宝，并且也对我们周围的阴影和高光进行了加强。图 12.38 显示出"效果"组中包含有 4 个用于调整的图层。"微调"图层和"叠加减淡"图层的混合模式都设置为"叠加"。使用"曲线"调整图层的蒙版能够单独对局部区域进行曝光调整，也可以使用减淡和加深的方法实现同样的效果。

> **提示**　用以减淡和加深的"叠加"混合模式空白图层要与调整图层分开。通过调整调整图层的不透明度可以获得最佳效果，如果太亮可降低图层的不透明度。

小结

　　每个合成都有自己的难点，但只要有足够的练习和创意，在 Photoshop 中就可以实现任何奇迹。我儿子现在成了超级宝宝，很酷不是吗（图 12.39）？《求你了，快让爸爸下来！》这个案例是合成中的一类，1 ~ 2 天就能够完成，并且完成的过程十分有趣。赶快勾画出你的想法，然后让它们变成现实吧！

图 12.39　现在所有的图像都拼合在一起了，也润色好了，一切都完成了。

JOSH ROSSI

Josh Rossi 的童年是在意大利的佛罗伦萨度过的，从那个时候开始他就被艺术所吸引，但直到进入迈阿密广告学校才真正地开启了他的艺术人生。在那里，他发现通过摄影和合成能够实现他脑海中的构想。Josh 说："在创作时，我总会先构想出一个故事，我希望当观众在看到这个画面时，能够构想出整个场景。"Josh 现在主

破坏力（2014）

要从事商业广告摄影，奔波于洛杉矶和波多黎各两地之间。他的客户涉及各个领域，其中包括 Acura、LG、Nickelodeon、Laura Pausini、Daymond John、Xerox、Wacom、DevinSuperTramp、Lindsey Stirling、Photoshop 杂志等。

在创作合成作品时，你是如何进行构思的？

当我有了一个想法以后，我会先绘制草图，然后寻找一些参考图像，之后选择服装、发型和妆容，再之后就去拍摄。

在合成创作中，你使用自己拍摄的素材和图库素材的比例是多少？

除非客户明确要求使用图库素材，否则我基本上都是使用我自己拍摄的素材。当你自己拍摄素材时，更容易找到适合的高度和角度，这非常重要。使用图库素材的话，不仅需要不断猜测是否匹配，还需要进行大量的调整。

出击！（2016）

独轮车（2014）

对于合成，有什么特别好的新方法或设备吗？通常你都是用什么进行拍摄的？

我一直在关注相机的更新——我特别希望能够有一台可以拍摄 8K 视频，并且具有防抖、无反光板的百万像素的相机。我现在使用的相机是索尼 A7R Ⅱ。

当你想创作一幅关于女儿的史诗巨著的合成作品时，你的创作过程是怎样的？你的家人是如何参与的？

我的妻子会积极地参与其中，她非常具有天赋，能够拍摄出很多很棒的照片。每当我有了灵感时，通常我会联系我的服装师，让她尽快安排。一般会准备一个月左右的时间，然后开始拍摄。

LG 的原地纵跳运动员（2016）

乡村（2017）

拍摄的那些关于你女儿的照片是出于你的乐趣，还是出于她的乐趣？

我想我们都非常热衷于此，对我来说这是作品，对她来说这是一种乐趣。

除了你的女儿和家庭，你还从哪里获得灵感？

我还会从插画师、设计师、电影、音乐和其他摄影师，如 Erik Almås 和 Dave Hill，以及 Behance 上优秀的艺术家身上获得灵感。

你是如何平衡自我创作和职业创作之间的关系的？它们之间是相互联系相互影响的吗？

对我来说它们没什么区别。客户通常都会让我自由发挥，所以工作也非常有趣。自我创作的确让我感到更有成就感，并且它还能让我成名。

你是如何决定每个合成作品最终的风格和效果的？是之前计划好的还是在创作的过程中产生的？

一般我会先进行构思，在脑海中计划好。在制作的过程中，我会先安排好物体在图像中的位置，然后考虑着色、制作效果。在为客户进行创作时，我会先绘制草图，但是一般很少考虑最终的着色效果。着色会根据最终的效果而定——在大多数情况下，会花费

Adobe 异想天开的纽约

几天的时间。我会根据画面效果不断对颜色进行修改，可能最终的效果与起初的计划会非常不同。很多时候，我在编辑照片时，总是在问我自己怎样才能让作品更棒。如果总是做同样的事情，制作同样的效果，这会让我感到无聊乏味。我在不断地督促我自己，每个作品背后都有它的情感，如果在作品完成后我还能够受到感染，那么我就会知道这会是一个非常棒的作品。

到目前为止，你最喜欢的合成作品是什么？为什么？

回顾过去，我最喜欢的是我为 Adobe 拍摄创作的合成作品。这个作品是由 Jeff Allen 指导、为营销云平台创作的，是一个庞大的项目。我在纽约花费了 7 天，拍摄了每一条街道和每一座建筑物，制作了庞大的素材库，从而创建出了自己的城市。然后我又拍摄了 100 多名 Adobe 的员工，并把他们置入场景中。为了获得独特的视角，我使用了三脚架，将它固定在空中。我特别喜爱这张照片，因为它激发出了我的超能力。Adobe 公司也特别喜爱这张照片，将它放置在了公司里，并且给它起名叫"Rossi"。

第十三章

大型场景

　　使用自定义画笔进行绘制，可以让云变成雾，让植物变得有生命力，即使是最平凡、普通的空间也可以变成一个完全崭新的、富有深意的场景。《森林扩张》是人与自然关系反转的系列作品之一，如果人类和自然互换，森林会扩张成什么样子？在这个案例中，森林不断扩张，吞噬了城区的大型超市，植物也侵蚀了车辆。当我把真实照片中的多种元素结合在一起时，这个想法让这些元素的合成变得非常有趣。这个案例对无缝合成中的景深、颜色、锐化、杂色和光线进行了讲解，并且还对人类与自然的关系进行了探讨（图 13.1）。

图 13.1 在《森林扩张》这个假定的自然与人类角色互换的案例中，我以自然图像作为图像板，并且使用多种方法对森林扩张的效果进行了绘制。

步骤1：素材照片

合成的关键不是如何使用 Photoshop，而是置入 Photoshop 中的照片。在进行合成前，需要先有构思和灵感。首先我需要在附近找到一家商场，纽约州锡拉丘兹是最佳的外景拍摄地（图 13.2）。在拍摄背景时，要先做好拍摄计划。

图 13.2 这张商场照片因为整齐宽阔的周围环境和城市化的特征而成了一张理想的背景图片。

- 寻找拍摄点。寻找一个有利于后期进行添加和调整的透视角度。例如商场的停车场，低角度的透视能够将整个构图扩展到上面阴沉的天空。

- 多拍，拍得越多越好。你也许会认为在相机里已经拍摄好了完美的照片，但在计算机屏幕上放大时可能就会暴露出各种缺陷，以至于最终无法使用。解决该问题的诀窍就是以各种角度大量地进行拍摄，这样能够增加图片使用率。

- 不要只想着内容，而要在所拍摄的背景图像上寻找有趣的切入点，以便进行后期内容的添加。即使你不清楚具体怎么做，也要提前为后续的制作留有余地。图 13.2 的拍摄角度向上倾斜，即使在商场顶部添加内容，也不会感到太压抑。在后期制作中改变物体的位置会产生怪异的效果。

- 尽可能地使用三脚架！虽然有时在日光下拍摄可以不使用三脚架，但使用三脚架可以使拍摄更加稳定。设置和使用三脚架虽然减慢了整个拍摄过程，但与行走拍摄相比，它能够让你更加深入地对合成的内容进行思考。

用例子说明：在魁北克省的蒙特利尔市中心是看不到瀑布的，但当我正对着图 13.3 所示的这个建筑物进行拍摄时，让瀑布出现在这个建筑物中的想法很快就出现在了我的脑海中。这个直角建筑物能够很好地与喷溅的水流形成对比。这样的背景图像易于合成，能够使合成的效果更加自然。

图 13.3 在这个案例中，以背景图片为基础，在上面添加新的内容。瀑布更加突显了这座现代建筑物的刚毅和巨大。

图 13.4 我去秘鲁周边旅行时拍摄了很多照片，这个案例中的图像板就是由这些图像组合而成的。

步骤2：创建图像板

　　作为创意者，我发现旅行和摄影是我创作中非常重要的一部分。在我的素材库中积攒了一定数量和多种类型的图像，以便我能够创作出独一无二的作品，在创作的过程中不能过度地依赖图库（如果实在无法拍摄出想要的图像也可以使用图库素材）。在《森林扩张》这个案例中，我将可用的图像制作成了图像板，再从中挑选出适合的图像进行合成。这个案例中一些优秀的图像都是我在亚马逊源头的丛林徒步的过程中拍摄的（图 13.4），尽管都是一些绿地和园林，但在合成创作中可能会被使用。

创建自己的素材库非常重要，无论是需要晴天、雨天还是雪天的场景，在收集的图像中都可以随时找到适合的纹理，创建出需要的图像板。要不断地收集图像！

通常图层组会堆叠成一排，在合成文件中应对这些组进行有序的整理（图13.5）。注意效果组要位于顶部，而其他需要绘制和合成的组要放置在底部。当忙于创建组时，可能会忽略此步骤，但整理组是非常重要的，最好花些时间来整理，以便后续工作的顺利进行。整理好后，就可以非常方便地在各个组中进行操作了。

图13.5 这些组为合成的进行建立好了层级框架。

图13.6 将图层转换为"智能对象"后就可以使用无损的"智能滤镜"了。

步骤3：锐化和减少杂色

在合成前，我需要对素材图像进行调整。就像是为了蔬菜的生长，需要先给贫瘠的土地施肥，合成前也需要使用"智能锐化"和"减少杂色"滤镜对用以合成的元素进行调整。为了保证此操作的无损性，执行"滤镜">"转换为智能滤镜"命令，将图层转换为"智能对象"，这样就可以以"智能滤镜"的方式使用滤镜了（图13.6）。（或者在"图层"面板中的图层名称上右击，从快捷菜单中选择"转换为智能对象"。）不仅可以使用蒙版对"智能滤镜"进行反复的修改和删除，甚至还可以暂时关闭滤镜效果的可见性。

注意 千万不要把已经是"智能对象"的图层再次转化为"智能对象"，尽管在操作上没有问题，但"智能对象"再次进行转化时，会对之前的智能编辑进行合并。同理，在转化为"智能对象"前，不能使用蒙版。在转化的过程中系统会自动生成蒙版（实际上"智能对象"中嵌有蒙版——只是每次想要进行调整时需要在"智能对象"中进行编辑）。为了便于在图层中进行调整，最好让"智能对象"不要过于复杂。

使用"智能锐化"滤镜（"滤镜">"锐化">"智能锐化"）不仅可以通过"数量"和"半径"对图像进行锐化，还可以"减少杂色"。我一般会将"半径"和"数量"增加到出现一点点杂色的程度——然后再往回调整一点点。"数量"为 180%，"半径"为 2 像素，"减少杂色"为 38%，背景图像依然完好，如图 13.7 所示。

减少杂色

Photoshop CC 里的"减少杂色"滤镜比早期版本能够更好地去除杂色，尤其是多彩杂色（图 13.8）。

> 提示　当拍摄的照片为 RAW 格式时，可以在合成前使用 ACR 编辑器中减少杂色功能进行调整。ACR 编辑器中"减少杂色"部分的调整滑块具有更强大、更精确的功能，能够通过多种方法去除各类杂色，但需要一些技巧。图像需要以"智能对象"的形式打开（在 ACR 编辑器按 Shift 键，"打开对象"按钮就会变成"打开图像"按钮），才可以反复地进行调整，例如可以反复地进行锐化调整，甚至在合成文件中也可以进行调整。

我通常使用完"智能锐化"滤镜后再使用"减少杂色"滤镜（主要针对颜色进行调整），这样就可以更好地对数值进行调整。当锐化增强时，也就意味着杂色和颗粒一起被锐化增强了。如果先使用"减少杂色"滤镜，那么就会遗留下高反差的杂色，这样会使图像不够柔和。执行"滤镜"＞"杂色"＞"减少杂色"命令，使用"减少杂色"滤镜，将

（a）锐化前

（b）锐化过程

图 13.7　"智能锐化"确实名副其实——Photoshop CC 版本中的"智能锐化"滤镜非常好用。

图 13.8　杂色，尤其是多彩杂色，会破坏数码图像的质量，以至于影响合成的效果，例如把一张有杂色的照片同一张无杂色的照片进行合成时。

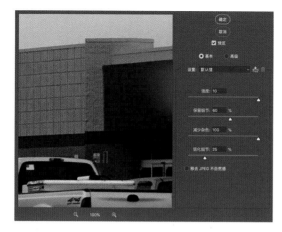

图 13.9 "减少杂色"滤镜能够非常好地去除锐化后的杂色。

"减少杂色"值设置为 100%（图 13.9）。使用这种方法可以消除掉任何颜色的杂色。

然而，最后还是会存在一些杂色，在合成中应尽可能让图像的质量保持一致（包括杂色），所以从开始合成时就应将所有图像的杂色都减少到一个相当低的水平（尽量将多彩的杂色全部去除掉）。有时为了与不能进行修复的图像一致，也会在图像上添加杂色。这种情况很少出现，但它确实是存在的。执行"滤镜">"杂色">"添加杂色"命令，使用"添加杂色"滤镜添加杂色，但要勾选"单色"复选框，这样就不会产生多彩的杂色了。

提示 尽可能使用最低的感光度值和适度的曝光以避免杂色的产生。关于更多减少相机杂色的方法请参阅第五章。

图 13.10 这张图像在合成中既可以作前景也可以作背景。

步骤4：强化前景，加强景深

立体感能让人有一种身临其境的感觉，带有景深的前景是最佳选择。在这个案例中，我幸运地在自己的素材库中找到了一张同时具有这两种属性的图像：树后面的云带有景深，如图 13.10 所示。

在某个潮湿的阴天，在马丘比丘拍摄了图 13.10 所示的照片（与背景图片的状态类似），它不仅有前景还有景深，其氛围与光线也十分符合案例所想要的效果。当你找到这样适合的图像时，那就开始合成吧！前后景不一定非得一起使用，也可以分开使用。两张图像也可以很容易地进行叠加，因为从结构上来说，它们彼此之间都留有可用的空间。

拆分成两幅图像

因为在马丘比丘拍摄的这张照片既可以用作前景也可以用作背景，所以我需要将它拆分成两幅图像，然后把前景（树）放置在"树"组中，位于"商场"组（存放基础图像）的上方，把背景（山和云）放置在"图层"面板底部的"背景"组中。就像是在切一个三明治，将这张在马丘比丘拍摄的照片一分为二。

把树的照片置入合成文件后，将它复制（Ctrl+J/Cmd+J），将副本放置在一个组中。在复制出的"树"组的副本中，使用"快速选择工具"选取树干，减去（按住Alt/Opt键并单击）叶子间大缝隙的选区（图13.11）。减去不需要的选区很重要，因为"选择并遮住"很擅长添加选区，而不是减去选区。所以在实践时，不仅仅要选对选区，而且还要减对选区。

图 13.11 使用"快速选择工具"制作完选区后，一定要将树叶与树枝间大缝隙的选区减去。

> **注意** 当对象的边缘清晰时使用"快速选择工具"是最佳选择，当选择区域与背景在颜色上非常相近时，使用"快速选择工具"进行选择就会很难。在创建选区时，应在选区上反复地进行细节调整，才能得到完美的选区。

因为此图层顶部的部分会被作为背景使用，所以我对底部的树干与树叶进行了调整。单击选项栏中的"选择并遮住"按钮，打开"选择并遮住"工作区，选择"调整边缘画笔工具"绘制选区边缘。通过调整画笔的大小，绘制出 Photoshop 没有自动生成的树皮和树叶的边缘。"快速选择工具"偶尔也会减掉一些需要的选区，所以一定要小心。

> **提示** 如果想要去除"调整边缘画笔工具"绘制的部分，可以按住 Alt/Opt 键，使用同样的画笔将想要去除的部分减去，沿着不需要调整的区域进行涂画即可。

图 13.12 在"选择并遮住"工作区中使用"调整边缘画笔工具",在树叶周围进行绘制。

图 13.13 为了提高选区的制作效率,先选择像天空这样均匀的区域,然后按 Ctrl+Shift+I/Cmd+Shift+I 快捷键进行反向选择。

当使用"调整边缘画笔工具"绘制出满意的边缘,并将滑块调整到适宜的数值时,单击"确定"按钮,返回到主图像中查看新的选区(图 13.12)。为了表达出前后的层次关系,单击"图层"面板中的"添加图层蒙版"按钮创建蒙版。

步骤5:给商场使用蒙版

为了给雾和山腾出空间,需要将沉闷的灰色天空去除掉。这里使用"快速选择工具"选择天空,因为颜色统一比较易于选择,然后按 Ctrl+Shift+I/Cmd+Shift+I 快捷键将选区进行反向选择(图 13.13)。

对选区进行调整,再次打开"选择并遮住"工作区,调整"边缘检测"下方的"半径"滑块以查找建筑物和灯柱的边缘(图 13.14),因为"快速选择工具"在首次选择倾斜的直线边缘时效果不是很好。然后再添加 5 像素的"羽化"值以柔化锋利的边缘,使用"移动边缘"去除选区的虚边。在这个案例中,我将"移动边缘"向内移动 -25% 以去除天空的虚边。

选区比之前好多了,但事实上还需要进行更加精细的微调。在选区中,虚边和杂点都是最糟糕的东西。为了更好地进行检查,我喜欢使用"快速蒙版"模式(按 Q 键或

（a）

（b）

（c）

图 13.14 "边缘检测"下方的"半径"滑块能够很好地对选区的边缘进行检测，判断出哪些像素属于主体，哪些像素属于背景（在这个案例中将"半径"设置为 8 像素）。其他的设置选项，如"羽化"和"移动边缘"可以很好地将虚边去除。

单击工具箱底部的"快速蒙版"按钮）进行查看，它会以半透明的红色显示出所有未在选区的部分。

> **提示** 在"选择并遮住"工作区中进行多工具切换时，会使用到"边缘检测"中的"半径"这个选项进行调整（和使用"画笔工具"一样，在使用完"调整边缘画笔工具"或"快速选择工具"后使用）。注意，先使用工具将剩余的选区选中，然后再使用"半径"进行调整。

在使用"选择并遮住"工作区中的"平滑"滑块时，会不可避免地减少一些细节。在这个案例中，灯柱中的一些细节丢失了。可以使用"快速蒙版"模式对选区进行调整，绘制黑色减去选区，绘制白色添加选区，和蒙版的使用相同（图 13.15）。为了使灯柱能够完全被选中，用白色绘制直线，然后用黑色进行调整去除虚边。

图 13.15 在进行遮盖前，可以使用"快速蒙版"模式查看选区。使用黑色和白色对遗漏的选区进行删除或添加。

返回到选区，选择小号的、直径为 15像素的柔边画笔绘制直线，在灯柱右边的底部单击，然后按住 Shift 键并单击柱子右边的顶部。系统能够将这两点连接形成一条直线。在整个灯柱周围都绘制直线，让灯柱看起来

更加完整。使用自定义画笔，给角落和摄像头制作选区。在获得满意的选区后，单击"添加图层蒙版"按钮添加蒙版。图 13.16 显示出了图像拆分后又重新合成的效果。

步骤6：调整背景

根据前景和背景的特点进行调整，使用我在秘鲁拍摄的照片的图像板绘制绿植。在绘制植物时，可选的内容越多越好。和其他先做选区再添加蒙版的元素不同，在此对植物直接进行复制和粘贴，然后添加蒙版，用画笔直接在蒙版上进行形状的调整（图 13.17）。

卡车被吞噬的效果

卡车被绘制的六个植物图层所覆盖，这就构成了植物生长的第一步，如图 13.18 所示。使用"矩形选框工具"从图像板中选出

（a）

（b）

图 13.16 给树与建筑物使用蒙版，可以看到建筑物被夹在了两个分离的前景和背景之间。

图 13.17 直接给绿色植物使用蒙版，然后在蒙版上绘制出想要的形状。

适合的部分，然后将每个部分复制（Ctrl+C/Cmd+C）粘贴（Ctrl+V/Cmd+V）到合成文件中，紧接着在"图层"面板中单击"添加图层蒙版"按钮给其添加蒙版。同上一个案例一样，在蒙版上直接进行绘制，对植物进行调整，让其能够遮盖住卡车。

在图像板中挑选图像时，尽量选择适合的图像，或者可以进行无缝融合的图像。下面是我选择图像的一些方法。

- 从各个角度观察对象的形态，思考想要的形态效果。先从卡车开始，把头侧到一边观察这个植物的角度与形态是否适合（图 13.19）。如果长时间扭头不舒服的话，也可以使用"旋转视图工具"。双击工具箱中的"旋转视图工具"就可以恢复到默认状态。要注意的是，使用这个工具旋转的不是图像，而是显示图像的视图方向。

- 光线要尽量一致。阴雨天的光线比较柔和，这样后期可以再添加新的光线效果。因为阳光直射会产生对比强烈的阴影，所以一定要选择适用于后期合成的图像。

图 13.18 在合成中，我从植物图像板中选取了 6 个部分，并且给每个部分都添加了蒙版。

图 13.19 在这个合成场景中，我通过形状与形态的观察选择出了第一个用以覆盖的植物图像。

● 寻找可用的边缘细节。在原有素材的基础上进行绘制有助于无缝合成。同时应寻找适合的画笔绘制自然形态，如果画笔不适合，会让效果看起来非常假。

绘制植物

植物已经把卡车完全覆盖了（按住 Alt/Opt 键，单击"添加图层蒙版"按钮，将图层完全遮盖），现在开始将想要的形状绘制出来（将前景色设置为白色）。绘制凌乱的植物听起来很难，但实际上很简单，对每个植物图层都进行同样的操作即可。

1. 在"画笔设置"面板侧栏的"画笔笔尖形状"中，选择一个具有随机斑点效果的画笔（干介质画笔 #1），然后勾选"传递"复选框（其他不勾选），从"控制"下拉列表框中选择"钢笔压力"以便手绘板使用（图 13.20）。

> 提示　让边缘具有多样性，即使区域的边缘是直边，也尽量让边缘具有一些变化。

图 13.20　使用干介质画笔 #1 和其他类似的画笔在蒙版上进行绘制，因为其具有随机斑点的形态，所以能够很好地模拟出树叶边缘的效果。

2. 为植物创建蒙版时，按住 Alt/Opt 键并单击"添加图层蒙版"按钮，创建黑色蒙版，使图层内容全部被隐藏。也可以创建标准的白色蒙版，然后将它进行反相（Ctrl+I/Cmd+I）。如果你已经创建了默认的蒙版，之后又想对它进行修改（例如使用了调整图层后），可以使用此方法。

3. 用白色绘制出想要的形状。最好的方法就是顺着植物自然生长的形态与方向进行绘制，无论是草丛、树叶、泥土还是任何其他的物质都是如此。绘制的边缘可以稍微向外延伸一点，以便素材能够更好地进行融合。

4. 必要时，可以使用黑色在蒙版上将不需要的部分减去（按 X 键，默认的黑色和白色会进行切换）。如果所画区域超出了所需区域（例如不小心连岩石也一起画上了），则可按 X 键切换成黑色进行修改。现在不仅可以去除岩石，而且还可以清楚地知道岩石的边缘和形状。此时，我非常清楚地知道岩石所在的位置。

在绘制蒙版前先把位置确定好，然后使用这种方法绘制各个图层。但也有一些意外，例如商场上方的树的边缘非常清晰。对于这样的图像，在使用蒙版调整边缘前，先做好选区效果会更好。而对于那些边缘不清晰的

图像，制作选区毫无意义。在《漂流记》这个案例中，使用了相同的方法绘制灌木丛和岩石，只是设置不同（图 13.21）。

（a）

（b）

图 13.21 根据图像板上的素材来绘制灌木丛和岩石，可以获得更好的视觉效果。

步骤7：加入废旧感，将X扔到一边

在这个角色反转的案例中，植物不断侵蚀着人类世界，在这个被侵蚀的区域中还有一家在营业的商场，尽管许多垃圾和招牌上的X都已成为树的"点心"。

在创建脏乱的褪色纹理时，我使用的是第九章中给建筑物添加的生锈的金属纹理（图13.22）。当找到一个好的纹理素材时，你会不断地反复使用。直接在带有蒙版的建筑物图层的上方添加纹理图层，然后按住Alt/Opt键，在两个图层间单击，将纹理图层剪贴给下面可见的建筑图层。同第九章一样，将纹理图层的混合模式更改为"叠加"，生锈的暗部会变得更暗。可以再在此图层上添加蒙版，根据需要调整纹理（图13.23）。"叠加"混合模式可以使纹理的亮度保持不变，不会像"正片叠底"和"颜色加深"混合模式那样让纹理整体变暗。对这个图层进行调整（包括缩放和调整）和使用蒙版后，画面中就呈现出了废旧感。

更换标志

在给商场更换标志时，我发现这是一个蛮有趣的挑战。我先绘制了几个字母，给它们添加了一些高光和阴影以增强景深，然后重新安排字母的位置。为了让这个标志看起来像是大型商场的品牌代表，我对字母的形状进行了复制，将原本饱和的颜色变暗。

图13.22　把生锈的金属图层的混合模式更改为"叠加"，使建筑物很好地呈现出废旧感。

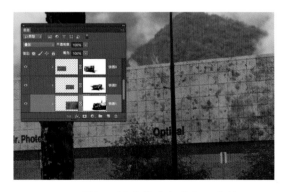

图13.23　"叠加"混合模式与蒙版配合使用，能够有效地控制各个部分的呈现效果。

字母 O 像正在往下掉，而字母 X 本身就具有一种神秘感。为了让它具有故事性和幽默感，我将它扔到了树上（图 13.24）。为了丰富字母 X 的效果，给其添加阴影，然后添加图层蒙版，将这个图层移动到"图层"面板植物图层堆栈的最上方。

图 13.24 O 和 X 是这个故事中的一部分，我通过幽默的表现手法升华了主题。

画笔技巧

使用适合的画笔可以绘制出有机纹理效果。要想在"画笔设置"面板中创建一些有趣的画笔，则可以在绘制蒙版时使用以下这些方法。

- 使用"散布"设置。当需要产生随机的笔触效果时，可以使用这个设置。并且该设置还可以为画笔添加纹理，原本涂抹均匀的笔触就变成了分散的画笔效果。

- 选择"双重画笔"，将两种不同的笔尖结合在一起能创造出更加真实而有趣的笔触效果。两种笔尖结合产生的笔触是不规则的还是缺失的，这主要取决于第二个画笔的形状，双重画笔能够创造出随机的画笔效果！使用双重画笔绘制出的效果的好坏是决定内容是否具有真实感的关键。

- 如果有手绘板，可以使用智能的"传递"设置选项。使用"传递"设置时，在选项栏的下拉列表框中选择"钢笔压力"，笔触会根据压力的不同产生不同的透明度，从而产生不同的笔触效果，甚至还可以模仿出在真实介质上绘画的效果。

- 将把画笔的"流量"降低到 50% 甚至更低（或按 Shift+5 快捷键）。在不使用手绘板时，这样的设置有助于细节的调整。

- 画笔的笔尖形状不变，但想要实现柔化的边缘效果时，可以使用"流量"设置。使用"流量"设置时，可以在一个区域内通过反复绘制来增强不透明度——仅需要单击一次即可（只需反复移动，不需要多次单击）。

- 不要创建过于复杂的画笔。好的效果不一定非得用复杂的画笔才能实现，画笔有一些变化就已经足够了。

图 13.25 在树叶的蒙版中对字母 X 上面的部分进行遮盖，让字母有一种下沉的感觉。

图 13.26 寻找一张可以用于混合的、边缘消散的云雾照片。

为了让这个字母看起来像是被树困住了，我对字母 X 进行了移动和旋转。选择"移动工具"，在选项栏中勾选"显示变换控件"复选框，然后以顺时针方向对 X 进行旋转。在图像上右击，从快捷菜单中选择"水平翻转"。在添加的图层蒙版上用黑色对需要遮盖的部分进行涂画（图 13.25）。如果需要添加倾斜的透视效果，可以按住 Ctrl/Cmd 键并拖动边角的控制点。在这个案例中，只需要旋转和翻转就可以了。

步骤8：制作云雾效果

在 Photoshop 里，云和雾都是很难制作和控制的，水也是如此。制作出好的云雾效果的诀窍是真实的照片和特定的画笔一起使用，就像绘制绿色植物那样。在大多数情况下，使用真实的照片越多，效果越好。画笔是对它进行修饰和完善的！以下是制作云雾缭绕效果的一些方法。

- 使用感觉类似的云雾照片。在《森林扩张》这个案例中，我使用的是在马丘比丘拍摄的另一张雾山的照片（图 13.26），主要看消散的边缘和云中的主体。

- 给图层创建蒙版，在进行其他操作前先用纯黑色把边缘完全遮盖住。因为在遮盖前没有做选区，所以小心不要留下杂点。可以放大图像以仔细查看，将所有的硬边全部去除。

- 使用通过画笔高级设置得到的水蒸气效果的自定义画笔，在下一节中会进行详细的讲解。

创建云雾笔刷

你也许会想，把云变成画笔不是很简单嘛！但可能你创造出来的是一个简单的印章而不是云雾画笔。我想创建一个灵活的自定义画笔，所以我使用现有的云雾图像（和对植物的操作类似），在上面添加蒙版，创建出了水蒸气效果的自定义画笔。将真实的云雾图像与特定的画笔相结合，使用黑色和白色来回切换（按 X 键进行切换）在蒙版上绘制即可得到完美的云雾效果！以下是模拟云雾效果画笔的参数设置。

- 39 像素的"飞溅"画笔作为基础笔刷。
- 勾选"形状动态"复选框，将"大小抖动"设置为 100%，"最小直径"为 60%，"角度抖动"设置为 100%（务必将"控制"下拉列表框设置为"关"），这样在绘制时就会产生多种喷溅效果（图 13.27）。

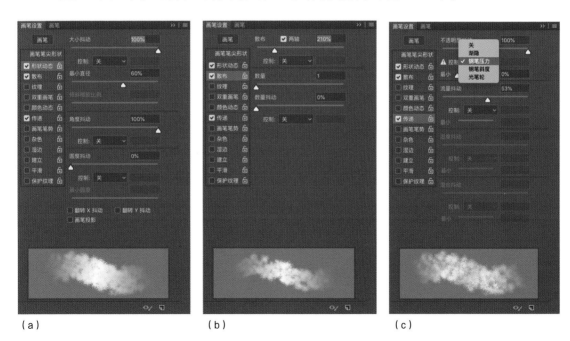

（a）　　　　　　　　　　（b）　　　　　　　　　　（c）

图 13.27 调整"画笔设置"面板的参数，以获得最佳效果。我调整了"形状动态"（a），"散布"（b）和"传递"（c）这 3 个选项的参数。

- 勾选"散布"复选框,将"散布"滑块的数值增加到210%。勾选"两轴"复选框,这样就会产生中间重、四周淡的雾气效果。

- 勾选"传递"复选框,将"流量抖动"设置为53%,"不透明抖动"设置为100%,在"控制"下拉列表框中选择"钢笔压力"(使用手绘板时会用到这个选项);这样在绘画时就会多一个控制参数,它能够使绘画更加自然。在绘制类似云雾的效果时,使用这种方法(加入自然随机的效果)改变密度是非常有效的。对于不使用手绘板的用户而言,需要降低"流量"

和"不透明度"(在选项栏中)(从"不透明度"50%和"流量"5%开始降低),随着绘画不断更改这些设置数值,能够模拟出手绘板所产生的笔触变化效果。

- 将选项栏中的"流量"设置为10%,在同一个区域内反复涂画,即可在增强颜色的同时产生一种柔和的喷溅效果。当"流量"为100%时,喷溅的效果太过明显(即使降低"不透明度"也是一样)。"流量"限制了画笔的喷溅程度,其增加密度的原理同水蒸气自我聚集的原理一样(图13.28)。

步骤9:进行最后的润色

最后,我添加了大气透视效果,对商场顶部绿色植物的暗部进行了柔化,以便使它们混合出更加真实的效果,然后又对整个场景的光线进行了调整。

为了营造氛围,我在"顶部的树"组中创建了一个新的空白图层,这样就可以直接在商场和植物上进行绘制,同时还可以使前景和被吞噬的卡车保持不变。使用大号的低不透明度(6%)的白色圆头柔边画笔(这次不带有纹理)轻轻地涂画出与包围在建筑物周围的云雾相类似的效果,创造出景深感

图13.28 使用自定义画笔在已有的云雾图像中涂画,创造出了商场被雾气环绕的效果。

（图 13.29）。最后使用"曲线"调整图层将整个画面提亮，注意底部依然需要暗一些，以便不引人注意（图 13.30）。

小结

　　像这样的案例成功的关键在于对图层、蒙版、杂色、锐化、形状、颜色和光线能够进行很好的把控。这就是 Photoshop 的精髓，像《森林扩张》这个案例就是由各个小的控制组合在一起的。有点像游戏过关，每一关都有自己的技巧和收获！当然，也可以用不同的方式创造出类似于这个案例的场景。当你有了创意就试着去实现它，用你的技术将它变成现实——在这个案例中，饥饿的植物代表了人类对自然的消费。

图 13.29 使用白色柔边的低不透明度的圆头画笔创造出具有景深感的氛围。

图 13.30 添加最后一个"曲线"调整图层，使图像更加突出，能够更加吸引人的注意。

ERIK JOHANSSON

Erik Johansson 是来自瑞典的全职摄影师和修图师，他的工作地点在德国柏林。他既承接委托的项目，也为自己进行创作，有时还会进行一些街头创作。Erik 描述他的工作时说道："我不捕捉精彩的瞬间，我只捕捉创意。对我来说，摄影仅仅是实现我脑海中创意的一个渠道。我从周围日常的事物和每日看到的事物中获得灵感和启发。虽然一张图像由数百个图层构成，但我总希望它能够看起来更加真实。每一个新的项目都是一个新的挑战，我的目标是尽可能地让效果更加逼真。"

在摄影和合成中你是如何使用光线的？

光线和透视对真实感的创造至关重要，这也是我总是自己拍摄素材而不使用图库的原因，我想要掌控全局。我经常在自然光下进行拍摄，即使是使用灯光，也会让其看起来像是在晴天或阴天拍摄的。我不喜欢使用摄影棚。

你对合成中颜色的选择有什么好的方法吗？你会自己提前设定好一个色板吗？

我经常在合成的最后才进行色调和颜色的调整，但在调整前画面要看起来很自然。在合成的最后进行颜色调整比在一开始就进行颜色调整容易得多。我非常喜欢用低饱和度的颜色创造出强烈的对比。

对图层的管理你有什么好的建议吗？

尽量让所有图层的层级分明，并且对其进行无损编辑；给各个图层命名，并且给图层编组。虽然这有时看起来很麻烦，但我始终坚持这个原则。

你最喜欢 Photoshop 的哪个方面，或者说哪个工具？

我超喜欢"涂抹工具"，我总是使用它。我先用蒙版将图片中不需要的部分遮盖住，然后使用"涂抹工具"在边缘进行涂抹，让其更加完美地与画面进行融合。

走自己的路（2008）

你是如何拍摄出那些可以实现你创意的照片的？

要先安排好计划，尽量找到适合的拍摄地点。在拍摄时，至关重要的是光线和透视角度要一致。另外，还要时刻谨记观众视线的角度。

你是否有过不想按计划完成创作的想法？如果有的话，你是如何解决的？

是的，虽然这种情况不经常发生，但确实是存在的。我有一个创意做了很久，几乎就要完成了，结果发现这个合成的效果不是我想要的，所以就直接放弃了，开始了新的创作。没有理由哭泣，只有不断前行。

你能给那些想要从事这个行业的人一些建议吗？

努力学习！先要对工具的使用有所了解，另外就是大量地练习，在开始时这非常

裁剪（2012）

重要，你可以从错误中不断地总结经验。尽可能多地拍摄一些照片，任何时候任何事情都可以学到知识。千万不要干坐着等灵感，多出去走一走，灵感自然就会来！

到目前为止，哪个是你最喜欢的作品？为什么？

永远都是下一个我将要创作的作品。我会不断地进行创作。

修路工人的咖啡时间（2009）

第十四章

狩猎

本章内容

- 自拍
- 给组使用蒙版
- 毛皮移植法
- "智能锐化"滤镜
- 绘制阴影
- 其他混合模式的使用

《狩猎》的背后有一个既有趣又尴尬的故事。有趣的是猛犸实际上是通过 Photoshop 添加了猫毛的金属雕像，尴尬的是那个只穿着一个内裤飘散着头发的猎人是我。我和我妻子参加了夏季研究生班课程，在这个课程上我创作出了许多有趣的数字艺术作品。在创作《狩猎》这个作品时，我躺在卧室的地板上，赤裸着身体很傻地摆出图中的动作，并用卧室的灯将身体全部照亮。猛犸、猫和在美国大峡谷国家公园旅行的照片，这些结合到一起构成了《狩猎》这个作品（图 14.1）。

通过这个案例证明，无论是用专业的摄影棚还是小型公寓中的一盏台灯，都可以创造出很棒的作品。不要忘了，灯光角度要与作为背景的照片的光线角度一致。

图 14.1 《狩猎》这个作品主要由 4 个部分构成：坠落中的原始人、大峡谷的背景照片、猛犸和云的背景图片。

步骤1：由照片产生的灵感

我非常喜欢摄影！创作《狩猎》这个作品的灵感，来自我在长途的公路旅行中拍摄的很多美国大峡谷国家公园的照片（图14.2）。选景和拍摄是作品中非常重要的部分，拍摄的照片越多，合成的可能性也就越高，并且合成作品看上去越完美。除此之外，最好为以后的拍摄做好踩点工作。

《狩猎》这个作品是由四五张主要的图像（大峡谷、云、猛犸和穿着内裤的我），以及一些小的照片拼合而成，其中有为野兽提供毛皮的小猫和为我提供头发的妻子。

在浏览图像时，我主要从视角和场景设置两个方面寻找图像，并且思考如何在作品中展现出叙事性。

图14.2 像美国大峡谷国家公园这样的场景是拍摄背景图像和获得灵感的绝佳地点。

步骤2：进行创意

我真的很喜欢这张具有史诗感的悬崖照片，我想赋予它叙事性，以及强调出这个场景的潜在危险。我的毕业设计是关于环境保护的，目的是给人类的行为以警示。我以大峡谷作为背景，快速地勾勒出我的创意点：即使是野蛮的人类，在荒野中也会迅速地变得渺小。

在进行叙事性表达时，最好多尝试几种创意，第一个冒出来的创意也许不是最好的。图14.3（a）是我最开始的创意，但最后我还是选择了图14.3（b）所示的创意。

从照片中寻找创意灵感时，要注意以下几点。

- 景深、大小和主要元素的位置。例如，我要准确地计算出猛犸、猎人和悬崖之间的大小关系。云和氛围也能够增强整个画面的叙事性。

- 当你在原有的基础上补拍其他元素时，灯光的位置和方向非常重要。

- 抓住精彩的瞬间不仅能够让视觉产生冲击力，而且还能够引发情感上的共鸣。这个图像的精彩瞬间是猎人扔出长矛的同时他也正在向下坠落，这样不仅能够给观众留下丰富的想象空间，也极具故事性。把握好精彩的瞬间不仅能够增强图像的叙事性，而且还能够改变图像的意义。

（a）

（b）

图14.3 上面的草稿（a）是最开始的创意，但我最后决定使用下面这个险象环生的草稿（b）。

步骤3：拍摄物体

我没有时间机器能够回到古代为猎人拍摄一张远古的照片（更不用说有人愿意跳下悬崖了），所以只能自己来扮演，让妻子帮助我进行拍摄。我使用屋里简陋的灯光，在漆黑的小卧室中进行了拍摄，在拍摄中我很注意场景中光线的方向和强度（图14.4）。让拍摄照片时的光线均匀，我的动作看起来像是正在掉落的状态——我尴尬地坐在地板上一堆东西的中间。

在摆拍用以合成的模特时，有以下几点需要注意。

- 单独绘制出一张灯光的布局图，以俯视图的方式明确相机的位置、物体的位置和灯光的角度。细致地观察照片，注意阴影的角度和方向，以此来安排灯光和物体的摆放。
- 不要让物体相互重叠，以便后期进行修复。
- 动作要到位！如果只是坐在地板上随意地摆出一个动作，则在最后的合成中会显得缺乏活力。看上去仍像是坐在地板上，只不过是换一个新环境。
- 在拍摄静态画面时使用道具可以帮助你的对象保持平衡。场景的模糊程度要与源素材的动感模糊程度一致，例

如《狩猎》这个作品塑造的是没有任何模糊效果的动作瞬间。

- 多拍摄一些不同姿势、不同角度的照片，这样在合成时可选择的范围也就更大，也有助于错误的修正。例如，在《狩猎》拍摄了一半时，我发现我还戴着手表。好尴尬啊！我又重新对我的手进行了拍摄，幸好最后的效果还是不错的（图14.5）。

图 14.4 即使用大学宿舍的灯光也可以创作出很好的素材图像。

图 14.5 有时一些局部还需要重新进行拍摄（尤其是当你发现猎人还戴着21世纪的手表时），如手和手臂都是重新拍摄的。

- 根据镜头和其他元素提前规划出主体的朝向。反复翻看原稿！有时即使是头部的倾斜和身体的角度有一点点的改变也会造成整个朝向的改变，所以一定要提前计划好。

- 如果你像我一样也需要自己做模特，则可以使用定时曝光计时器或者找其他人为你拍摄。如果这些都不行的话，也可以使用相机的延时功能，但是定位会很困难，可能需要反复重拍很多次。

- 在拍摄关键的动作和图像时，数量要翻倍——以防万一！至少拍摄的数量要大于所需要的量。虽然你自己感觉已经拍摄了很多可用的图像，但是在合成时会发现可以使用的图像没有你想的那么多。毕竟过度拍摄总比重拍要容易得多。

步骤4：拼合

在深入刻画前，为了画面结构完整，应首先将重点部分放置在相应的位置上，这点很重要。为了搭建出《狩猎》这个作品的基本结构框架，我打算先把猛犸和猎人放到背景图像的相关位置上。因为云的部分需要多个云拼合而成，所以我决定过些时候再将它们放置到画面

中，但为了画面的平衡，需要给它们腾出一些空间。为了让合成作品更加具有条理性，我创建了图层组的基本结构："效果""猎人""猛犸""背景"，"背景"组中包括"大峡谷"和"天空"两个子组（图 14.6）。

图 14.6　为了让层次和整体效果更加明确，我建立了图层组。根据组堆叠的顺序，在合成的效果中从上向下依次可见。

给云腾出一些空间

因为大峡谷的图像来自风景照片，所以我需要为云和沸腾的火山灰创造出更多的空间。从背景图像开始，将画布的高度再增加90%（执行"图像">"画布大小"命令或按 Ctrl+Alt+C/Cmd+Opt+C 快捷键）。可以用很多种计量单位更改画布的大小，但是

我更喜欢用百分比,因为它更加显而易见(图14.7)。我将"高度"设置为190%,然后设置扩展的方向,画布会根据箭头和锚点所指的方向将增加的画布添加到画面的顶部。记住,一定要明确画布扩展的方向(不要所有方向都扩展)。在"画布大小"对话框中有九等分网格,在方格中单击可以自定义画布扩展的方向。

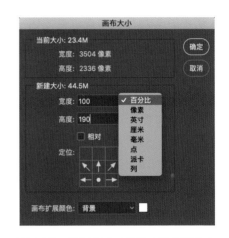

图 14.7　我喜欢用百分比来改变画布大小,而不是固定的数值(使用固定的数值很难想象出画面最后呈现出的效果)。

猛犸

在 Photoshop 单独的标签窗口中打开猛犸图像,使用"矩形选框工具"将整个猛犸选中,复制(Ctrl+C/Cmd+C)并粘贴(Ctrl+V/Cmd+V)到合成文件中,然后将图层移动到"猛犸"组中,让图像的图层保持正确的顺序(图 14.8)。

首先将猛犸调整到适合的大小,在"图层"面板的图层上右击,将图层转化为可以无损编辑的"智能对象"。勾选"移动工具"选项栏中的"显示变换控件"复选框,将猛犸的比例放大到草图上的大小。(按住 Shift 键并拖动一角可以等比例缩放图像。)

将其放大之后稍微旋转一下,使左侧的脚平放在地面上,而不是悬在空中。当图像来源完全不同时(例如猛犸图像的光线和透视与大峡谷的长焦视角完全不同时),有很多种方法能够让它们很好地进行合成,使最

图 14.8　在把猎人放入合成文件之前,先把猛犸放入画面中,构建出整个画面的关键元素和画面的比例。

终效果更加真实。在这个案例中，我将猛犸的前左脚旋转到与悬崖顶平齐的位置上，让它站在悬崖的边上而不是悬在半空。

> 提示 将猛犸图像放大旋转到适合的大小和角度，将图层的"不透明度"更改为50%。这样不仅可以对其进行调整，而且在调整时还不会受到猛犸图像遮盖的影响。

将猎人置入合成文件中，使用同样的方法进行复制粘贴，把图像放大到草图上的大小（图14.9），并将其放置到"效果"组中。把草图放置在图层堆栈顶部的位置（例如放在"效果"组中），以便随时打开和关闭可见性进行查看，这样就不用再到处寻找了。

图14.9 把猎人置入画面中，和草图上的大小一致。

步骤5：给组添加蒙版

给组添加蒙版有几大优点，例如能够将调整图层剪贴给组中的某一部分，或者用一个蒙版控制整个组。但还有一些功能是不能使用剪贴蒙版的，即使是最新的 CC 版本也不能使用。除此之外，有时还会将很多图层都剪贴给一个图层蒙版，这样做有局限性且用处不大。在《狩猎》这个案例中，为组创建了很多个蒙版，可以对各个元素进行控制。这样能够更好地控制组和复杂的图层顺序。

给猛犸添加蒙版

虽然剪贴蒙版简单而便捷，可以快速添加多个蒙版，但不能在不同的区域上横向移动使用，如多个子组和剪贴图层之间不能横向移动。我将猛犸和它的其他部分（从毛皮到光线）全部放入一个组中，并且给这个组使用一个蒙版，则这个组中的每一个图层都会使用这个蒙版。

好的选区能够为蒙版节省大量的时间，所以我先用"快速选择工具"为猛犸制作好选区，创建蒙版时再将猛犸站立的脚四周还有周围环境的像素（图14.10）等多余的像素去除掉。在进入"选择并遮住"工作区之前，先按Q键进入"快速蒙版"模式，使用黑色"画笔工具"在象牙上进行绘制，将其截断。当象牙被修剪好之后，就可以进入"选择并遮住"工作区。与调整蒙版相比，给看不到的部分添加蒙版更难。通常我都使用"选择并遮住"中的"调整边缘画笔工具"柔化边缘，使用小的羽化值（将"羽化"设置为1像素），将"移动边缘"滑块设置为-40%，让边缘向里收缩。使用"移动边缘"能够将选区边缘蓝色的虚边去除，但后面天空的部分依然存在（图14.11）。

调整猛犸的外形轮廓，在"图层"面板上单击"猛犸"组。然后单击"添加图层蒙版"按钮给整个组添加蒙版，用蒙版进行遮盖，这也就意味着让组中所有的图层都使用这个蒙版。这相当于将很多图层都剪贴给"猛

图 14.10　使用"快速选择工具"选择猛犸，脚周围的部分在后面进行处理。

图 14.11　为了更好地进行无缝拼接和弥补蒙版的不足，要将选区边缘向内移动和柔化。

犸"图层，然后只使用一个蒙版。不同的是使用一个蒙版的组能够再创建子组，并且在组中能够再次剪贴多个图层。对于像猛犸这样复杂的元素，给整个组使用蒙版是最好的选择。遗憾的是，对于周围的像素还是需要进行大量的遮盖。

在边缘周围进行涂画

在制作好选区并创建好蒙版后，需要进行细化调整的部分会变得很明显。我喜欢使用不透明的柔边画笔进行调整，画笔半径要和边缘的柔化程度一致。在"猛犸"这个组的蒙版上，我将画笔的"半径"更改为 10 像素（图 14.12），从而可以更加精准地沿着边缘涂画以调整蒙版。你可以使用"快速选择工具"快速绘制蒙版，尤其是使用图像板时。

图 14.12 使用小号的柔边画笔沿着猛犸蒙版的四周涂画，以获得更加平滑而准确的蒙版区域。

给猎人添加蒙版

使用"快速选择工具"给猎人绘制蒙版有点难，这是一个很好的如何更加有效地绘制蒙版的例子。以下是我绘制蒙版的方法。

● 当边缘与背景颜色十分相近，与场景完全混合在一起，系统无法辨别出边缘，但是你知道形状和边缘的位置时，你可以自己进行绘制。这种方法有点像绘画，只有你能够在真实的照片中进行绘制，这也就是绘画的优点。

● 在制作完选区后进行细微的调整时，有时可以跳过微调的部分直接绘制蒙版。

● 即使你很善于使用画笔和选区等工具，但也会时常出现问题。这种挫败会把好的效果也变成坏的效果，所以无论如何都要留好后路！

在图 14.13 中你可以看到如何让边缘和蒙版变得更加精确，我使用 7 像素的默认画笔进行绘制。注意我是在包含有猎人图层的"猎人"组的蒙版上进行绘制的，而不是猎人图层的蒙版上。对于这种不是在摄影棚拍摄的、背景难以去除的图像，绘制蒙版（大多数情况下）是最好的选择。当然，你也可以制作选区，对模特的背景进行纯色填充，以制作出模特选区。

> 提示　如果你习惯使用Adobe Illustrator和它的钢笔工具，那么Photoshop中的"钢笔工具"也是制作物体和人物选区的另一个很好的工具。使用"钢笔工具"创建好路径后，双击"添加图层蒙版"按钮可以创建出一个矢量蒙版。第一次单击创建的是标准的像素蒙版，第二次单击创建的是基于矢量形状可编辑的矢量蒙版。使用这种方法创建蒙版的优势在于，可以使用蒙版属性中的"羽化"来柔化边缘，并且非常快速。另一个优势是可以使用"路径工具"编辑路径形状。

图 14.13　手绘蒙版比较烦琐，也需要一定的技巧和耐心，不过有时手绘蒙版能够获得更好的效果。

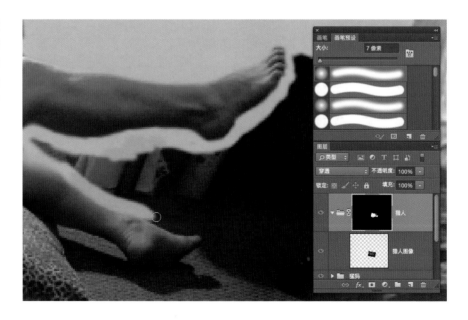

步骤6：给猛犸添加毛皮

总的来说，在进行猛犸的合成时有两大问题。一是猛犸素材原图中的光线与最后场景中的光线不符，二是猛犸的毛皮是金属效果的——因为它本身就是金属的！为了让猛犸更加真实，所有的部分都需要进行修复，最好先从毛皮开始。我打算通过改变毛皮图层的光线来改变猛犸的整个外观。

重塑猛犸的外形需要很多个阶段，因此在"猛犸"组中又为这些部分创建了子组。这种结构非常适合复杂的项目：所有的子组依旧使用着所在组的蒙版（在这个案例中，是"猛犸"组的蒙版），所以可以在合成中再进行合成。图14.14是重塑猛犸的图层和组的结构分布。

用可爱的小猫创建毛皮的图像板

在考虑如何给金属猛犸添加毛皮时，我决定用小猫制作一个图像板，在这个图像板中进行选择，然后粘贴到猛犸的身上。（在第六章中详细地讲述了创建图像板的过程。）我用自己在动物收容所拍摄的小猫的照片制作了图像板，确保有足够多的选择（图14.15）。因为图像板是Photoshop文件，所以我能够在Photoshop中尝试使用各个部分的毛皮，这能够大大加快工作的进程——不需要在不同的程序中或者在几个标签窗口中来回切换，以查看和尝试毛皮的方向及形状是否契合。

图14.14　给"猛犸"组使用蒙版，猛犸图像在子组中，这样更有助于整理和编辑。

图14.15　可爱的小猫的图像有很多，这样由小猫照片构成的图像板在拼合猛犸毛皮时十分有用。

"智能锐化"毛皮

这些照片是几年前拍摄的，目的是帮助被救助的小猫找到主人。这些照片中，光线和小猫毛皮的颜色都不一样，更不用提它们的柔焦了。但在选择纹理时，柔焦部分是否一致并不是最重要的。我决定给图像板中的图层使用"智能锐化"滤镜。

Photoshop CC 中"智能锐化"滤镜的功能有了很大的提升，小猫这个案例就是很好的示范例子。（图像板中的图像一定都要是单图层。）和以前一样，执行"滤镜">"锐化">"智能锐化"命令（图 14.16），打开"智能锐化"对话框。

我将小猫毛皮的锐化"半径"设置为 2.5 像素，人为地加强了深度。半径的大小要适中，以免产生虚边（尤其是将要用作纹理的小的毛皮部分）。如果你经常使用"智能锐化"滤镜，你可能会注意到当"数量"滑块超过 100% 时可能会出现问题，但在新版本中这个问题完全被解决了。同样的，当你发现出现明显的虚边或其他的变形时，可以降低"数量"的数值（图 14.17）。

使用完滤镜之后，对图像板中的其他图层同样使用此滤镜，选中每一个图层然后按 Alt+Ctrl+F/Cmd+Control+F 快捷键即可。这样就可以将上次使用的滤镜应用到当前选

图 14.16 "滤镜"菜单中的"智能锐化"滤镜能够使照片更加锐利。

图 14.17 将"智能锐化"对话框中的滑块移动到适宜的位置点，以免出现虚边和其他的变形。

中的图层上。也可以对每个图层单独使用滤镜，但是使用快捷键会更快。滤镜的运行需要一定的时间，因为它需要做分析和最后渲染的处理。

纹理技巧

在寻找适合拼合的毛皮时，先忽略掉阴影和高光（在后面再添加），毛皮的方向和样式更为重要。在雕像的基础上，根据金属毛皮的方向寻找适合的毛皮纹理。毛皮需要认真地、一点一点地进行绘制，没有捷径（让毛皮看起来自然很难），但是在拼合时还是有一些技巧可以使用的（图 14.18）。

- 更改混合模式，试试"滤色""叠加""变亮""变深"混合模式，不是所有的毛皮图层都需要以不透明的"正常"混合模式覆盖在原猛犸的图层上。雕像已经为毛皮的拼合提供了很好的三维底纹效果。将一小块毛皮的混合模式更改为"滤色"，在保持原有雕像阴影的同时还能够将毛皮提亮。"叠加"混合模式也一样，既可以保持 3D 的立体感，还可以使叠加着纹理的金属毛皮变得更加自然。在合成的过程中会总结出很多经验，因为很多时候并没有固定的方法，所以需要多多尝试。

图 14.18　添加毛皮纹理时先忽略掉光线效果。

- 寻找与金属毛皮形状和方向一致的小片毛皮。
- 根据需要对毛皮进行旋转和缩放操作。如果需要有一小部分是圆形的并在主体对象的背部逐渐消失，那么在边缘使用小块的纹理便可塑造出这种感觉。
- 复制适合的毛皮。使用 2 个或 3 个好的毛皮部分复制出 24 个毛皮图层，在这个过程中使用 Ctrl+J/Cmd+J 快捷键是最佳选择。然后对这些图层进行旋转、缩放、更改混合模式等操作。

（更多的操作方法请查阅第八章。）

● 将金属材质隐藏掉（或者用其他材料进行覆盖）是非常重要的，因为这是最大的漏洞。

给猛犸添加完毛皮后，下一步就是添加光线和调整颜色以模拟出背光效果。

步骤7：调整猛犸的光线和颜色

无缝拼接的关键在于场景和光线的一致性。仅场景一致看起来会有点奇怪，所以为了使猛犸能够与岩石的阴影一致，需要给它添加背光的高光和深的阴影。

在"猛犸光线效果"组中给一个新图层添加阴影，并将它的混合模式设置为"柔光"（图14.19）。这个混合模式能够让颜色变暗，但比"叠加"和"颜色加深"混合模式的颜色浅。在这个图层上，主要为猛犸臀部和身体的位置添加阴影。

接下来创建新的高光图层，将它的混合模式设置为"颜色减淡"，创造出减淡（变亮）效果。"柔光"和"颜色减淡"混合模式比"叠加"混合模式的效果更好，当需要特定的光线效果和颜色时使用这两个混合模式进行绘制。从"画笔"面板中选择一个类似毛发的纹理画笔，在毛皮的高光区域进行绘制（图14.20）。

图14.19 在调整光线效果时，先让主要的阴影区域变暗。

图14.20 使用"颜色减淡"混合模式添加高光时，在需要绘制的区域用白色的毛发纹理画笔进行绘制。

接下来给猛犸添加阴影：创建一个新的图层，在混合模式为"正常"的新的图层上平涂低不透明度（"不透明度"为 5% ~ 15%）的黑色。像阴影这样的暗部不需要改变混合模式，只需要在新图层上根据原有的内容进行绘制（用低不透明度），实现加深效果（图14.21）。使用绘画的方式有时会遮盖住一些细节，但在这个案例中恰恰能够对不理想的毛皮区域进行遮盖。

调整猛犸的颜色

现在猛犸已经有了较好的光线效果，但整个外观还是呈现出金属色，并且在整个场景中显得偏红。添加一个新的图层，将它的混合模式设置为"柔光"，然后涂画上紫红色。这个混合模式具有"叠加"混合模式（加深暗部）和"颜色"混合模式（替换颜色、增加饱和度）的双重效果（图 14.22）。

图 14.21　在"正常"混合模式的新图层上绘制阴影，能够让暗部显得更加自然且具有 3D 效果（正如图层名称所示的那样。）

图 14.22　在混合模式为"柔光"的新图层上涂画上紫红色，可以在增加红色调的同时加深暗部。

步骤8：进一步进行调整

虽然现在场景看起来还不错，但还有两个问题没有解决，一个是象牙形状太宽，还有一个是后腿部分（图 14.23）。为了使画面更加平衡，让猛犸更好地融入场景中，我截断了左侧的象牙（甚至比之前使用蒙版修剪的还要短）。首先我将左侧的象牙进行复制（按 Ctrl+Shift+C/Cmd+Shift+C 快捷键可复制矩形部分中的所有内容），将粘贴（Ctrl+V/Cmd+V）的象牙图层的长度缩短到只有原来的一半，如图 14.24 所示，将其"不透明度"设置为 70%（能够更好地显示出遮盖的效果）。并且将粘贴的图层移动到能够遮盖住象牙较长的部分，然后在添加蒙版和去除明显边缘（使用黑色柔边圆头画笔）前将粘贴的图层的"不透明度"还原回 100%。象牙的边缘要对齐，用蒙版进行混合后效果会更加自然。

另一个遗留问题是后腿需要进行遮盖。从峡谷的原素材中提取一部分灌木丛，和处理象牙的方法一样，复制粘贴后进行修复：复制需要的灌木丛，然后将其粘贴在后腿的部分，再将后腿进行隐藏。图 14.25 所示是使用蒙版去除边缘后的最终效果。

图 14.23　现阶段画面中还存在两个问题，是时候对它们进行修复了：一是将长象牙缩短，二是将后腿覆盖。

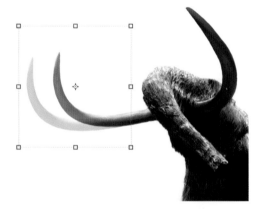

图 14.24　左边的象牙太夸张，与大峡谷不太协调（峡谷使用长焦镜头进行拍摄的），其次这个形状也不太适合。复制局部区域，将其水平移动到长象牙的顶部，对象牙进行修剪。

图 14.25 对沙漠中的灌木丛进行复制粘贴，遮盖住后腿，是解决缺失部分的完美解决方案。将灌木丛周围不需要的部分使用蒙版遮盖住，使补丁看起来更加自然。

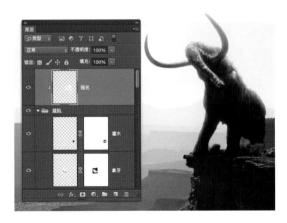

图 14.26 在"猛犸"组的剪贴蒙版上，使用画笔轻轻地在边缘周围涂画，创建出发光效果。

最后，给猛犸添加一些光照效果，让投影投射到猛犸下面的岩石上。给"猛犸"组添加剪贴蒙版，这样就不用担心绘制的区域超出了猛犸的范围。

接下来通过剪贴蒙版添加眩光效果。首先创建组（选中所有的猛犸图层，按 Ctrl+G/Cmd+G 快捷键进行编组），然后直接在这个组（在这个案例中是"猛犸"组）的上方创建一个新的空白图层。选中这个新图层，按 Ctrl+Alt+G/Cmd+Opt+G 快捷键将它剪贴给组。这时，在图层的任何部分进行涂画都只会作用于组中可见的部分，无论是调整还是添加。

使用大号（150 像素）白色的"不透明度"为 10% 的柔边画笔，沿着边缘涂画，创建出发光效果，让其更好地与场景融合（图 14.26）。阴影的绘制也是如此，在猛犸下方的图层上进行绘制，这样就可以看到毛茸茸的外边缘了。

步骤9：完善猎人

猎物的部分已经完成，接下来把精力投入倒霉的猎人身上。为了画面的叙事性和营造史诗般的效果，猎人的部分还需要进一步完善：需要有更发达的肌肉、黝黑的皮肤、长的头发和长矛。

图 14.27　通过后期修饰能够增强肌肉效果，但光影效果也十分重要。将图层的混合模式设置为"颜色减淡"，能够同时实现以上两种效果。

图 14.28　使用"色相/饱和度"调整图层调整皮肤的颜色。

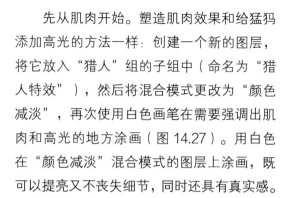

图 14.29　在拍摄拼接的头发时，要注意蒙版的使用，并且光线要保持一致，这样才能实现无缝拼接！

先从肌肉开始。塑造肌肉效果和给猛犸添加高光的方法一样：创建一个新的图层，将它放入"猎人"组的子组中（命名为"猎人特效"），然后将混合模式更改为"颜色减淡"，再次使用白色画笔在需要强调出肌肉和高光的地方涂画（图 14.27）。用白色在"颜色减淡"混合模式的图层上涂画，既可以提亮又不丧失细节，同时还具有真实感。

为了让这些新塑造出的肌肉都呈现出黝黑的效果，可以创建一个新的"色相/饱和度"调整图层，将"色相"滑块向左移动到 -12，让其带有红色调，以便和岩石、草的暖色协调（图 14.28）。

要改变头发的长度，则需要使用相同光线下拍摄的头发模型进行拼接。在相同的光线和与猎人素材图像相同的背景下，我对我妻子正在床边晾干的头发进行了拍摄，然后将头发移入画面中，并且对不需要的部分进行遮盖，同时还让头发产生一种不均匀感（图 14.29）。这些遮盖都需要手工完成。

长矛

绘制长矛需要先绘制出一条直线。我使用 Photoshop 绘制，而不是用手随意地涂画（用手绘制特别难）。使用"画笔工具"能够绘制出完美的直线：单击线的一端（矛的一端），按住 Shift 键并单击另一端（矛的另一端），系统就会绘制出一条直线。整个矛都可以通过这种方法绘制出来，包括使用小直线绘制矛头。然后给长矛添加光照效果和颜色，在"拾色器"中选择金橙色，绘制出高光效果。为了让长矛的光照效果和颜色与场景相匹配，我在"拾色器"中选择了金橙色，在混合模式为"颜色减淡"的图层上使用纹理画笔绘制出了高光效果。最后，修改矛上边缘的高光，让它更暗一些，因为它位于猛犸身体阴影中（图 14.30）。

> 提示　在绘制时放大图像（按住 Alt/Opt 键并向上滚动鼠标滚轮）能够让细节更加精准——尤其是在手绘添加物体时。花一点时间缩小画面（按住 Ctrl/Cmd 键并向下滚动鼠标滚轮），进行绘制前后的比较是非常有必要的。

另一只手

前面已经对猛犸的象牙进行了调整，猎人的手臂也需要更换（可能你已经注意到这个问题了）。需要将原有的手更换成五指张开的手，就好像正在扔长矛——这只手臂的手腕上没有

戴腕表。我将新的手臂放置在同样的位置上，并且将叠加的部分用蒙版进行了遮盖。和《求你了，快让爸爸下来！》（第十二章）这个案例中添加物体对象的方法类似。

（a）

（b）

图 14.30　在画像矛这样的工具时，按住 Shift 键，在线的两端单击即可。在这里我先画好了矛杆，然后使用画笔添加高光。阴影下的区域应该略深一些。

步骤10：火山

现在，基本的故事场景已经完成。场景中还有其他一些部分需要做进一步调整，如背景中的火山和喷发出的烟灰需要加强。这些都需要在"图层"面板底部的"背景"组中完成。对背景进行调整时，一定要注意时间和环境。距离比较远的火山，会比较朦胧一些。所以先保证火山的形状是正确的，其次是它的位置和大小。

图14.31 用吸取的淡蓝色进行绘制，模拟出火山效果。

火山的绘制过程实际上比想象中简单，因为大气透视让背景中的山脉看起来很平，几乎没有细节。使用"吸管工具"从峡谷中吸取淡蓝色，然后使用半径与背景锐化程度一致的画笔在另外的图层上进行绘制，快速地绘制出一个类似于火山的三角形山峰（图14.31）。

> **提示** 对于使用采样色进行绘制的元素（例如远山），最好添加一些杂色，以便与图像的剩余部分更好地融合。如果太过光滑，它看起来会不太协调。杂色能够让元素具有变化，能够更好地与周围的元素融合。首先将图层转换为"智能对象"（尽可能地进行无损编辑），然后执行"滤镜"＞"杂色"＞"添加杂色"命令，将"数量"设置为1%～5%，勾选"高斯分布"和"单色"两个复选框，给图层添加杂色。虽然我建议这样设置，但更加重要的是元素是否与周围场景匹配。

场景中的死火山没有剧烈的喷发效果。为了让火山能够喷发，需要在火山上添加一些"熔岩"。图14.32所示是一张向下翻转的夕阳图片，所以它会有一些发亮的边缘，可以将这部分用作喷涌的岩浆。

图14.32 在背景中添加云的图像以模拟出火山喷发的效果。

因为图像越远越模糊，所以应使用白色的图层对其他的山脉进行模糊。此时，夕阳的部分正好呈现出一种暖色调，就好像喷发出的熔岩。

同毛皮和第八章中火焰的拼接一样，将其余的云拼合在一起。下面是创造云效果的一些工具和技巧（图 14.33）。

- 一定要及时消除所有的边缘，否则画面就可能会遗留多余的像素，而除去这种东西是需要耐心和毅力的。

- 创建一个基本的调整图层，然后将它剪贴给每一个云层。

- 要注意光线的方向，它不需要完全一致。但当云的光线方向严重不一致时，观众会很快发现。

- 小块地进行拼接，不要设想会找到完全符合要求的云图像。一般不会有完全一致的云——尤其是在你还不知道需要什么样的云的时候。

- 当不知道如何处理时，可以添加其他的氛围元素进行遮盖。

图 14.33　云的混合方法和毛皮、火焰的混合方法相同：图层的边缘一定要被柔化。

步骤11：调整色调

现在整个图像都太冷了，感觉不到原始的危险气息。原始时期的火山喷涌出的火山灰应该有一种暖色的滤光，就像森林火灾烟雾中的那种效果。为了产生这种暖色调的效果，在"效果"组中添加最后3个图层（图14.34）。

- 使用"油漆桶工具"将图层填充为橙黄色，将图层的混合模式更改为"柔光"，"不透明度"设置为33%。"柔光"混合模式具有"叠加"混合模式和"颜色"混合模式的双重效果，但在这个案例中阴影部分还是要偏蓝一点，不能太暖。

- 对已经创建好的"不透明度"为33%的橙黄色的图层进行复制，将混合模式更改为"颜色"。这时背景中的峡谷和云受到此图层的影响会变暖，从而让画面更加统一。

- 新填充一个红色图层，然后将"不透明度"设置为40%，混合模式设置为"柔光"。红色能够很好地中和场景中的黄绿色（由于蓝色和橙黄色混合而产生的颜色）。最后一个颜色调整图层完成了，这个图层修正了由于前面两个图层混合而产生的黄绿色。

小结

有时候旅行也可以为创意带来灵感——用从硬盘里收集的猫的图片进行创作，使用混合模式进行颜色调整，这样的尝试充满了无限乐趣。在创作时要注意细节的把控，例如光线和颜色，你会发现很多东西都可以以某种方式进行合成。在这个案例之后，我依旧保持着手绘的习惯。因为即使只有一盏灯、一些纹理和创意，你也可以在 Photoshop 中将它们都实现。通过手绘可以让想象的故事变成现实！

图 14.34　最后用这 3 个图层构建出整个画面的暖色调。

CHRISTIAN HECKER

Christian Hecker 是德国纽伦堡人，他将 Photoshop 与 3D 景观渲染软件相结合，创建出了很多有趣的风景景观。他热衷于科幻场景和数字绘景技术，他还为很多小型游戏工作室、DVD 和 CD 封面等进行概念艺术创作。他的作品被 *Advanced Photoshop*、*Imagine FX*、*3D Artist*、*Exposé* 和 *D'artiste Matte Painting* 等媒体刊载过。他的客户有 Galileo 出版社、Hachette Books、Group/Orbit Books、Panini 出版集团和 Imagine 出版社等。

你是如何决定合成作品的视角和透视的？

我会使用 Vue 创建图片。它真的是创建环境和景观的一个很棒的工具，尤其是数字绘景时特别有用。在 Vue 的 3D 视图中，你可以随意切换视角和镜头角度，还可以对你的构想进行精确的计算——时刻用规则和规范构图，例如黄金比例和三分法则。

古代记忆（2012）

高空（2011）

未知国度（2011）

你是如何进行概念创作的？

我的个人作品通常来自灵感，而委托的项目会有所不同，因为客户自己会有一个构想，会给出一些方向。无论是哪种方式，我都会使用 3D 软件，将东西全部置入其中，创作出一个概念场景。这个概念场景通常包括基本的 3D 模型、灯光效果还有氛围。然后我会使用 Photoshop 快速地修改和重绘以强化概念主题。如果这个概念效果不错，我会回到 3D 软件中将场景的细节进行细化。在进行大量的修改后，我会再使用 Photoshop 进行细节的调整。

在创作的过程中，你是如何使用其他应用程序的？ Photoshop 会和哪些应用程序一起使用？

正如前面所说的，在我的创作中使用最多的是 3D 软件。老实说，我这样做是为了弥补我绘画能力的不足。3D 软件为我的创作提供了一个很好的平台。因为 3D 软件可以进行多通道的渲染，还可以将图像渲染成单独分层的 PSD 文件，这样我就可以对高光和阴影进行细化。3D 场景中的每个物体都带有蒙版，我可以通过 Photoshop 在场景中添加或删除元素。当我在 Photoshop 中进行创作时，图片的整个氛围都可能会发生改变。我喜欢这种自由和灵活性。

Photoshop 中你最喜欢的工具是什么？

调整图层。

你是如何判断画面效果的好坏的？若画面效果不好，你会完全放弃还是会将它放置在一旁？

老实说我完全是凭感觉进行判断的。当我遇到瓶颈时，我往往会向朋友或艺术家征求意见，通常会获得一些启示。有时是风格的问题，尤其是委托创作的时候，你的风格可能会和顾客想要的风格完全不同，那事情就会变得很难。有时暂停一段时间是好事，尤其在创作个人作品时，我会将它放置在一边几天，在这期间不去思考关于它的任何事。然后再回来时，我会以一种新的眼光审视它。我在创作时经常使用这种方法。

你是如何使用图像进行叙事的？

我希望我的所有作品都具有故事性。创意灵感就是起点，它开启了想象世界的大门，而细节的添加会让这个世界更加充实。当你在这个世界中进行探索时，会发现很多让这个世界变得更酷、更特别的事物。我希望最后能够创建出一个通往未知世界的窗口——能够激励或鼓励他人，让他们以自己的认知去解读。

对这个领域的从业者们，你有什么专业的建议吗？

要有耐心，尤其是自学时，不要指望一天就能获得惊喜的结果。如果你已经具有一些经验，不要犹豫，要勇于创新。多与朋友和家人沟通，听取他们的建议。多看看艺术家的作品可以获得更多灵感和动力。

另一个星球的奇闻（2011）

我几乎可以从这里看到星星（2012）

第十五章

魔法家族

将所有家庭成员聚集在一起拍摄全家福的时光是特别而又神奇的，在本章这个案例中，这张全家福充满了魔力（图 15.1）！能够把照片发给家人和朋友是非常有意义的。老实说，这次的拍摄对所有人来说都是一次非常愉快的经历。被拍摄者的喜悦已经展现在了照片中，这也是最终成功的关键。我们通过头脑风暴获得了《魔法家族》这个主题创意，然后在客厅中对各个场景进行单独拍摄——在拍摄时要时刻谨记各个拍摄片段之间的相互关系，因为最后合成时这些片段要无缝衔接。在拍摄的过程中要小心谨慎，成熟的拍摄技术能够让合成更加简单快捷。总之，这里所有的魔法表现都来自这个家族，而我的任务只是通过各种光效在视觉上表现出他们的精彩。

图 15.1　在《魔法家族》这个作品中，被拍摄者提出了全部的创意想法，而我所做的就是帮助他们把这些想法变成现实。

步骤1：头脑风暴

在毫无规划的空间（更不用说是他人的想象了）中进行自主拍摄，是一项非常具有乐趣的挑战。反过来讲，它的失败率也更高。在拍摄这些照片时，我发现最好的解决办法就是从头脑风暴开始，确定所需要的主体对象、道具和空间。需要飘浮吗？还是需要有超能力？是否有宠物？可以让小狗飘浮起来和父母进行拔河比赛吗？当然没有问题，我们要做的就是为此找出适合的构图和位置！

当创意无限延伸时，还要对它有所控制：要了解拍摄的可行性。当特别具有想象力的家庭成员开始提及火山和小行星时，要知道在什么时候把他们拉回现实的拍摄状态（至少真实一些）。在我大概描述了可做的范围之后，他们也提出了很多有创意的想法，可以说两个男孩想要尝试的场景几乎是无穷尽的。此时，我的工作就是督促他们并帮助他们打磨他们的想法，使合作能够更顺利。

在根据他人的想法进行拍摄时，有以下几点需要谨记。

- 了解自己的能力和场景空间的极限。是的，Photoshop 几乎能够现实所有的场景，但是并不能完全满足每个人的需要，所以在讨论时就要将这些界限设置好，同时还要确保想象力能够得以发挥。

- 可用空间都有哪些？是否有可以用作构图的窗户？是否有可以使用的特色物品——沙发、椅子、壁炉等？将这些可用的物品全部记录下来，把布置拍摄空间想象成布置现场演出的舞台（图 15.2）。

- 在开始时提供一些参考案例以便拍摄继续进行，然后帮助他们将他们的想象转换成视觉形象。

- 让被拍摄的主体对象思考自己魔法的独特性！将他们最喜欢的东西和喜爱的超能力组合在一起是完美的组合方式。

图 15.2 查看可用于构图的空间、家具、道具和站位。

步骤2：灯光和设备的设置

当家庭成员们在集思广益设定他们自己的独特性时，我利用此间隙开始调试灯光，使设备准备好工作。在了解到所有的主体对象会分布在整个客厅后，我需要构建一个能够将所有主体对象全部照射到的灯光方案。我使用了3个持续光源：一个背光灯，在画面的外边，位于右上角的位置，正对被拍摄对象和镜头；然后是主光灯（主要光源），位于镜头的右侧（以增强沿着墙从窗户进来的自然光）；还有一个补光灯，它的光直接打向家庭成员的左侧（图15.3）。当灯光设置得差不多时，我就可以固定好三脚架对场景进行构图了。

图15.3 由背光灯、主光灯和补光灯构成的灯光布局，无论家庭成员位于屋内什么位置上都可以满足拍摄的灯光需求。

补光灯　　　　　　　　　　　　　　　　　　　　　　　　　　背光灯

主光灯

步骤3：预设画面，找好定位

当每个主体对象确定好他们的风格后，就由我来决定如何将他们合成在一起。我的绝大多数合成作品在创作时都有足够的时间进行草图规划，在拍摄前就可以提前准备好——至少不会在现场才准备！但在本案例这种情景下，我只能通过一系列的测试照片来进行视觉规划，通过视觉感受来探索场景，从而获得空间、平衡、灯光和合成的创意构思。因为背景相对扁平一些，所以需要通过姿势和道具的摆放创造出更多的动态角度和景深（图15.4）。

图 15.4 通过视觉感受快速地将创意展现出来以找到合适的合成点，就像是表演前的彩排一样，千万不要即兴对整个场景进行创作。

在拍摄照片中的每个片段时，需要谨记以下几点。

- 和被拍摄对象讨论拍摄的视觉效果和下一步计划，帮助他们了解你的创意、定位，以及如何将事物组合在一起。当所有的成员都出现在同一画面中时，所有的衔接都要非常流畅，并且在最终的成片中应该没有方向感。

- 使用相机取景器快速地模拟出一些创意概念，通过取景器对合成效果进行预估，并且试着寻找一些变化。对每个动作进行排练和基本规划，在合成时各个部分就会更加协调。

- 此时，查看主体对象或道具之间是否会存在潜在的冲突、干扰和重叠。一旦开始拍摄，这些都是很容易被遗漏的部分。

- 如果需要主体对象拿着道具（或动物）进行拍摄，那么他们需要练习如何隐藏自己，提醒他们尽可能地抓住物体的边缘或背面。

无线拍摄、远程拍摄和实时拍摄

对于此次拍摄，很多活动都需要聚集在一个相对狭小的空间中完成，因此我需要很多"超能力"来帮助我。例如，既置身于场景中又可以从照相机的视角进行观察。通过技术可以实现这个需求！具体地讲就是将手机和相机通过 Wi-Fi 进行连接，再在相机制造商开发的手机应用 App 上进行设置即可。通过配对后，就可以在场景外实时预览到相机中的画面——这对于图片的精准合成有很大的帮助，同时可以完全弥补之前没有进行草图规划的缺陷。

注意　要使手机或平板电脑能成功地与相机通过 Wi-Fi 连接，需要使用合适的 App。佳能相机使用的 App 是 EOS Remote，索尼相机使用的 App 是 PlayMemories Mobile，尼康使用的是 Wireless Mobile Utility 和通过蓝牙进行连接的 SnapBridge。这些应用程序在 iOS 和 Android 平台上都是免费的，并且你还可以找到很多类似的第三方应用程序。

　　我不仅会给拍摄对象进行口头指导，当一些东西需要进行调整时，我还会走入场景中对其进行调整，例如调整手或物体的角度，此时我可以通过手机的实时视图查看并调整角度。如果有必要的话（例如此时的画面非常完美），我还可以使用 App 的远程快门进行拍摄。在进行操作时有以下几点需要谨记。

- 虽然可以远程控制快门和曝光，但也需要反复检查相机的对焦。在小的预览屏幕上看起来清晰的画面，并不意味着放大后也很清晰。在使用手动对焦进行拍摄时，一定要对拍摄的每个部分反复进行对焦。否则当拍摄完成后可能会发现一些关键的镜头是模糊的，这真的是最糟糕的时刻。

- 一定要远离灯光。显而易见这是基本常识，但当你完全沉迷于拍摄，一门心思只顾着低头关注手机时，你根本不会意识到你站在了哪里。（说实话，当我们低头看屏幕时，真的会发生很多蠢事！）当你不小心闯入了场景中，一定要意识到你会对它产生影响。因此，一定要有意识地进行躲避，不要阻挡主体对象和物体，也不要阻挡光线。

- 根据需求使用技术，不要滥用。各个部分需要保持分离状态，需要对主体对象进行辅助指导，需要对场景进行构建，需要增加图像的维度，需要在不触碰相机的情况下进行拍摄或者需要解放双手（例如需要去拿一些沉重或笨拙的东西）等这些原因可以成为使用 Wi-Fi 将手机与相机连接的适当理由。除此之外，我还是更加推荐使用取景器进行拍摄，因为这样可以发现问题，还可以对对焦、灯光和曝光等问题及时加以解决。

步骤4：拍摄片段

虽然最终的合成作品只有一个，但《魔法家族》这个作品需要由很多张小照片拼合而成，因为每个主体对象都有他们自己的故事线。幸运的是，家庭成员就是我的助手，当我在拍摄每个片段时，其他成员都非常乐于伸出援手使拍摄得以顺利进行。

在完成基本彩排后，我们对主体对象和道具进行了拍摄。同一个位置，需要尽可能地从各个角度进行大量拍摄。图 15.5 中所示的，仅是我拍摄的 21 张同一片段的照片中的一部分——一个男孩在拉着绳子（在最后的合成中会被遮盖住），而绳子的另一头他的父母也在假装使劲拉扯着绳子。

图 15.5 合成中的每一个片段都需要进行大量的拍摄才能获得更多的选择，其中含有各种微妙的变化。

拍摄时曝光的注意事项

如果回溯到第五章，你可能会回忆起一些使用手动曝光获得较好效果的方法——特别是多重曝光和相关性原则。摄影本身是需要权衡的。

为了能够在弱光条件下依旧使用较低的感光度（减少杂色），我将快门的速度降低（我使用了三脚架），将光圈开到F5进行补偿——光圈值越低，景深越浅。这就意味每个主体对象和物体都可以被拍摄得非常清晰，场景中其他事物的清晰度可以忽略。如果不小心谨慎，则会导致画面模糊，至少我不会让此类情况发生，也不会让其产生杂色。实际上，这种浅景深非常有助于最后选区的制作，因为"快速

选择工具"的算法能够很好地查找到前景中主体对象和道具的边缘。

如果我改用闪光灯（一种可以发出强烈光线的大功率的灯，它会使整体场景都被照亮，但是每按一次快门才会发生一次闪光），实时预览的效果可能就会出现偏差，即使使用造型灯也是一样——因此便失去了使用手机App进行实时预览的优势。

实际上每一次拍摄都是功能与结果的得失，这就是为什么会有互易率的原因。此部分讲解的重点是根据需求选择适合的曝光。在拍摄每个场景时应考虑好利弊，做出适合的曝光选择。

提示 *背景底图一定要干净清晰（图15.2）！我们在拍摄时，注意力往往都会集中在其他元素上，而忽略掉背景。千万不要！每一个合成都需要一个完美的基底，应该将背景清理干净并且进行大量的拍摄，以获得一个完美的基底。在整个拍摄过程中，应对背景图不断地进行拍摄（开始、中间和结束），以防由于意外发生变化（这种情况是可能发生的）。如果机会只有一次，一定要尽你所能地拍摄你所需要的背景图——存储卡很便宜，所以请尽可能地多拍摄一些。*

多样化的拍摄

对于这样充满乐趣的合成作品，主体对象一定要非常欢乐地融入他们所幻想的世界中。当每个人都沉浸其中时，这种"哇，感觉真蠢"的想法就会消失，取而代之的是还不错和兴奋的表现！除了宠物——这个可怜的小东西只能在那不动，人类的行为会变得更加怪诞。公平地讲，有时动物也可以很好地参与到快乐的拍摄中，而且它们不会有丝

毫的伪装。为了获得最真实的表现，我们需要在某些情景下进行拍摄。以下是针对这类拍摄给出的一些好的建议。

- 为了能够更好地引导主体对象，可以试着给他们讲解他们动作反映的情景，有助于他们继续保持游戏的心态。如果你需要给出更多的直接反馈，例如手的位置，一定要直说！
- 如果需要主体对象面对不同的方向，最好试着在屋内或环境中用物体引导他们的注意力。
- 有时旁边的道具和人与主体对象进行互动会很有帮助。
- 如果位置或姿势很难一次拍摄完成，那就多次拍摄，没有必要一次性全部完成。相反，你可以通过设置优先级的方式，按顺序进行拍摄，然后将它们进行合成。在一次拍摄在线课程时（当然现场进行拍摄），我就不得不这样做：在拍摄时场景中的狗总是在沉思，我不得不用 4 张不同的照片进行合成，并且还添加了大量的蒙版（图 15.6）。

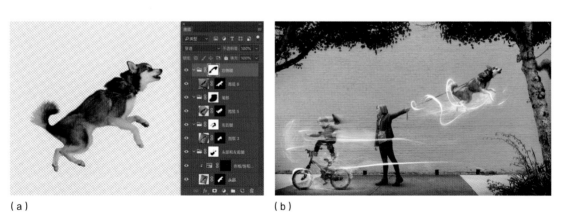

(a)　　　　　　　　　　　　(b)

图 15.6　在为在线课程拍摄照片时，为了使狗在合成中能够有最佳状态，我不得不使用 4 张不同的照片进行合成。虽然此时没有一张照片能够满足全部的需求，但将它们组合在一起后效果很不错，就像魔法一样（有点像是科学怪人干的事情）。

步骤5：在Bridge中对图像进行等级排序

当主体对象和道具拍摄好后，就可以转换到 Bridge 和 Photoshop 中进行操作了。先在 Bridge 中将文件下载好，然后使用星级评分系统进行分级和筛选（图 15.7）。如果你需要对此有更深入的了解，请查阅第六章的"等级排序"部分。

总之，我将照片缩减到了只有 5 张主要图像（图 15.8）。除背景外，还有一些可用于提取的部分。标注为 5 星的图片要么是完全可用的，要么就是其中含有关键元素可以替换其他不完美部分（例如拍摄那个怯场的小狗时，我将许多张有小狗的照片拼合在一起了）。

图 15.7 使用 Bridge 对图像进行分级筛选，以便找到最合适的部分。

图 15.8 通过分级和整理后得 5 张主要图像（通过过滤筛选出 5 星的图像），一切就绪后就可以启动 Photoshop 进行合成操作了。

步骤6：收集、处理和合成

当我最终把所有的家庭成员聚集在一起时，看起来像是在合成画面了。虽然之前使用 ACR 编辑器进行了基础调整，但我仍然需要对所选图像进行微调，以使它们更加统一。在 Bridge 中，我使用批量处理将它们再次在 ACR 编辑器中打开，目的是对它们进行视觉优化，使它们看起来更加一致。在 Bridge 中，筛选出 4 星和 5 星的图像（图 15.9），然后将缩略图全部选中（Ctrl+A/Cmd+A），按 Enter/Return 键，打开 ACR 编辑器。

进入 ACR 编辑器后，再次将所有的图像全部选中（Ctrl+A/Cmd+A），同时对它们进行编辑：让图像变暖（将"色温"调整到 6000，"色调"调整到 +14），增加"曝光"（+1.95），降低"高光"（-70），使窗户不丢失高光、背景不丧失细节（图 15.10）。在增加"曝光"时，

图 15.9 在 Bridge 中使用星级过滤器将不可用的图像过滤掉。当只有 4 星和 5 星的图像可见时，可以同时对它们进行批量处理，这样操作真的简单很多。

图 15.10　通过单击 ACR 编辑器中的"切换原图 / 效果图设置"按钮，可以看到使图像变暖和变亮的设置参数。

最好降低"高光"，以免高光变得更加强烈。当 4 星和 5 星的图像全部调整完成后，单击"完成"（不是"打开图像"）按钮。最好批量进行更改，在确定需要某个特定图像之前不要单独对图像进行更改，因此我从主要图像开始着手进行构建。

　　回到 Bridge 中，继续使用星级评分过滤器，找到将要使用的核心图像，按住 Ctrl/Cmd 键，单击所要使用的图像。双击任意一个选中的缩略图，再次在 ACR 编辑器中将图像打开，这次单击"打开图像"按钮。

　　从干净的背景图入手（图 15.11），创建各种图层组（"拔河""读者""雷神""特效"）。根据拍摄时的景深顺序，可以非常轻松地将它们排序。接下来，以与镜头距离从远到近的顺序安排图像。我选中"拔河"组，然后从标签窗口中选取父母的图像。我选用图像中大部分的场景，将其复制（Ctrl+C/Cmd+C）并原位粘贴（Ctrl+Shift+V/Cmd+Shift+V）到合成文件的"拔河"组前，使用蒙版对动作姿势周围进行遮盖（图 15.12）。

　　对于其他组件，依旧使用复制并原位粘贴的方法进行合成，注意要在特定区域的周围留出足够的空间以便于进行无缝衔接。在合成中进行复制粘贴时有以下几点需要注意。

● 使用"矩形选框工具"更加便捷。没有比在对角线上拖动生成选区更快的方法了。

- 文件容量会急剧增长，所以选区不要过大，这一点非常重要。
- 选取所需要的部分时，选区需要超出一点点以留出可以使大号柔边画笔进行过渡的部分。在图 15.13 中可以看到在《魔法家族》这个合成作品中我所复制的每个素材的大小。

图 15.11 从背景开始，根据顺序和景深，创建图层组并构建框架。

图 15.12 使用"选框工具"制作选区，为主体对象和绳索蒙版留出空间。

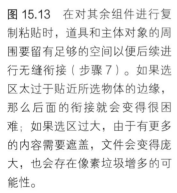

图 15.13　在对其余组件进行复制粘贴时，道具和主体对象的周围要留有足够的空间以便后续进行无缝衔接（步骤 7）。如果选区太过于贴近所选物体的边缘，那么后面的衔接就会变得很困难；如果选区过大，由于有更多的内容需要遮盖，文件会变得庞大，也会存在像素垃圾增多的可能性。

步骤7：蒙版和绘制

对于这种从多张图像中进行提取从而拼合成一个图像的合成而言，很多时候蒙版会使用涂画的方式进行遮盖，而不是使用选区进行遮盖。除了"雷神"这样的前景主体外，对其余的部分进行涂画——具体地说就是使用柔边的不透明的黑色画笔对边缘和不需要的部分进行涂画遮盖。

从父母的部分开始进行遮盖，选中他们所在的图层，单击"添加图层蒙版"按钮创建一个蒙版。使用大小为 200 像素 ~ 400 像素的"柔边圆头画笔"进行涂画，有些时候需要慢慢地进行过渡，而有些时候需要将主体对象和细节区域周围变得紧凑一些。在图 15.14 中，可以看到我进行涂画遮盖的边缘位置，以及如何使它们与背景图像融合在一起。

快速地给其他的主体对象和道具创建新的蒙版，使用与绘制父母图层蒙版相同的方法在蒙版上进行涂画（图 15.15）。这种绘制蒙版的方法很快，但是也会产生遗留像素——更准确地说会产生像素垃圾！尽管在快速涂画时有点像抽象派大师在作画，但使用低不透明度的画笔（柔边的透明边缘的画笔）进行涂画可能会留下少量的不需要的图像内容。我尽量使照片保持一致以避免此类问题的产生，但是由于在拍摄本案例时我使用了浅景深，所以不需要的元素内容会很模糊，如前景中的"雷神"和他的锤子特别明显。在提取其他图像中相似景深的元素时，前景中的主体对象和道具所使用的光圈是不可能完全相同的。那么怎么解决这个问题呢？当对焦差别特别大时（清晰与模糊的差别），不要使用绘制蒙版的方法，而要使用"快速选择工具"和"选择并遮住"工作区。

（a）

（b）

图 15.14 （a）显示出了父母的图像部分，蒙版上涂画的过渡效果使图像与背景进行了完美的融合（b）。

图 15.15 使用与绘制父母图层蒙版相同的方法，将所有图层的边缘进行遮盖。

给毛发使用蒙版

以小狗的蒙版和几个细节为例，我需要将抓住物体的手和手握住物体的部分遮盖掉（例如飘浮的书的四周），使用的方法依旧是在蒙版上进行涂画。然而在处理这些区域时，我会使用更小的画笔，甚至有时会更改画笔笔尖形状以便更好地处理这些内容。在小狗的图层上，我使用喷溅画笔在小狗的四周进行涂画，然后将画笔"流量"（10%）降低，逐渐向内涂画以模拟出毛发效果。在图 15.16 中，可以看到在蒙版上涂画好的最终效果和细节，鲜红色覆盖的部分是所有被遮盖住的地方。先对图层进行基础整理（握住它的手几乎看不到了），后续还会对不满足要求的区域进行修整。

图 15.16 此蒙版（显示为鲜红色的区域）的绘制是由两种画笔共同完成的：先使用柔边圆头画笔绘制简单的过渡，再使用纹理画笔绘制毛发区域（例如喷溅画笔）。

处理"雷神"和锤子

对于前景中的男孩和他的魔法锤而言，由于景深浅而背景模糊，如果使用绘制蒙版的方法可能会使人和锤子的周围产生模糊的光圈。尽管其他图像也使用了浅景深，但实际上主体对象和背景的景深差距并不大。相比其他图像而言，这张图像中的主体对象和锤子更加靠近相机镜头，因此物体的清晰度和背景的模糊度形成了鲜明的对比。这就为"快速选择工具"和"选择并遮住"的使用提供了绝好机会！

首先将"雷神"所在图层选中，然后选择"快速选择工具"，使用大约手指大小的画笔进行涂画（图 15.17）。先使用大号画笔对大块区域进行涂画，然后使用小于选择区域大小的画笔进行细节绘制。

制作好主体对象的选区后，在选项栏中单击"选择并遮住"对选区进行调整。详细地讲就是将"边缘检测"的"半径"设置为 5 像素，这样可以消除之前的毛边（图 15.18）。因为主体对象不需要移动位置，所以不需要担心虚边的产生，只需要将模糊的背景全部去除就可以了。完成上述设置后单击"确定"按钮，关闭"选择并遮住"工作区（在"输出到"下拉列表框中仍然选择"选区"），对选区进行最后的检查。在获得满意的选区后，单击"添加图层蒙版"按钮添加蒙版。使用同样的方法处理锤子（图 15.19）。好的，基础组件现在已经完成了——就像是拼图游戏已经完成了 4 个角和边缘。

> 提示 使用"选择并遮住"对选区进行调整时，先从"边缘检测"开始，将粗糙的选区边缘变得平滑。使用"边缘检测"会比使用"平滑"效果好很多。"平滑"比较适用于柔和的曲线，有时角落和缝隙（例如指缝之间）也是非常重要的！"半径"会沿着选区的边缘进行搜索，根据搜索的内容对选区进行添加（或删减）选区的操作，就像使用"调整边缘画笔工具"一样。如果还有虚边，则需要将它们去除，先单击"确定"按钮以退出"选择并遮住"工作区，然后再次回到"选择并遮住"工作区对设置进行更改，例如更改"羽化"和"移动边缘"的数值。在"选择并遮住"工作区第一次单击"确定"按钮之前（在"输出到"下拉列表框中仍然选择"选区"），可以使用"半径"和"调整边缘画笔工具"对选区进行调整。

图 15.17 使用"快速选择工具"给前景中的人物制作选区。

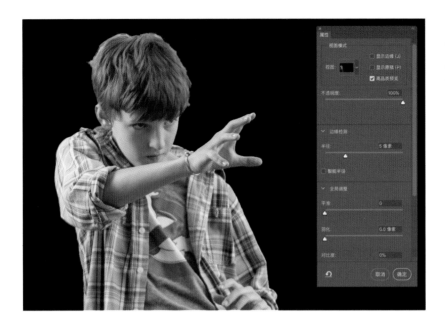

图 15.18 使用"选择并遮住"对"快速选择工具"所做的选区进行细化调整,将"半径"滑块(位于"边缘检测"的下方)移动到 5 像素。

图 15.19 当所有的选区都完成后,就可以对场景进行润色并添加特效了。

步骤8：修复毛发

每个主要图层都有被遮盖的区域，这只是合成中进行润色的起点。例如，还需要在新图层上使用"污点修复画笔工具"或"仿制图章工具"对手拿着物体的部分进行无损修复。还记得我使用喷溅画笔对小狗的四周进行蒙版遮盖吗？看起来不错但还不够完美。这些缺失的地方要与其余的部分完全一样，并且还需要给狗的缺失部分植上毛发。如果只使用"仿制图章工具"进行修复，则很难同时实现这两个要求，为此我给出了一些使用建议。

绘制蒙版和选区蒙版的使用

不幸的是，这个世上并不存在蒙版使用方法的黄金法则，但是开始对场景进行合成时需要注意一些原则。有时不需要制作选区，直接在蒙版上进行绘制即可；而有时却需要使用各种选区工具创建蒙版，并且还要将选区调整到完美的状态——为了对这两种状态进行区分，我划定了一条判断界线。在遇到以下情况时可以使用简单直接的蒙版绘制方法。

- 被合成的图层与主体对象和物体周围的区域完全匹配时。
- 确定使用不透明的柔边圆头画笔可以快速地将粗糙的边缘遮盖掉时。在使用手绘板进行绘制时，取消勾选"画笔设置"面板中的"传递"复选框可以节省大量的时间。如果

开启了"传递"和"控制"中的"钢笔压力"选项，就很可能产生模糊的边缘。

另外有两种情况需要先制作好选区然后使用"选择并遮住"进行调整，之后再添加蒙版。

- 如果使用蒙版图层的背景与背景图层明显不同，例如背景很模糊或者背景中含有不同物体。亮度和颜色不同，可以使用剪贴调整图层的方法进行调整；当背景中有新的物体或丢失的物体这种非常明显的差异时，可以使用选区蒙版。
- 如果将使用蒙版的主体对象和物体移动到场景的不同位置时，不对选区进行细节调整很难实现完美的融合。

对小狗腿部进行修复时（图 15.20），我先创建了一个新的图层，将这个图层直接放置在需要修复的内容图层的上方。然后切换到"仿制图章工具"，打开"仿制源"面板（"窗口">"仿制源"）。在某些特定的时候可以使用"仿制源"进行修复——当角度不适合时可以将仿制源进行旋转。例如，我在"仿制源"面板中将"旋转仿制源"设置为120 度，将小狗背部的毛发（相对水平边缘的毛发）复制到小狗的腿部（图 15.21）。按住Alt/Opt 键，单击小狗背部的毛发区域，设置仿制源点，然后在需要修复的区域进行绘制。实际上，只需要单击一下就可以了！

注意　在空白图层上进行修复时，可以使用"仿制图章工具"或"修复画笔工具"，并且在选项栏的"样本"下拉列表框中选择"所有图层"——使用其他工具无法看到空白图层下面的内容。否则的话，它会直接在原始图层上进行有损修复，也可能会复制出其他内容（只能靠运气）！

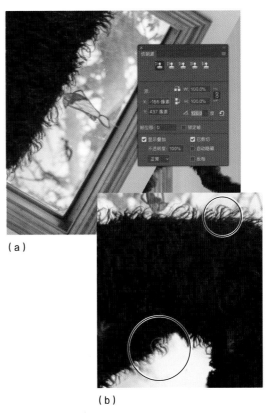

（a）

（b）

图 15.20　小狗腿部有一部分区域看起来仍然不是很理想，而小狗背部的毛发非常适合用作修复的仿制源。

图 15.21　在更改仿制源旋转角度时，会临时出现一个仿制样本以便帮助你找到最适宜的匹配角度（a）。角度设置好后，将旋转的仿制源复制到新的区域的整个过程就会变得很简单（b）。

污点修复

除了使用"仿制源"面板中的功能修复的区域外，还有一些手和手指的区域需要进行修复，使用"污点修复画笔工具"就可以解决这些问题。例如修复下面抓住狗的手的部分时，只需要画笔的尺寸能够完全覆盖住手指或手的大小即可，使用 [、] 键可以更改画笔的大小。在需要修复的区域单击，不需要的内容就会消失不见（图 15.22），现在将修复好的图与图 15.20 进行比较，能够更加清楚地看到更改前后的效果。对于合成中其余需要修复的部分同样可以使用这种简单的修复方法——而对于那些无法很快进行修复的部分，可以继续使用"仿制图章工具"进行修复，直到场景完美为止。

步骤9：添加特效

接下来是特效部分。这些特效看起来很有条理性，并且还有一种熟悉感。毕竟在第九章中讲过发光效果的制作，对应地，可以制作本章中手中的发光效果；第八章中讲过如何给绘制的火添加"外发光"效果，对应地，可以制作本章中蜿蜒盘旋在锤子手柄上的魔法藤蔓；在第十一章中讲过喷溅效果的绘制方法和混合模式的使用，对应地，可以制作本章中小狗周围的闪光粉和推动器（图 15.23）。在本章中会对这些效果再次进行简短的讲解，并会重点讲解锤子的制作部分，及如何给它添加轻微的"路径模糊"创作出动态效果。"路径模糊"是 Photoshop 新添加的功能，在之前的案例中还没有进行过详细的讲解。

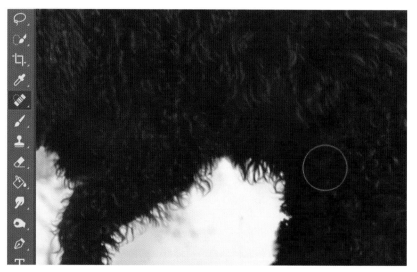

图 15.22 使用"污点修复画笔工具"可以非常轻易地清除物体上残余的手的部分，这个工具简直就是专门为此类清除而设计的。

图 15.23 很多效果使用的都是之前章节和案例中所使用的方法，即使最终表现出来的效果不同。

发光效果

下面对发光效果的制作进行简单的回顾（完整的讲解请查阅第九章）。在空白图层上先使用白色不透明的大号喷溅画笔（300像素）在男孩和他伸出手的上方单击一下。添加"动感模糊"滤镜（"滤镜">"模糊">"动感模糊"），将"距离"设置为500像素，塑造出发光效果——虽然壁炉上方的发光效果还不是很明显（图15.24）。在单击"确定"按钮之前，"角度"依旧为0。后面我会通过自由变换手动更改发光的角度。

（a）

（b）

图 15.24 "动感模糊"能够很好地将喷溅画笔的效果转化成发光效果，之后可以通过自由变换进行调整，并且将它移动到适宜的位置上。

微弱的发光效果

使用"动感模糊"后图层的颜色会减淡，这是因为"动感模糊"将图层像素与不透明度进行了混合。如果使用"动感模糊"后喷溅画笔的效果几乎不可见了，可以使用以下 3 种方法来调整。

● 还是使用"动感模糊"。在空白的图层上，使用喷溅画笔，只是这次是在一个地方进行双击——甚至三击。这会给像素添加更多的不透明度（画笔的"不透明度"和"流量"都设置为100%）。

● 在调整"距离"滑块时，可以实时预览模糊后的效果，如果模糊后喷溅画笔的效果太淡看不清，可以减少"距离"的值。在可见与不可见之间会存在一个阈值。

● 复制图层（Ctrl+J/Cmd+J）以增加效果的密度。但一定要确保它们在同一个组里或它们之间被链接锁定，这样在移动时它们能够保持不变。该方法通过重复来增加可见性。如果两个相同的效果图层进行叠加后，效果太过强烈，可以将其中一个图层的不透明度降低以获得适宜的效果。

现在使用"移动工具"进行调整（旋转和变换各个边角），之后使用"图层样式"制作出蓝光效果。为了使光线能够以不同的角度延伸，我先将光线进行旋转，然后按住Ctrl/Cmd键并使用"移动工具"向外拖动边角的锚点（图15.25）。这些边角都可以分开移动，使它们朝着锤子的方向散开，看起来就好像是手中发出了光一样。

接下来制作发光效果！我认为这是最酷的部分了——给图像的各个部分添加相同的发光效果，只是光的渐变颜色有所不同。在

第八章中有关于外发光制作的更多详细内容，在此只是对外发光的制作进行了再一次的简短回顾，并且标明了这种光的设置参数。

选中相同的发光图层，然后单击"添加图层样式"按钮，在"图层样式"对话框中，选中"外发光"并更改设置，使发光效果清晰可见，并且不会太过于强烈。我希望这个光带有颜色（图15.26），于是我选择了浅蓝色到深蓝色（不透明）的颜色渐变。这是一种很好的过渡方式，渐变随着光逐渐消失。

图 15.25　按住 Ctrl/Cmd 键，使用"移动工具"可以向任意方向拖动边角的控制点。在这个案例中，从手中向外拖动控制点。

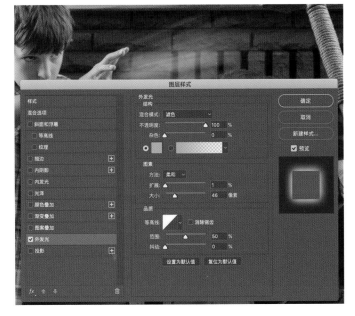

图 15.26　"图层样式"非常适合于制作这种发光效果。在这里，使用这些设置给光线添加上蓝色渐变。

绘制光线

制作出发光效果后，将图层样式复制粘贴给其他图层（在"图层"面板上按住 Alt/Opt 键将图层样式拖动到另一个图层上即可），对整体效果进行完善。使用白色柔边低不透明度画笔（"不透明度"为 5%，"流量"为 5%）在手的区域进行绘制，可以根据细节需求更改画笔的大小。对于手掌中的光，我增加了画笔的不透明度和流量使其看起来有一种光源感，而其他区域的发光效果比较微弱。

在合成中经常会见到同样的发光效果，只是有时渐变的颜色会变成暖色调（例如读书男孩手中那本书的发光效果），但是制作方法是一样的。给锤子的手柄添加蜿蜒盘旋的发光效果时，我使用白色喷溅画笔进行绘制，然后添加"外发光"图层样式，使"雷神"的力量得以释放（图 15.27）！

使用混合模式和分形增强发光效果

再次回到小狗的部分，这次让魔法发出更多的光。我使用喷溅画笔进行绘制（图 15.28）（关于此类效果画笔设置的更多内容请查阅第十一章），并且将"外发光"图层样式复制粘贴给这个图层。我将"外发光"的渐变更改成了暖色，在第八章绘制火时使

图 15.27 和制作发光效果一样，将同样的图层样式添加给绘制在锤子手柄上的蜿蜒盘旋的藤蔓，以塑造出蓝色发光的效果。

图 15.28 使用"55 号星形画笔"，勾选"散布"复选框，绘制出小狗身上的魔法效果。

用过这种方法。绘制完闪光的魔法图层后，看起来似乎还缺乏一些力量——因为还没有分形！

在这里，我使用一个名为 Apophysis 的软件制作出分形（据我所知，这款软件可以基于数学、三角形，随意产生无限种发光的形态），与"滤色"混合模式一起使用可以产生更好的效果，因为它们的背景都是黑色的。获得分形图像后，我将这些图像直接复制粘贴在小狗图层的上方。就如同第八章中使火焰背景消失的方法一样，将图层的混合模式更改为"滤色"，这样不需要的部分就会被遮盖住（图 15.29）。

路径模糊

现在将焦点转移到"雷神"的锤子上（这是最后的特效部分），使用"路径模糊"给它增添一些动感效果。"模糊画廊"滤镜中有很多很棒的滤镜——尤其是"路径模糊"这个滤镜。在此需要做的第一件事就是将锤子图层和它周围环绕的魔法发光图层进行复制，然后将这些复制出来的图层放置在一个单独的组中，并将这个组命名为"模糊"。然后将这两个图层同时选中，在缩略图的右侧右击，在快捷菜单中选择"转换为智能对象"。这样两个图层被合并在了一个"智能对象"里，现在就可以无损地编辑模糊效果了。当两个图层变成一个图层后，将这个图层顺时针旋转，使它相比于原来的锤子而言有一些偏移（图 15.30）。

（a）

（b）

图 15.29 使用"滤色"混合模式可以使分形图像的黑色背景消失，只保留光的部分。结合蒙版的使用，就可以制作出小狗飘浮的魔法效果了。

图 15.30 两个锤子之间保留一点距离，使其看起来像是飞行时留下的痕迹。

注意 由两个图层合并成的"智能对象"的最大的缺点是原图层的混合模式不再起作用，"智能对象"中包含的所有像素和混合模式都会变成"正常"混合模式。如果你不喜欢这种效果，可以将"智能对象"的混合模式更改为"滤色"，"智能对象"中的所有内容就都会消失不见。这意味着锤子的所有部分都会消失不见，包含发光的部分，所以一定要谨慎！

选中"智能对象"，使用"路径模糊"滤镜（"滤镜" > "模糊画廊" > "路径模糊"），打开"模糊画廊"工作区，使"路径模糊"处于激活状态。图 15.31 显示出了我创建动感模糊的设置情况（在这个案例中将"速度"滑块移动到 50% 的位置上），

图 15.31 使用"路径模糊"滤镜创建拥有同一消失点的两条路径，可以创造出具有透视感的动感模糊效果。使用"路径模糊"滤镜还可以创建曲线路径，这样能够很好地创造出旋转模糊的效果。

并且还显示出了两条路径的位置（其中一条是默认的路径）。创建这些路径就像添加控制点一样简单，在需要的地方单击就可以定义路径。在上方的曲线路径上我添加了 3 个控制点，然后单击 Enter/Return 键进行确定。图像沿着路径的方向产生了拖尾效果（这太棒了），并且还带有略微弯曲的运动感。为了使模糊效果更加具有立体感，需要再添加一条路径，设置透视线。当两个路径线分别向外部延伸时，内容也会沿着这两个方向进行模糊——因此图像会产生一种沿着路径模糊的动态效果！设置好模糊效果之后，单击"确定"按钮。

图 15.32 即使是轻微的模糊也可以使整体画面看起来更具有动感。在这个案例中，蒙版减弱了模糊的强度，只留下了透视模糊的一小部分，但这足以使画面具有动感。

回到合成文件中，按住 Alt/Opt 键并单击"添加图层蒙版"按钮给模糊的"智能对象"创建新的蒙版，这样就创建出了一个黑色蒙版，此时图层中的所有内容就全部被遮盖住了，然后使用白色画笔（"画笔工具"，快捷键是 B）将需要的模糊部分涂画出来。图 15.32 是"智能对象"被遮盖后的效果。一个小小的效果可能需要花费大量的精力，但是它会产生巨大的视觉冲击力。如果移动的物体静止不动，那么眼睛就会忽略它，添加一点点动感，效果就会与众不同。

步骤10：润色和合成

最后需要润色的部分不是很多，主要由两个图层组成，通过对局部进行提亮和变暗以增强视觉的吸引力，从而更好地突显出主体对象和动作行为。添加的第一个图层是无损的减淡和加深图层：在"特效"组中创建新的图层，将图层的混合模式更改为"叠加"；使用低不透明度（10% 以下）的黑色或白色画笔对色调进行提亮或加深，直到满意为止。具体地讲就是使用黑色画笔将底边、腿和图像的 4 个边角进行加深，使用白色画笔将面部和主体对象的局部及各种发光效果进行提亮（图 15.33）。要注意，对于这类操作，少即是多。我的准则是编辑过后看不到编辑的痕迹（除非是关闭了图层的可见性），这样的效果是最好的。如果编辑过后编辑痕迹太过突出，那就是减淡和加深的程度太过了！当然，这个过程是非常主观的，会随着能力的提高而不断变化（当你的能力提高时，你会发现简直无法直视以往的作品）！

（a）

图 15.33 在新的图层上，将图层的混合模式设置为"叠加"，使用黑色和白色低不透明度（10% 以下）的柔边画笔对图像进行无损的减淡和加深，以增加画面的层次感和视觉吸引力。图像进行减淡和加深的前（a）后（b）对比如图所示。

（b）

最后一个图层用于制作暗角效果。创建一个新图层，使用"不透明度"为 6% 的黑色大号画笔（2000 像素）沿着边角进行涂画，同时对侧边也进行加深，以便使注意力能够不受窗户的影响而聚集在画面中（因为眼睛就像飞蛾一样总是喜欢追逐亮的地方）（图 15.34）。这样就完成了！经过检查之后可能还有一些小的地方需要再完善下（例如悬挂着的灯线），但是从很大程度上来讲，这个魔法效果已经按照预先设定的那样全部完成了！

小结

不能低估摄影技巧和协作（不强制要求）的重要性。虽然在这里使用了大量的篇幅对《魔法家族》进行了讲解，而实际上从拍摄到最后的润色，整个过程花费了不到三小时——这是因为根据实际情况提前预设好了最终效果。即使没有机会去做规划，也要使用手边的工具对合成的最终效果做可视化预设。画面中有的东西看起来正在坠落，有的东西看起来正飘浮在空中——每一个人都乐在其中！（可能狗除外！事实上，人类就是这么怪异，不是吗？）

图 15.34 最后添加暗角效果将视线引导到画面中，使视线不会受到窗户的影响而分散。

HOLLY ANDRES

Holly Andres 是来自美国俄勒冈州波特兰市的艺术摄影师，善于通过摄影表现错综复杂的童年、稍纵即逝的记忆和女性题材。她在波特兰、纽约、洛杉矶、旧金山、亚特兰大、西雅图，以及伊斯坦布尔举办过个展。作品曾被刊登在 *New York Time Magazine*、*Time*、*Art in America*、*Artforum*、*Exit Magazine*、*Art News*、*Modern Painters*、*Oprah Magazine*、*Elle Magazine*、*W*、*The LA Times*、*Glamour*、*Blink*，以及 *Art Ltd.* 等

媒体上。*Art Ltd.* 还曾经将她列为美国 15 位年龄在 35 岁以下的西海岸新兴艺术家之一。最近，她的首次博物馆主题展"归乡"将在俄勒冈州塞伦市的哈利福特博物馆展出。

你是如何开始新的创作的？这是怎样的一个过程？

借用 Jeff Wall 的观点来说，我更像是一个农民，而不是猎人。虽然我有一个非常敏锐的"内部相机"，但我也不是天天都进行拍摄。通常我会先给要拍摄的系列想好一个鲜明的主题，然后有计划地拍摄每一张照片。生活中的很多经验、回忆和交流往往能触发我的灵感，在我脑海中形成生动的图像（或一系列胶片式的影像）。每个片子的拍摄都不一样，要依各自的内容而定，有时我也会先做好故事板再进行拍摄。

我的工作非常像拍电影，需要很多前期准备和大量的后期合成。我的作品主题常常带有冲突感，表面看起来很平淡，实际上又

古画背后，"麻雀巷"系列（2008）

猫语（2011）

有几分阴郁和令人不安的意味。我很喜欢用一些常用元素，如鲜明的色彩、装饰性图案、舞台灯光效果结合天真无邪的小孩、纯真的少女和已为人母的女性等各种典型的人物角色，来营造一种冲突的感觉，从而表达出各种让人心绪不宁的主题思想。

Photoshop 是如何应用于你的工作的?

Photoshop 是我工作中不可或缺的一部分，它可以让摄影更加具体化，实现我脑海中的构想。我所学的专业是绘画，这在很大程度上影响着我的摄影方式。摄影一向被认为是"真实"的影像，而 Photoshop 强大的功能使我更大胆、更有突破性地运用摄影技术来表现"真实"（这是其他传统艺术所不具备的），这让我爱不释手。

我欣然接受数码相机取代胶片相机的这个过程，使用数码相机能够使我在制作最终图像时有足够多的图片可供选择。我可以在 Adobe Lightroom 里查看拍摄的所有原片，并标记出可用的图像。随后使用 Photoshop 制作出粗略的合成，并定下整个画面的基调，找到最理想的角色关系和形式感，使其能够有效地引导观众的观看流程。对我来说，这个阶段可以充分发挥我的创造力。

你是如何用光线来强化作品的含义和情节的？

从最基本的层面来讲，摄影本身就是对光线的捕捉。对我来说，光线不只是突出人物角色的工具，同时也是一个内容载体。光照及光线本身就暗含着某种含义。

你觉得拍摄后进行合成最难的是什么？最有成就感的又是什么呢？

毫无疑问，最难的当然是让所有元素合成得天衣无缝，使画面真实可信，最有成就感的是当我看到想象中的画面真实地呈现在我面前的时候。当然合成需要很多技巧，我的作品也没有一个是完美无瑕的。在工作和学习的过程中，我会想方设法提高我的摄影技巧，并且去克服各种媒介的局限性。

在你的摄影作品中，你是如何让主体对象表达出你的想法的？

"麻雀巷"系列作品是我在重温小时候

看过的《南茜·德鲁》系列图书时找到的灵感。因为它们是插画，风格与摄影作品极为不同，比我们通常看的照片更浮夸一些。我很喜欢里边夸张的肢体语言，喜欢画面里的人物安排、他们分开的手指，以及大吃一惊的可爱表情。在拍摄作品时，我会尽量创造出这种戏剧性的美感。

当着手拍摄时，我会试着先对画面进行

发光的抽屉，"麻雀巷"系列（2008）

枪战（2012）

构想，包括构建画面场景、设置戏剧性的灯光效果、精心挑选服装，以及怎么能让表达更加含蓄，并且还要对各种不确定因素引发的状况有一个预估。在此过程中，我发现刻意安排的画面与主体对象不可预知的"表演"这两者之间相互平衡的效果是最引人注目的。因此，使用数码相机可以捕捉到更多胶片相机无法拍摄到的"不可预知的瞬间"。

你的作品一般都能够按照计划顺利地进行吗？这类风格的作品的灵活性有多大？

事情当然不可能永远都能按照计划顺利地进行，尽管我尽了最大努力。我从事摄影这么长时间以来，相信自己在放松、灵活和思路开放的状态下肯定会获得宝贵的意外收获。当我拍摄完的画面跟我原本的构想差距很大时，我会有一种挫败感。但是经过几天的调整，我又会惊喜地发现它其实比我构想的效果要好很多。

至今为止哪些是你最喜欢的作品或系列？

我个人最喜欢的当然是"麻雀巷"系列，它可能也是我目前最受欢迎的作品。这个系列是用大画幅相机拍摄的，因为使用胶片相机拍摄并将其数字化的成本很高，所以后期合成需要更加精细一些。在这组作品中，我通过一个女孩儿的形象伪造出一对完全相似的"双胞胎"。和大多数人一样，我也觉得双胞胎有种神秘感，所以我想将她们塑造成彼此的对应者，或是同谋。

另外，《猫语》也是我个人比较喜欢的作品，它的合成比较复杂。虽然使用Photoshop对物体进行大量的复制看起来似乎很没有必要，但我认为在这幅作品中它正好强化了画面的故事性。

对那些结合摄影和 Photoshop 两种技术进行创作的未来艺术家们，你有什么建议吗？

要有一定的绘画基础，懂得线性透视和光影逻辑会让你在拍摄时游刃有余，并且也可以帮助你更加合理地使用 Photoshop 去控制画面元素。如果不懂这些，你应该花费精力去弄懂它们，对自己进行"补救"。培养独到的眼光需要很长的时间，熟练掌握 Photoshop 技巧则需要更多的精力。要善于观察，保持敏锐，多看看别的艺术家的作品，不断地练习。

史诗般的奇幻景观

创造奇幻景观不仅需要想象力，还需要毅力，但创作的过程是非常有趣的——至少对我来说是这样。在研究超幻想化自然景观在广告中的作用时，我尝试设计了一些有趣的视觉效果。最终完成的作品就是《彩虹尽头》（图 16.1），它包含了前面案例中使用的很多技巧和方法。

和往常一样，这个项目也是从预设画面开始，灵感来自我在徒步冒险时拍摄的自然美景。存储卡很便宜，所以没有理由不留下一些或许会有用的东西。这个项目使用了多年积攒下来的上百张图像，同时还包含了一些新的课程内容，例如如何将瀑布及绿色的自然元素融合到风景中，如何通过多选区制作木屋的层叠纹理，以及如何使用两块木板组装一个完整的水车。

步骤1：铺设地面

当我在郁郁葱葱的纽约北部地区徒步时，我几乎拍下了锡拉丘兹周围的所有瀑布，并从中找到了一些灵感，这些参考素材足够让我创作出一幅史诗般的巨作。基于这些照片和我素材库里的图像素材，我在脑海中初步构建了作品的草图（图 16.2）。随后，我根据脑海里的草图开始组建素材的图像板，为合成做准备。

图 16.1 《彩虹尽头》有 200 多个图层，其中包含有约塞米蒂国家公园、纽约北部、秘鲁、西班牙及其他地区的照片。

图 16.2 绘制草图是开始创作的好方法。草图为风景的深入刻画打好了基础。

下面是一些对草图进行深入刻画的方法。

● 从纸上开始。在创作时，我发现一边在屏幕上浏览图库和素材，一边在纸上勾勒草图是很有效的方法。

● 勾画出合成的重点元素。对我而言，重点元素就是某种水车、一两个瀑布、一个小木屋、一个湖、还有花园及远处的山峦。归纳总结出关键点可以帮助你找到适合的元素，即使图像的画面布局和草图截然不同——那也没有关系！

● 将草图扫描或拍摄下来，输入计算机里进行修改和补充。根据找到的图像情况，你可能会做出一定的修改，例如我没有找到可用的螺旋楼梯的图像，所以只好将它从草图中去除。

提示 在拍摄时，尽量各个角度都多拍一些，这样在合成时就会有更多的选择。之所以可以创作出《彩虹尽头》这个作品，就是因为素材的可选视角很多。

之前在第六章和其他章节中介绍了创建及管理图像板的过程，但在这里，《彩虹尽头》这个案例会涉及另外一个创作难点，那就是在制作复杂的作品时，怎么收集具有潜在用途的素材图像，以下是我使用的几种方法。

- 对照草图，寻找与它的透视和视觉元素一致的图像。例如悬崖，寻找到的悬崖图像要与草图的视角一致（它是垂直的还是有角度的，是高于观者的还是低于观者的）。树林图像的大小和枝叶等要尽量与草图相吻合。湖泊与水必须跟预设的透视角度完全一致，并且要符合重力规律，如果水流和它本身的流向不相符，不管哪个角度，合成后的效果看上去都会非常奇怪。

- 按照种类进行搜集，例如按照瀑布、悬崖、树木、山峦、茅草屋顶的种类来进行搜集。将可用的图像按类别整理存放，这样在开始合成时会比较容易查找。如果不想创建图像板，或者计算机内存不足以一次性打开含有大量图层的文件时，可以使用 Bridge。将图像放在触手可及的地方，这样至少在小憩片刻后还可以很轻松地重新打开那些需要的元素。

- 寻找你喜欢的图像，看看它们是否能够被用在作品中。在这个作品（图16.3）中，我使用了一张在附近牧场拍摄的向日葵的图片，它的光线适合，看起来与作品的概念很一致。此外，那些向日葵还给画面增添了空间感。

> 提示 使用 Bridge 不仅可以浏览普通的文件夹，还可以查看收藏夹。使用"收藏夹"可以把与主题相类似的图像（例如瀑布的图像）放置在一个虚拟的文件夹里——图像的位置实际上并没有发生改变。这个虚拟文件夹可以集合众多不同位置的图像，包括不同硬盘里的图像。在 Bridge 里单击"收藏夹"面板中的"新建收藏夹"按钮，把文件拖进去，就可以将选择的文件添加到新的收藏夹里了。

图 16.3 找一张你喜欢的图像（我找的是向日葵），看看你是否能够把它用到作品中。

步骤2：调整大小及透视

在选好图片，创建好图像板后，接下来就要在制作过程中对透视和大小进行更加精细的调整。我在创作作品时，一旦对整体有了详细的构想后，就开始将图像都放置到合成中，看看哪些重要元素需要做调整，以便更好地与其他图像进行合成。当我找到这张不错的瀑布图片时（图16.4），我将图像整体稍稍改动了一下，以塑造出完美的长瀑布形态。在创作这种类型的风景合成作品时，会有很多地方需要取舍：尽量使所用的图像都符合创意概念，同时还要让它们发挥主导作用，让图像确定整个合成作品的基调。对图像做适当的调整可以使画面看起来更加真实可信，同时也会使作品最后呈现出与众不同的效果。

想要获得正确的透视，需要计划好图像的景深。越早找到一致的图像越好。找到图像后，试着粗略地勾画出风景里的三大主要组成部分：前景、中景和背景。这样有助于画面元素的填充，所以一定要花精力做好。图16.5是景深关系草图的初稿：向日葵在前景处，中景是茅草屋及后面的山，最远处有一些远山作背景。理清这些元素的前后关系非常重要，这样画面中其他元素的添加及细节的刻画就都可以顺理成章地进行下去了。

为了营造身临其境的感觉，我将向日葵放大并放置在很靠前的位置，就好像是观众在桥上或窗户旁穿过向日葵眺望远方一样。向日葵作为前景，奠定了整个画面的视角。我将后面的远山都添加在了一个图层上。确定好前景和背景这两个基础位置后，其他内容的位置及大小就可以根据它们进行调整。在这之上绘制草图，能够帮助我构想出茅草屋等其他物体的位置。

图 16.4 如果你发现了一张可用的又特别有意思的图像，不妨改变一下原来的设计方案将它运用起来，这也是一个很好的方法！

图 16.5 大致地勾画出重要图像的位置，对其进行缩放和使用蒙版以加深画面的景深和透视。

步骤3：填充场景

当草图进一步被细化，有了清晰明确的视角和景深关系后，我开始准备着手对这史诗般的风景进行拼合，这也是整个合成的精髓所在。尽管听起来不简单，但实际上只需要找到合适的素材图像，将它们放置在合适的场景里就可以了。图 16.6 展示了各个素材逐步成形的过程。

寻找适合于合成的素材图像就像是在玩一幅巨大的拼图游戏，只不过参考图像在你自己的脑海中。总而言之，先看所选图像的形状是否合适，然后比较它的亮部和暗部、大小及尺寸等。下面是我所使用的一些适用于任何形式的合成方法。

● 使用"想象蒙版"。在寻找适合的素材图像时，我必须对大图像中的某

图 16.6 对场景进行填充需要一定的时间和耐心，还需要适当地进行休息。以挑剔的眼光审视作品，你肯定会做得越来越好。

个小部分仔细观察，并且在我的脑海中用想象力给那些无用的部分添加蒙版，集中精力只看那些有用的部分（图 16.7）。

- 在 Photoshop 中使用黑色在图层蒙版上仔细地绘制，将"想象蒙版"变为真实蒙版。对蒙版的处理尽量准确到位，若敷衍了事随便处理的话，会引发严重的后果。即使你对整体的合成效果有很好的预期把控，但最后那些残留下来的杂色是很难被找到的。最终，你得到的不会是彩虹般绚丽的

效果，而会是毛毛糙糙的效果。

- 如果没有适合的图像，可以使用多张不同的图像拼接出想要的效果。图像板上不可能存在适用于任何部分的万能图像，因此可以选择将两张或多张有相同特点的图像进行拼合，这样还能使透视与合成画面能够更好地进行匹配。如果各个元素看起来不协调，我们很快就会意识到不对，所以可以将一个图层分解成多个部分，这样能够更好地进行融合。在图 16.8 中，我使用了 3 个部分的向日葵，画面看

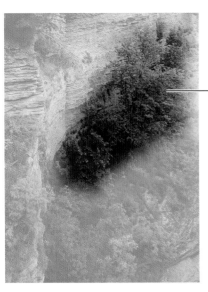

这部分适合放在河边。

图 16.7　在选择可用图像时，只需要对图像中的某个部分集中精力进行观察即可，不用考虑整体图像。我把这称作"想象蒙版"。

图 16.8　为了使向日葵获得完美的效果，我将素材图像拆分成 3 个部分，然后再重新拼合起来，这样比只使用一张完整图像的效果要好很多。

起来非常协调。

- 寻找适合的光线效果。强烈的阳光直射效果不适用，因为它没有办法灵活地被使用。如果你碰巧遇到完全适合的光线效果，那是最好的了。否则的话，最好选择一些光线柔和的图像，然后自己添加光线效果。

- 剪贴调整图层。每张图片都存在不同的问题，如颜色、光影、噪点、锐化和模糊等。所以，最好通过剪贴调整图层进行调整，不要使用"智能滤镜"。

- 不要泄气！将元素放置在一起只是完成了拼接的部分，但是却没有美感。对我的作品而言，我知道之后会进行一系列的调整，例如通过减淡和加深自定义地调整光线效果（在"叠加"混合模式的图层上进行无损调整）、营造空气透视效果等，使作品显得更加精致完美。所以在这个阶段，只需要调整好形状、透视和视角就可以了，要相信所做的一切都是有用的。

步骤4：调整水势

水的合成会新增几个难点：如重力、水流方向和倒影——如果不对，我们一看就能发现。瀑布肯定是向下落的，因此水流方向

和飞溅方向一定要正确。

瀑布

对瀑布进行整形和合成是一个挑战。如果不符合重力规律和水流的自然流向规律，那就不会有好的合成效果。以下是我在调整《彩虹尽头》中的瀑布时使用的一些比较有效的方法（图 16.9）。

图 16.9 瀑布必须遵循重力规律，确保它们都是朝着同一方向往下流淌的。

图 16.10 将瀑布要放置的区域创建好，以保证它的形状能够跟瀑布吻合。

图 16.11 直接在图层蒙版上使用黑色画笔绘制出你想要的水流效果。

- 要对瀑布底下物体的表面及形状有所了解，想一下将要添加在上面的水流效果是否会自然顺畅。现在开始就需要去寻找与背景相契合的素材图像了。在添加水之前，我先把瀑布周围的区域填补好，如图 16.10 所示。

- 使用纹理画笔进行遮盖，不要使用选区进行遮盖。在蒙版上使用黑色画笔进行遮盖能够打破选区工具的规整性，在进行大量的合成时能够使整体效果看起来更加真实可信。如果在使用蒙版前先制作好选区的话，通常会选到一些其他类似的区域和一些边缘区域。当你从每个瀑布图层上选取一小部分，把它们以个性化的方式进行合成以达到更加自然的效果时，直接在蒙版上绘制会方便快捷得多，而使用选区的方式会引起很多不便。在图 16.11 中，我使用半径为 15 像素的斑纹画笔根据需要沿着水和岩石的边缘进行涂画。

- 在制作过程中，可剪贴调整图层，始终保持无损的编辑状态，使各个部分相协调。有时需要使用"曲线"调整图层将水的高光进行提亮，而有时又需要改变水的颜色让它与周围的物体更好地相匹配。

- 使用黑色画笔对所有的边缘进行涂画，一定不要遗留下杂色，特别是那些轮廓鲜明的副本。我使用"不透明度"为 100% 的黑色圆头柔边画笔进行绘制，这样就可以确保在操作时不会有杂色出现。

> **提示** 关闭图层和蒙版的可见性可以查看是否存在残留的杂色。如果有杂色残留，在单击图层的"可见性"按钮时，被蒙版遮盖的区域会有细微的变化。同样，通过禁用和启用蒙版（按住 Shift 键，单击蒙版缩略图）也可以看到变化。关于清除残留痕迹的更多方法和技巧请参阅第三章的"数字垃圾和遮盖"部分。

- 只粘贴与瀑布适合的部分。虽然这点不用多说，但却是很容易出错的地方。不要把整张瀑布的图像都置入合成文件中

（如 Bridge 里的图片置入功能），很多时候它并不会像你想象的那样可以有很多可用的部分，反而会使图像很难与其他图层进行融合。岩层会改变水流的位置和方向，所以应选择小的易于控制的部分图像来进行无缝融合。此外，在处理像《彩虹尽头》这样有200多个图层的文件时，使用整张图像会比使用多张小图像要麻烦得多，即使你使用的是高性能的计算机和64位系统的 Photoshop 也好不到哪去。

湍急的河流

河流的创作过程跟瀑布很像，只是复杂了一点，例如水的颜色、深度、水流方向，还有岩石，以及最重要的——视角。如果它们的视角与观众不一致的话，就不会形成激流勇进的效果（图 16.12）。对发生变化的区域使用蒙版，如白色的水流部分和岩石的边缘，这样可以实现无缝衔接。在图 16.12中可以看到，顶部的瀑布流入了底部河流，形成了新的瀑布，原本顶部绿色的水变成了白色条纹状的水流。这种呈阶梯状下降的河流效果实际上是由两张河流图像拼接而成的。

平静的湖泊

湖泊是静止不动的。与水流和瀑布相比，

这种平静的物体处理起来是比较简单的，但是它还有一个需要注意的地方：倒影。如果你选的图像非常合适，那你就太幸运了。否则的话，就需要做出一些妥协，对图像进行取舍。除了湖泊，可能你还想在那部分区域放置其他的物体，除非你找到的图像中含有想要放置的物体的倒影，否则图像很难融入画面中去。

一种妥协的办法是，修改原来的方案使其与倒影更加相符。或者根据需要自己绘制倒影（任何作品都可能会有这种情况）。在《彩虹尽头》这个作品中，湖泊的底部显

图 16.12 在将多个河流素材拼接在一起时，要确保它们的流向和视角都完全一致。

得不太协调，所以我找了一个灌木丛进行遮挡——这是另外一种好方法，值得借鉴（图 16.13）。使用"颜色"混合模式调整水的颜色，使其与画面的其他部分及倒影一致。在这个作品中，水的倒影色原本是天空的蔚蓝色。

彩虹

严格地说，彩虹并不是水。但它的确需要水蒸气，也需要阳光直射。在奇幻的风景中，可以不必太在意科学原理。有时可以绘制一些不存在的事物，只要视觉上看起来真实就可以。

制作彩虹的关键在于需要找到一张有着相似背景的彩虹图像。图 16.14 是在美国的约塞米蒂国家公园拍摄的，彩虹背后的场景比较暗。尽管彩虹是由水形成的，但它的制作方法与火焰相同，使用第八章中制作火焰的方法将彩虹的混合模式更改为"滤色"，亮的部分会更亮——非常适用于彩虹效果！此外，还需要仔细绘制蒙版。

图 16.13　新添加的湖泊与远山的倒影及山脊间的缺口非常吻合，但近处的岸边却无法很好地融入画面中，因此我选择了一个灌木丛将其进行了遮挡。

上向下（以俯视的角度）进行了拍摄（图
16.15）。使用"移动工具"将它水平翻转后，
发现它的光线效果与合成作品非常协调。

步骤5：植树

　　寻找适合于合成的树木、灌木丛或石块
有时是非常痛苦的，而要找到与透视及视角都
完全相符的更是难上加难。所以，与其强制
使用不适合的图像进行合成，不如出去采风，
去寻找适合合成的图像，这样会更有成效（这
种方法适用于任何合成作品的创作）。

　　除此之外，出去采风还有很多好处！若
你的眼睛长时间不间断地盯着同一图像，慢
慢地会变得适应，以至于不能做出客观的判
断。你是否注意到，有时你通宵把作品强行
做完，第二天再来看时就会想是谁瞎了眼做
出这么糟糕的东西？因此，为了你自己，也
是为你的眼睛、你的作品，好好地考虑一下。
出去拍摄适合的素材图像比强行使用不适合
的图像要好太多了。

　　对我而言，这意味着我要找到一张与
视角角度完全一致的树木图像。我在公园
里找到了它，并且从一个平缓的小山坡从

图 16.14　将图像的混合模式更改为"滤色"，使
彩虹背后的深色背景消失不见，让彩虹本身的颜色
凸显出来。

图 16.15　走出去，去拍摄一张与合成作品的角度
和透视都完全相符的树木图像吧，这会为你后面的
工作省去不少麻烦。

使用"色相"混合模式调整颜色

　　我从哪儿找到了这棵粉色的树？不，实际上我并没有找到，我在欺骗大家！在合成时，我知道这棵树的形状、视角和光线都很完美，但却不是我想要的颜色。我希望这棵树能够脱颖而出，成为画面的中心。但这棵树的绿色太多了，有没有补救方法？创建一个新图层，将混合模式更改为"色相"，然后将其剪贴给树所在图层，就可以快速地将树的颜色进行更改（图 16.16）。就好像炖汤时加盐一样，按照口味加量即可。

图 16.16 使用"色相"混合模式能够将绿色的树叶瞬间变成粉色的。

步骤6：用石块搭建茅草屋

好吧，坦白说，搭建茅草屋（图 16.17）的确需要足够的耐心，需要使用很多蒙版、做非常细致的处理——至少我的背不会像亲自去搬这些石块那样疼（尽管那样可能会更快一些）。搭建茅草屋时，先从详细的草图开始，根据草图从素材库里挑选适合的石块图像。之前我在秘鲁拍摄了很多不同角度的阶梯状石墙，所以有不少可以用得上的素材（图 16.18）。

图 16.17　制作茅草屋是个相当长的过程，但完成后会很有成就感。

我将要使用这些图像组建出茅草屋的主要部分，但遗憾的是，它们的光线不是我想要的效果。阴影处的石墙是最灵活可用的（也是最理想的），但它们底部也有干草反射的强烈光线。这就意味着如果我想要自上而下的光线效果，原本的石墙就需要上下颠倒过来。所以，我就这样做了（图 16.19）。

主要墙壁放置好后，剩下的其他部分就像是在现实中盖房子一样，寻找到适合的石块一个个往上垒。沿着石块的边缘绘制蒙版使石块间的线条更加明显以便进行堆砌。从原图上选用一两个石块（其他的部分使用蒙版进行遮盖），通过复制制作出一面饱满的墙壁，给画面增加一点多样性。

要注意转角处的石块边缘，需要十分仔细地使用蒙版处理边缘位置（图 16.20）。老实说，这实际上跟做标志设计差不多：都需要寻找适合的素材，将它们合理地运用起来。以下是我总结的一些处理石块图像的技巧。

- 角度很重要。要搭建一个有立体感又不像廉价的布景的房子，找到正确角度的图像是关键（或者通过旋转得到吻合的角度）。

- 把蒙版当泥浆使用。石块间留有适当的空间和阴影能够使墙面看起来更加连贯和真实，即使它是由 5 个不同墙

面组合而成。对石块使用蒙版进行遮盖，保留阴影和高光，然后在上面再添加另一块石块。

图 16.18　这些印加遗址的石墙图像有很多不同的样式和角度，是搭建茅草屋的最佳选择。

图 16.19　如果素材图像的光线效果是下边较亮，而你需要的是上边亮的效果，可以将图像的方向翻转过来。

（a）

（b）

图 16.20 在印加遗址的图片中多寻找一些带有转角边缘的石块图像，刚好可以被用在茅草屋墙壁的转角部分。

● 别着急，慢慢来。如同砌墙一样，慢工才能出细活。急急忙忙只会粗制滥造。如果这部分的制作持续了很长时间但还是没有做完，那就先去处理别的部分，回过头来才会更有耐心把这部分继续做下去。

给屋子的周边添加细节，如各式各样的窗户（拍摄于西班牙）、入口（印加遗址里的石块），还有花园（来自锡拉丘兹玫瑰花园）。

有些图像能够很好地与画面融合，而有些图像却不能很好地融合到画面中，这就需要使用蒙版进行调整。即使如此，这些图像仍然组合出了一个具有真实感的茅草屋形象，虽然不是特别完美，但各个细节看起来还是不错的。

步骤7：使用画笔绘制茅草屋顶

有时你会遇到既找不到需要的图像，也没有办法出去拍摄的情况。这个作品里的茅草屋顶就是这样：我既没有太多可供参考的素材图像，附近也找不到可以拍摄的茅草屋顶。这种时候，你需要更加具有创造力。在《彩虹尽头》这幅作品里，我把所有可用的图像都应用上了，创建了一个自定义画笔来做茅草屋顶（图16.21）。可以按照以下步骤创建自定义画笔。

图 16.21 茅草屋顶是自然风格小屋的标志性元素。我使用了我的素材库里的一些图像，创建了自定义画笔后，便开始即兴创作茅草屋顶。

1. 从茅草屋顶的素材图像中（或其他图像中）选取一个没有特点的普通区域。如果这个区域中有明显的不断重复的元素，那么用它制作的画笔绘制出来的效果就会千篇一律。幸运的是至少我有一张干净的茅草屋顶图像可以用来制作画笔。

2. 复制（Ctrl+C/Cmd+C）选区，然后创建一个新文件（默认的大小），将复制内容粘贴（Ctrl+V/Cmd+V）到新文件里。需要注意的是，这个操作虽然也可以在合成的图层中完成，但我习惯将它分离到新的文件中，以便我可以使用修复工具进行调整。

3. 单击"添加图层蒙版"按钮创建一个蒙版，将所有清晰的边缘进行遮盖，只保留茅草屋顶的中间部分即可（图 16.22）。

4. 在"编辑"菜单中，选择"定义画笔预设"，在弹出的提示框中输入适合的画笔名称。可以将当前图层的选区变成一个可以重复使用的灰度图像的画笔。和其他画笔一样，使用它绘制的颜色是根据你的选择而定的，所以使用"拾色器"吸取茅草屋顶的黄色。

> 提示　通常我会先使用黑白颜色的画笔绘制出想要的光影效果，然后再新建一个"颜色"混合模式的图层调整颜色。在这个新图层上，使用"吸管工具"从干草或茅草屋顶的暗部直接吸取适合的颜色进行绘制。

对于茅草屋顶的剩余部分，我使用了自定义画笔进行绘制，又像制作石墙一样，直接复制了一些区域。在使用画笔时，我只需要快速单击，拖动的笔触会使纹理变得模糊。但是这样作为基础纹理也不错，后面可以再在上面添加变化。

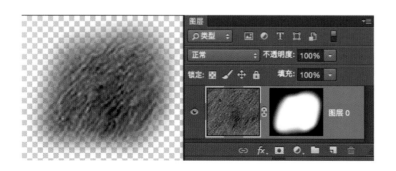

图 16.22　定义新的画笔预设，对清晰的边缘进行遮盖。

步骤8：使用两块木板制作水车

当素材有限、没有适合的图像时，可以自己制作元素，即使是像水车这样复杂的物体也可以。没错，图 16.23 中的这个水车就是我用两个木质纹理制作出来的。将它们放置在适合的位置上，然后再绘制上色使其变得真实具有立体感。我的制作方法非常简单，如下所述。

1. 选择一个基本的木质纹理作为开始。这相当于实际建筑项目中的第一块木板——这里选的木质纹理就是这个建造过程中使用的第一块木板（图 16.24）。

2. 我把这个木质纹理复制出（按住 Alt/Opt 键并使用"移动工具"进行拖动）数个副本，将它们按照草图上的环形结构（图 16.25）排列起来。因为这只是整个画面中很小的一部分，所以我并不担心它们看上去会千篇一律。此外，绘制上阴影后会产生不同的变化，这样可以弥补相似性这个缺陷。

图 16.23 这个水车是由两个木质纹理组成的，并且还给整体添加了阴影。

图 16.24 从一块没有阴影、没有体积感的木质纹理开始进行制作。

图 16.25 就像做现实中的木工一样，先把主要结构搭建好后，再做其他部分。

3. 第一圈木纹被放置好后，我将其进行了复制，这样水车车轮就有了两个圆环，并且还具有了立体感。将第一个水车车轮所用的所有木纹都放置在一个组中，在"图层"面板上选中这个组同时按住 Alt/Opt 键并向下拖动，复制出新组，将其放置在原组的下方。这样第一个组里的所有图层就都被复制了出来，将它们放置在第一个水车车轮的后面。

4. 选中新组，使用"移动工具"移动第二个水车车轮组，将图层向左上拖动以创造出立体感（图 16.26）。

5. 再次使用木纹制作水车的桨和辐条，根据需要变化成各种不同的角度（图 16.27）。桨每次变化的角度都不相同，最好的方法是使用"移动工具"根据透视线每次只对一个角进行自由变换（按住 Ctrl/Cmd 键并拖动变换角）。

6. 阴影和高光可以使平面纹理和形状变得更加具有立体感，因此我新添加了两个图层，将水车车轮的周围进行提亮，同时还增加了一些与场景中的光照一致的阴影（图 16.28）。将添加的第一个图层设置为"叠加"混合模式，用以调整高光、阴影及边缘。在这个图层上使用黑色进行绘制可以使木纹纹理变暗，使用白色绘制可以将木纹纹理提亮（就像是手电筒光束照亮的效果）。在第二个图层上添加一些颜色更深、边缘相对模糊的阴影，将这个图层设置为"正常"混合模式，并将它放置在"叠加"混合模式图层的上方。其实只有桨的底部和其他部分的底部需要加深。

图 16.26 与其花时间对每个木纹进行调整，不如直接复制所有的图层。

图 16.27 使用"移动工具"的变换控件对水车的桨进行调整，使其看起来更加真实。

图 16.28 阴影和高光会使平面的纹理变得真实而立体。

步骤9：添加鸟类

我发现那些使人愉悦的风景中都包含两个因素，既有广阔无垠的风景，也有隐隐约约的细致小景，两者相辅相成，使得画面富有生机。为风景添加细节跟创作风景一样重要。我将多种鸟类置入《彩虹尽头》这个作品中，这些隐藏的细节顿时给画面增添了勃勃生机。广告人士和环保人士都非常善于在作品中使用野生动物，为了向他们学习，我的这个场景中添加了一些野生动物。

● 鸭子。这几只在湖面玩耍的鸭子很明显是之后被置入画面中的，因为它们没有倒影。我快速地制作了鸭子的副本，使用"移动工具"将它们垂直翻转，然后将图层的"不透明度"降低到44%（图16.29），创建出鸭子的投影。细节不用太过完美，只需要看起来像真实的倒影即可。

● 翱翔的大雁。这些吵闹的家伙很容易与画面融合，因为它们是在光秃秃的天空中被拍摄的（全是白色背景，没有细节变化），这就意味着我可以使用"变暗"混合模式。"变暗"混合模式是专门针对这种白色背景设计的，它会使亮部消失，只显现出暗部区域。（没错，它与第八章中所讲的"变亮"混合模式是相对的。）将该图层的混合模式更改为"变暗"，天空就会立刻消失，只留下 V 字形的大雁群，这样我不使用蒙版就可以将它们放在任何地方了（图16.30）。

图 16.29 复制图层，将其进行垂直翻转，降低不透明度即可快速地模拟出倒影效果。

图 16.30 对图中大雁这样在白色背景上的物体，通常将混合模式更改为"变暗"就可以很快地去除背景，只留下图像中的暗部区域。

●天鹅。在这么一个风景秀丽的环境中少了天鹅的栖息，画面会显得很不完整。好在我从很久以前中学时期拍摄的胶片照片中找到了一张天鹅图片。就技术而言，处理这张图片并不麻烦，因为它本身就有很浅的倒影，只需要添加一些蒙版，在图层上增加少许颜色即可。我在天鹅图层的上方新建一个图层，将图层的混合模式更改为"颜色"，然后涂画上橙黄色就可以获得想要的效果（图 16.31）。

图 16.31 因为天鹅的素材图像是黑白的，所以我需要新建一个图层并将混合模式设置为"颜色"，给天鹅添加颜色。

步骤10：对整体效果进行润色

创建一个"叠加"混合模式的图层，使用大号画笔进行加深或减淡操作（同其他合成作品的创作一样）。除此之外，我还使用了第九章末尾讲授的添加光照效果和大气透视效果的方法来增加画面的景深感，使效果更加柔和（在第九章和其他章节中都使用过此方法）。既然在前面的章节中进行了详细的讲解，在这里就简单地回顾一下。

光照效果

先新建一个图层，使用大号的"飞溅"笔刷（"大小"设置为 300 像素左右）涂画上白色。只需要单击一下就可以出现画笔上的图案。给这个图层添加强烈的动感模糊效果，然后用"移动工具"拉伸图层，根据需要进行旋转和变换，直到获得从薄雾中穿过的光线效果（图 16.32）。

> **提示** 按住 Ctrl/Cmd 键，拖动边角的控制节点可以调整透视关系。顺着光源看去，你会发现有时光线向外延伸，所以将底部的两个边角节点拖动到画面之外去效果会更好。

大气透视效果

除了光线之外，再添加一点大气透视效

果会使风景作品更加具有真实感。正如第九章和其他章节中所讲的那样，制作大气透视效果非常简单：物体离得越远，需要添加的氛围物质就越多。我只需要使用低不透明度的、浅黄色的圆头柔边画笔就可以完成此操作（或者你也可以试试第十三章中使用的云雾笔刷）。使用低不透明度画笔（"不透明度"设为 10% 以下）进行绘制可以降低远处物体的对比度和清晰度，这和现实中我们眺望远方的山峰或城市的效果一样。如果此时你的作品看起来很不真实，没有空间感，那么赶紧试试大气透视效果（图 16.33）吧，你会获得惊喜的！

小结

　　《彩虹尽头》这个作品几乎涵盖了本书中讲授的所有技巧，它展示了如何获得灵感和使用摄影图库进行创作的方法。奇幻风景的创作迫使我们使出浑身解数去建造那些不可能存在的世界——但这些又都源于现实。对我来说，这些场景就好像是我旅行的目的地。在这段旅程中，我发现最好的 Photoshop 作品不只是一张合成的作品，有时它还可以带你到另外一个地方去冒险。《彩虹尽头》只是个开始，它只是我冒险之旅中的一处风景。

图 16.32　透过薄雾（深灰色石壁前的薄雾）的光照效果有一种奇幻而神秘的感觉，使用动感模糊可以很容易地制作出这种效果。

图 16.33　给远处的物体添加大气透视效果，使场景具有深度、整体显得更加协调而真实。

ANDRÉE WALLIN

Andrée Wallin 是一位概念艺术家，主要从事商业广告和电影的制作（例如为最新的《星球大战》电影进行概念创作）。他的创作范围很广，从概念艺术、电影视觉效果预览到高端商业推广都有所涉及，作品有电影海报、杂志封面、大型广告板等。他合作过的客户有卢卡斯影业、环球、华纳兄弟、迪斯尼、传奇影业等。

雨（2012）

你的工作流程是怎样的？

这个问题很难回答。坦白说，我从来没有觉得我是一个艺术家。即便是现在，当我面对空白画布时，脑子还是空空的不知道该画些什么，跟我第一次打开软件时的感觉一样。我觉得这样很好，能够迫使我变得更加具有创造力。一旦你以艺术家的方式进行创作，你就完蛋了。我的创作过程通常都是先粗略地绘制出合成草图，然后粘贴一些图像或纹理进行补充。一般人可能不太想让作品看上去显得粗糙，而我却喜欢让画面保留沙砾般的质感，因为这样的纹理效果会使它看起来更像是一幅绘画作品。

你是从什么时候开始使用 Photoshop 的?

是从 2001 年开始的。那时我 18 岁，偶然看到了艺术家 Dhabih Eng 写的一个教程。他写了很多 Photoshop 的教程，我觉得都很有意思。那简直就是一见钟情，从那以后我就喜欢上了

洛杉矶 2146（2012）

末日后的城市（2009）

Photoshop，迫不及待地想要亲自去实践它。一开始的四五年我一直在用鼠标进行绘画，后来才换成了 Wacom 手绘板。

你最喜欢这个软件的哪个功能？

我最喜欢对颜色、亮度和对比度进行调整，当然这并不是 Photoshop 所特有的功能。小时候我总喜欢乱涂乱画，但很少使用颜色。我这个人很懒，在丧失兴趣前我只想着以最快的方式将创意画出来。现在也是如此，多亏有 Photoshop 这样的软件使我可以快速地获得很多种不同的配色方案。

怎样才能创作出好的合成作品呢？你有什么建议吗？

如果你去艺术院校，肯定有人会从学术的角度教授你什么是好的合成作品，以及如何创作出好的作品。我从来没有学过艺术，仅懂得一些基本的三分法则而已。老实说，我是怎么看着舒服就怎么做。我会先绘制出大概的效果，过一会儿把它翻转继续进行深入，然后再翻转回来，反复这样一个多小时后，我会将软件关闭，去干些别的事情放松一下眼睛，几小时之后再回来打开它接着做。如果它看起来效果还不错，我就开始填充细

龙和士兵（2009）

节；如果效果不太好，我就会去寻找到底是哪里出了错，然后进行调整。

在创作时，你是如何进行计划和准备的呢？

我不怎么喜欢做计划和准备。对于我个人的艺术创作而言，我喜欢以现场发挥的方式提出创意，然后在一天内把这些创意全部画出来。如果我能在几小时内完成，第二天回过头来再看时，就会感觉像是在看别人的作品。我很喜欢这种方式，因为它让我能够更加客观地看待我的作品，与花费一周的时间相比，我更享受这种方式。

当然，如果是为客户进行创作的话，那就完全不同了。这时，我需要收集参考资料，对主题进行仔细研究——虽然这个过程我不是很喜欢。

对于那些即将进入这个行业以自己的艺术创作为生的创作者们，你有没有什么好的建议？

如果你打算做自由职业者，就要做好思想准备，这条路上总是充满了起起落落。如果你真的热爱这个事业，那么请付出巨大的努力，否则的话，你永远都不会成为一个成功的自由艺术家。但如果艺术只是你的一个爱好，那就没有问题了，一切顺其自然。说时容易做时难，但你只要挺过了前几年，建立起了自己的客户群及艺术家的关系圈，毋庸置疑，你将会有一个很棒的精彩人生。

至今为止你最喜欢的作品是什么？为什么呢？

这个问题也很难回答。如果必须选一个的话，我想应该是《龙和士兵》。它是让我真正找到自己电影风格的作品。同样，它也是我创作过程非常顺利的作品之一，整个过程轻松有趣，没有太大难度。

宁静山城（2010）